Progress in Mathematics

Volume 77

Series Editors
J. Oesterlé
A. Weinstein

Eric Reyssat

Quelques Aspects des Surfaces de Riemann

With 55 Illustrations

1989

Birkhäuser
Boston • Basel • Berlin

Eric Reyssat
Departement de Mathematiques
Informatique et Mecanique
Universite de Caen
14032 Caen Cedex
France

Library of Congress Cataloging-in-Publication Data
Reyssat, Eric.
    Quelques aspects des surfaces de Riemann / Eric Reyssat.
        p.   cm. — (Progress in mathematics ; v. 77)
    Includes bibliographical references.
    ISBN 0-8176-3441-X (alk. paper)
    1. Riemann surfaces.   I. Title.   II. Series: Progress in
mathematics (Boston, Mass.)
QA333.R48 1989
515'.223–dc20   89-17806

ISBN 0-8176-3441-X
ISBN 3-7643-3441-X

Camera-ready text provided by the author.
Printed and bound by Edwards Brothers, Inc., Ann Arbor, Michigan.
Printed in the U.S.A.

9 8 7 6 5 4 3 2 1

Table des matières

Introduction

Ce livre reprend, à part le chapitre 13 ajouté ultérieurement, le polycopié d'un cours à l'Université Pierre et Marie Curie (Paris 6) en 83-84, y compris le sujet d'examen donné en fin de volume.

On y développe les fondements de la théorie des surfaces de Riemann, en mettant l'accent sur les liens qui existent entre divers points de vue, spécialement dans le cas compact. Il s'agit de voir comment une surface de Riemann peut être à la fois une surface topologique (avec des ouverts, un groupe fondamental,...), un corps de degré de transcendnce 1 sur $\mathbf{C}$ (avec des valuations,...), une courbe algébrique (avec un degré, des points singuliers,...), une variété analytique (avec des fonctions méromorphes, mais pas de point singulier), un quotient de $\mathbf{P}^1(\mathbf{C})$, de $\mathbf{C}$ ou d'un disque (avec un domaine fondamental, une aire,..), etc... Seul le point de vue métrique n'a pas été développé faute de temps mais aurait mérité une place. Cette diversité apparaît dans les 18 définitions du genre données à la fin du chapitre I. Ce chapitre rassemble, sans preuve, des faits saillants de la théorie. Beaucoup sont démontrés par la suite. Le chapitre XI est consacré entièrement à des exemples (courbes elliptiques, hyperelliptiques, modulaires).

Les références données en fin de livre permettront à chacun d'approfondir dans les directions qu'il souhaite.

Eric Reyssat

Chapitre I

Présentation globale

Ce chapitre rassemble quelques résultats frappants de la théorie des surfaces de Riemann, groupés par thèmes plus que par ordre logique de démonstration. Il ne s'agit pas d'un plan du livre bien qu'une grande partie des énoncés qui suivent soient prouvés dans les chapitres ultérieurs.

§1 Propriétés générales

Les définitions de surfaces de Riemann étant nombreuses, et pas toutes équivalentes, on fixe celle qui sera adoptée dans la suite :

Définition - *Une **surface de Riemann** est une variété analytique complexe de dimension 1. (Une variété sera supposée connexe). On notera généralement X une surface de Riemann.*

Autrement dit, X est un espace topologique séparé connexe muni d'une **structure analytique** définie ainsi : il y a un recouvrement ouvert $X = \bigcup U_\alpha$ de X et des homéomorphismes $f_\alpha : U_\alpha \xrightarrow{\sim} V_\alpha =$ ouvert de $\mathbf{C}$ tels que les **fonctions de transition** $f_\alpha \circ f_\beta^{-1}$ soient analytiques (là où elles sont définies). Les **cartes** (U_α, f_α) forment un **atlas**, et deux atlas (U_α, f_α) et (W_β, g_β) sont **équivalents** si la réunion en est un (c'est-à-dire si les $f_\alpha \circ g_\beta^{-1}$ sont analytiques). La **structure analytique** est une classe d'équivalence d'atlas.

Les fonctions de transition $f_\alpha \circ f_\beta^{-1}$ étant holomorphes, la définition suivante a bien un sens :

Définition - *Une fonction $f : X \to \mathbf{C}$ est dite **holomorphe** (resp. $\mathcal{C}^1, \mathcal{C}^\infty$, **méromorphe**) si les composés $f \circ f_\alpha^{-1}$ le sont. On note $\mathcal{M}(X)$ le corps des fonctions méromorphes sur X.*

Exercices - $\boxed{1}$ *Si $f : X \to \mathbf{C}$ est méromorphe, définir à l'aide des f_α **l'ordre de f** en un point P de X.*

$\boxed{2}$ *Si X_1 et X_2 sont deux surfaces de Riemann et $f : X_1 \to X_2$ une application, définir "f est holomorphe" (grâce aux cartes). On dira encore que f est un **morphisme** (les surfaces de Riemann forment alors une catégorie). Une fonction méromorphe $X \to \mathbf{C}$ n'est autre qu'un morphisme $X \to \mathbf{P}^1$ (définir la structure analytique sur $\mathbf{P}^1$).*

Remarque - La théorie des surfaces de Riemann nécessite aussi l'étude de variétés analytiques de dimension supérieure à 1 (définies par des cartes $f_\alpha : U_\alpha \xrightarrow{\sim} V_\alpha =$ ouvert de $\mathbf{C}^n$). Ainsi, si X est une surface de Riemann compacte, elle peut se plonger (voir chap. IX) dans un espace projectif $\mathbf{P}^n(\mathbf{C})$ qui a une structure de variété. Le tore $\mathbf{C}/\mathbf{Z}[i]$ est une surface de Riemann qu'on peut plonger dans $\mathbf{P}^3(\mathbf{C})$ comme intersection de deux surfaces ($\dim_{\mathbf{C}} = 2$) quadriques. Les tangentes, plans tangents... à une surface de Riemann X plongée dans $\mathbf{P}^n(\mathbf{C})$ forment aussi des variétes de dimension supérieure. A toute surface de Riemann compacte X on associe sa "jacobienne" $J(X)$, variété de dimension égale au "genre" de X (voir chap. XII). Certaines familles de surfaces de Riemann (les couronnes $\{z; r < |z| < 1\}$, les courbes elliptiques, les surfaces de Riemann compactes de genre donné, ...) sont paramétrées par des variétés, de dimension parfois > 1.

Historiquement, Riemann a introduit les surfaces de Riemann pour rendre uniformes des fonctions multiformes (fonctions algébriques, logarithme,...) en "dédoublant" la variable : il remplace le plan $\mathbf{C}$ de la variable par une surface qui "coïncide avec le plan" (on dit aujourd'hui localement homéomorphe à un ouvert de $\mathbf{C}$) et "étendue au-dessus du plan" (i.e. munie d'une projection $X \to \mathbf{C}$) aussi loin que la fonction peut être prolongée analytiquement.

Voici quelques procédés permettant d'associer une surface de Riemann X_f à une fonction analytique f :

$\boxed{1}$ $X_f = \{$séries obtenues par **prolongement analytique** de $f\}$ (Voir chap. VI).

Exemple - On définit $f(z) = \log z$ au voisinage de 1 par la série

$$f(z) = -\sum \frac{(1-z)^n}{n} \; ;$$

par prolongement on obtient aussi toutes les séries

$$2ki\pi - \sum \frac{(1-z)^n}{n} \quad (k \in \mathbf{Z})$$

d'où une infinité de "feuillets". On passe d'un feuillet au suivant en tournant autour de 0.

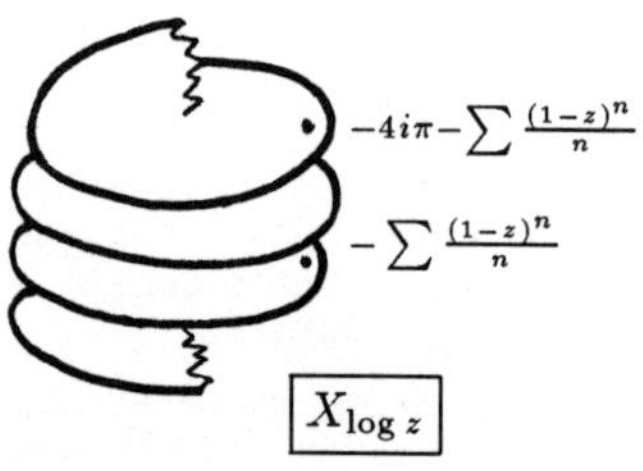

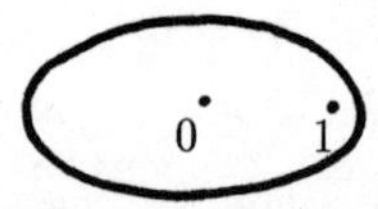

Pour que la théorie marche bien (cf. th.1.1 ci-dessous), on convient que la surface de Riemann contient un point au-dessus de 0 si et seulement si on retombe sur la même série après un nombre fini de tours.

Ainsi, $\sqrt{z} = \sum \binom{1/2}{n}(z-1)^n$ donne $\sqrt{z} = -\sum \binom{1/2}{n}(z-1)^n$ après un tour, et à nouveau $\sqrt{z} = \sum \binom{1/2}{n}(z-1)^n$ après deux tours.

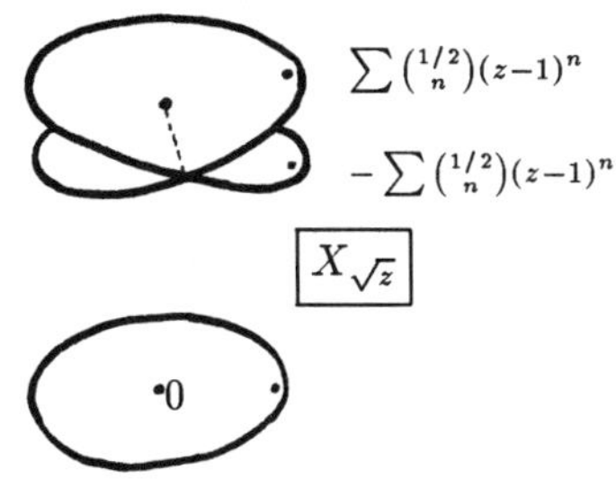

L'ensemble X_f est donc l'ensemble des **séries de Puiseux** $\sum a_n z^{n/k}$ obtenues à partir de f.

Avec cette construction, on montre alors (voir chap. VII) :

Théorème 1.1 - X_f *est compacte* $\iff$ f *est algébrique (i.e.* $P\big(z, f(z)\big) \equiv 0$ *pour un polynôme* $P \neq 0$). *Cela équivaut encore au fait que le corps* $\mathcal{M}(X_f)$ *est de type fini sur* $\mathbf{C}$, *de degré de transcendance 1.*

Ce résultat souligne l'importance du cas algébrique. Dans les trois constructions suivantes, on **suppose** f algébrique.

$\boxed{2}$ **Normalisation** de la courbe algébrique $P(z, f) = 0$.

On part d'une courbe plane ayant des points singuliers, et on tâche de la rendre lisse (localement homéomorphe à $\mathbf{C}$).

Cela peut être fait par un éclatement (procédé algébrique global) : on détache les branches qui se croisent pour les séparer, et on obtient une courbe lisse dans l'espace.

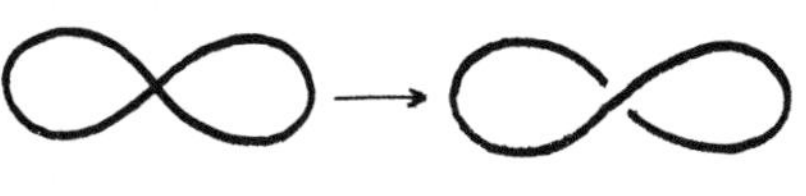

On peut aussi procéder localement (analytiquement) : on enlève un voisinage du point singulier, on le désingularise et on recolle les morceaux :

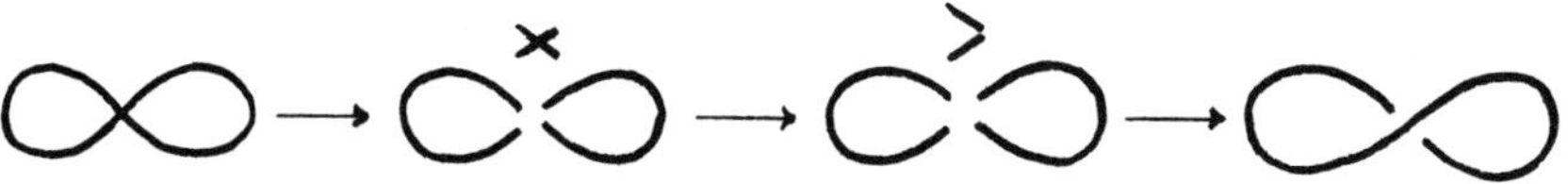

Du point de vue topologique (dimension réelle = 2), on a le dessin suivant :

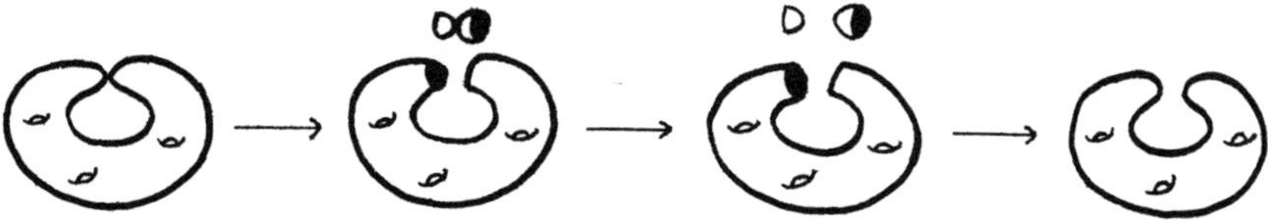

Du point de vue série de Puiseux, si localement $f = \sum a_n z^{n/k}$, on paramètre les "branches" de la courbe par k petits disques : $t \longmapsto (t^k, \sum a_n(\zeta^j t)^n)$ pour $j = 1, \ldots, k$ où $\zeta = e^{2i\pi/k}$.

$\boxed{3}$ **Procédé purement algébrique** :
On choisit pour X_f l'ensemble des valuations du corps $K = \mathbf{C}(z, f(z))$; on peut alors y mettre une structure topologique puis analytique (cf. [L]).

$\boxed{4}$ **Procédé de recollement** de plans (ou sphères) fendus, par monodromie (voir [Si] Chap.I , [F-K] p.97 ,[G-H] p.256) :

Exemple - $f(z) = \sqrt{(z - a_1)(z - a_2)(z - a_3)(z - a_4)}$ définit deux fonctions uniformes f_1 et $f_2 = -f_1$ sur des copies de $\mathbf{C}$, "fendu" ainsi :

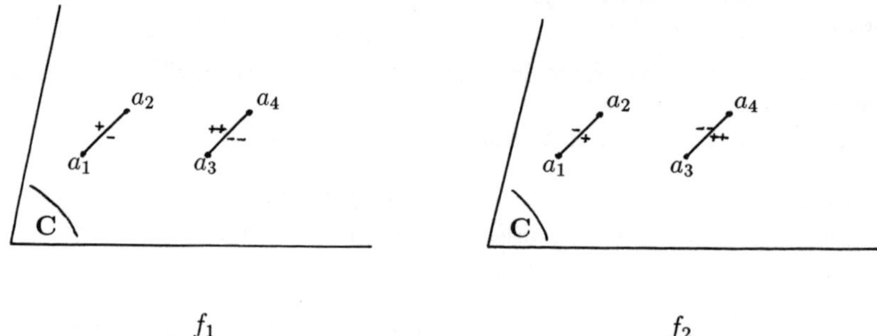

$$f_1 \qquad\qquad\qquad\qquad f_2$$

Quand on tourne autour d'un a_i, f_1 et f_2 s'échangent : on passe d'un feuillet à l'autre. Ainsi, f définit **une** fonction F **uniforme** sur la réunion recollée des plans. On prend en fait aussi le point à l'infini, d'où recollement de deux sphères :

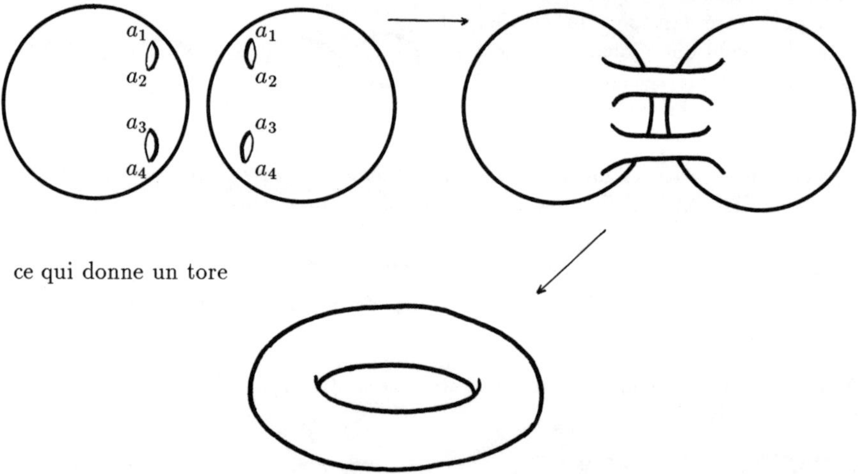

ce qui donne un tore

Remarque - La surface de Riemann X_f est munie naturellement de deux fonctions $X_f \to \mathbf{P}^1$: la projection z et la fonction f elle-même (vue comme fonction uniforme sur X_f). Il s'agit d'un phénomène général (chap. III et chap. VI) :

Théorème 1.2 - *Toute surface de Riemann possède des fonctions méromorphes non constantes, et est isomorphe à une X_f.*

Ce théorème d'existence est fondamental. Il peut être utilisé pour montrer la caractérisation topologique suivante des surfaces de Riemann :

Théorème 1.3 - *Toute surface de Riemann est triangulable et orientable. Réciproquement, toute surface (réelle) triangulable et orientable peut être munie d'une structure de surface de Riemann. (La 2ème assertion est élémentaire, cf. chap.II).*

On en déduit que toute surface de Riemann a une base dénombrable d'ouverts (ce qui devient faux en dimension supérieure, voir [Na]). En particulier, il existe des partitions $\mathcal{C}^{\infty}$ de l'unité sur X.

Une grande part de la théorie des surfaces de Riemann concerne l'étude des fonctions méromorphes (raffinements et applications du th.1.2). Le cas compact, dont le th.1.1 souligne la particularité, sera traité plus loin. Le cas non compact est caractérisé par l'existence de nombreuses fonctions (chap. XIII) :

Théorème 1.4 - $\boxed{1}$ *Toute surface de Riemann non compacte X (on dit encore* **ouverte***) est une* **variété de Stein** *: les fonctions holomorphes séparent les points, et pour toute suite discrète infinie (x_i) de points de X, il existe une fonction holomorphe sur X non bornée sur (x_i).*

Comme toute variété de Stein, elle vérifie les propriétés de Mittag-Leffler et de Weierstrass :

$\boxed{2}$ *Soit (U_i, f_i) une distribution de Mittag-Leffler (f_i méromorphe sur l'ouvert U_i, $f_i - f_j$ holomorphe sur $U_i \cap U_j$). Il existe une fonctions méromorphe $f \in \mathcal{M}(X)$ telle que pour tout i, $f - f_i$ soit holomorphe sur U_i.*

$\boxed{3}$ *Pour toute famille $(n_x)_{x \in X}$ d'entiers nuls sauf pour une partie discrète de points de X, il existe une fonction $f \in \mathcal{M}(X)$ telle que pour tout $x \in X$, $\mathrm{ord}_x f = n_x$.*

Autrement dit, on peut imposer à f ses parties principales, ou bien l'ordre de tous ses zéros et pôles.

Cette propriété de Stein permet par exemple de voir X comme courbe analytique dans $\mathbf{C}^3$ avec points ordinaires comme seules singularités (cf. [Ra] p.250).

§2 Le cas compact

D'après le théorème 1.3, la topologie des surfaces de Riemann compactes est celle des surfaces triangulables orientables compactes, qu'on peut facilement classifier (voir chap. II) :

Corollaire du th.1.3 - $\boxed{1}$ *Une surface de Riemann compacte X est homéomorphe soit à la sphère S^2 soit à un polygone à $4g$ côtés identifiés 2 à 2 comme suit : le côté c est identifié avec c^{-1} pris en sens inverse.*
Le nombre g est un invariant topologique appelé **genre** *de X ($g = 0 \iff X \approx S^2$).*

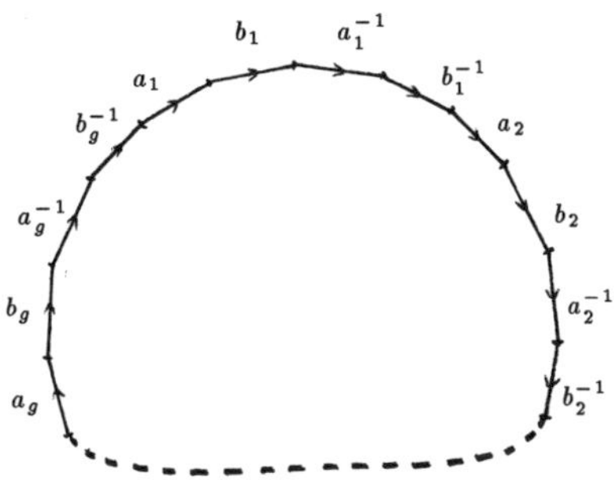

$\boxed{2}$ *Si X est de genre g, elle est homéomorphe à une sphère à g anses, qui est aussi un tore à g trous (dessin pour $g = 2$) :*

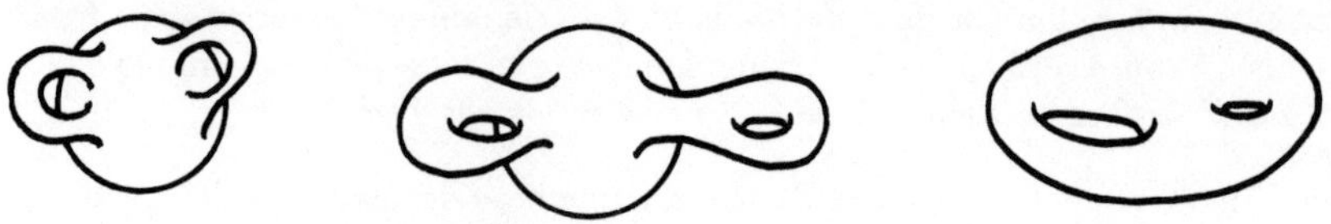

$\boxed{3}$ *Son groupe fondamental $\pi_1(X)$ est le groupe engendré par $2g$ générateurs $a_1, b_1, \ldots, a_g, b_g$ et l'unique relation $\prod_{i=1}^{g}[a_i, b_i] = 1$ (où $[a, b] = a \cdot b \cdot a^{-1} \cdot b^{-1}$). Le premier groupe d'homologie $H_1(X)$ est le groupe abélien libre engendré par $a_1, \ldots, b_g$.*

La structure topologique d'une surface de Riemann compacte ne suffit pas pour retrouver la structure analytique (sauf si $g = 0$). Mais d'autres descriptions des surfaces de Riemann conservent toute l'information (au sens équivalence de catégories). Voici quelques unes de ces descriptions (voir chap. VII) :

Théorème 1.5 - *Il y a équivalence de catégories entre :*
1. *Surfaces de Riemann compactes + morphismes non constants.*
2. *Corps de fonctions d'une variable (extension de type fini et degré de transcendance 1 sur $\mathbf{C}$) + morphismes non nuls de $\mathbf{C}$-algèbres.*
3. *Courbes algébriques sur $\mathbf{C}$+ morphismes rationnels non constants.*
4. *Courbes algébriques **planes** sur $\mathbf{C}$+ morphismes rationnels non constants.*
5. *Courbes projectives lisses/$\mathbf{C}$+ morphismes non constants (les morphismes rationnels sont automatiquement réguliers).*

Explicitons un peu les divers foncteurs :

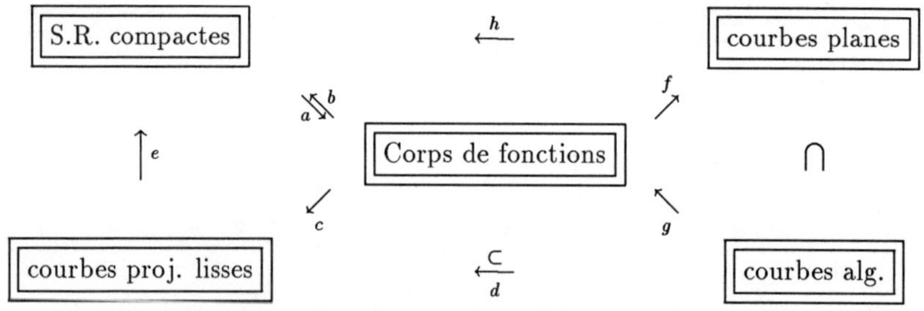

a) : $X \longmapsto \mathcal{M}(X)$ corps des fonctions méromorphes.
b) et c) : $K \longmapsto \mathcal{V}(K) = \{$valuations de $K\}$ avec structure analytique ou algébrique (un point de X correspond à la valuation ord_x sur $\mathcal{M}(X)$).
d) : normalisation et complétion d'une courbe algébrique.
e) : structure analytique d'une variété algébrique (zéros de polynômes donc de fonctions analytiques) + critère jacobien.
f) : on écrit $K = \mathbf{C}(x, y)$ (th. de l'élément primitif), où x et y sont liés algébriquement. Le polynôme $P = Irr(x, y)$ définit une courbe plane.

g) : $C \longmapsto k(C)$ corps des fonctions rationnelles.

h) : normalisation analytique locale (cf. §1).

On obtient encore des catégories équivalentes en se restreignant aux courbes projectives lisses de $\mathbf{P}^3$, ou aux courbes planes ayant des points doubles ordinaires comme seules singularités ... (voir chap. IX).

Le point central de la théorie des surfaces de Riemann compactes est le **théorème de Riemann-Roch** qui précise le théorème d'existence (th.1.2) en comptant les fonctions méromorphes ayant des singularités "bornées" ; donnons juste un **exemple** : si $n \geq 2g$ et $p_1, \ldots, p_n$ sont des points de X, les fonctions méromorphes sur X ayant au plus des pôles simples aux p_i et holomorphes ailleurs forment un $\mathbf{C}$-espace vectoriel de dimension $n + 1 - g$.

On en donnera deux preuves (chap. V et chap. IX) et beaucoup d'applications (problème de Mittag-Leffler pour les différentielles, plongement canonique de X dans $\mathbf{P}^{g-1}$, points de Weierstrass, courbes de genre 1,...).

On voit sur l'exemple précédent que le genre g a également une signification analytique. C'est en fait un invariant omniprésent dans la théorie des surfaces de Riemann compactes, que ce soit du point de vue topologique, analytique, algébrique, riemannien,...(voir quelques définitions de g données à la fin de ce chapitre). Le genre permet une première classification des surfaces de Riemann compactes ; c'est un problème général qu'on aborde maintenant.

§3 Classification

a) Le point de vue des revêtements

Rappelons l'existence du revêtement universel (cf. [Fo], ou [Go]) :

Rappel - *Toute surface de Riemann X a un revêtement universel simplement connexe $\tilde{X}$ (naturellement muni d'une structure de surface de Riemann) et X est quotient de $\tilde{X}$ par un groupe G d'automorphismes de $\tilde{X}$ agissant discrètement et sans point fixe.*

Il est donc naturel de chercher à classer d'abord les surfaces de Riemann simplement connexes (chap. IV). Il n'y en a que trois ! C'est encore une propriété typique de la dimension 1 (en dimension > 1, le polydisque n'est pas isomorphe à la boule unité. Voir [Ra] p.25).

Théorème 1.6 (d'uniformisation) - *Toute surface de Riemann simplement connexe est isomorphe soit à $\mathbf{P}^1(\mathbf{C}) = \mathbf{C} \cup \{\infty\}$, soit à $\mathbf{C}$, soit au disque unité D qui est aussi isomorphe au demi-plan de Poincaré $\mathcal{H}$ par $z \longmapsto \frac{z-i}{z+i}$.*

En étudiant les groupes d'automorphismes de ces trois surfaces, on obtient une classification plus fine :

Exemples - Si $\tilde{X} = \mathbf{P}^1$ alors $X = \mathbf{P}^1$.

Si $\tilde{X} = \mathbf{C}$ alors $X = \mathbf{C}$ ou $\mathbf{C}/\omega\mathbf{Z} \simeq \mathbf{C}^*$ ou un tore $\mathbf{C}/\Lambda$ (Λ réseau de $\mathbf{C}$).

Si $\tilde{X} = D$ alors X peut être par exemple D ou $D^* = D \setminus \{0\}$ ou une couronne $D_r = \{z; r < |z| < 1\}$.

Ces 7 surfaces de Riemann sont les seules à avoir un groupe fondamental abélien (tous leurs revêtements sont galoisiens), ou encore à avoir un groupe d'automorphismes non discontinu (les orbites sous $\mathrm{Aut}(X)$ ont des points d'accumulation).

Toutes les autres surfaces de Riemann ont D pour revêtement universel ; la structure des sous-groupes de $\mathrm{Aut}(D)$ est un sujet d'étude très vaste (théorie des formes automorphes,...).

Remarques - $\boxed{1}$ Le point de vue variété riemannienne des surfaces de Riemann (existence de métrique compatible avec la structure analytique) est lié à la classification précédente : la courbure est > 0, $= 0$ ou < 0 suivant que $\tilde{X} = \mathbf{P}^1$, $\mathbf{C}$ ou D.

$\boxed{2}$ La théorie de la classification (y compris la preuve du théorème d'uniformisation) est très liée à l'existence ou non de certaines fonctions harmoniques sur X. Dans le cas des surfaces ouvertes, cette théorie est très poussée et permet une classification fine (voir [A-S]).

b) Le cas compact - Le genre

On suppose dans ce paragraphe X compacte, de genre g. Il est clair (topologiquement) que $\mathbf{P}^1$ est de genre 0, et les tores $\mathbf{C}/\Lambda$ de genre 1. Toutes les autres surfaces de Riemann compactes ont un genre ≥ 2. La série d'exemples plus haut montre donc le lien suivant entre le genre et le revêtement universel :

$$\tilde{X} = \mathbf{P}^1 \iff g = 0 \quad (\text{et } X = \mathbf{P}^1).$$
$$\tilde{X} = \mathbf{C} \iff g = 1 \quad (\text{et } X = \mathbf{C}/\Lambda).$$
$$\tilde{X} = D \iff g \geq 2.$$

Les surfaces de Riemann de petit genre sont évidemment topologiquement les plus simples ; c'est aussi vrai du point de vue courbes algébriques. On peut les décrire assez explicitement (voir [M], [G-H]) :

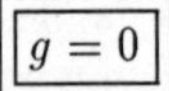

X est la droite projective $\mathbf{P}^1(\mathbf{C})$.

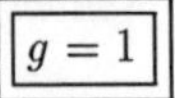

X est une cubique non singulière de $\mathbf{P}^2$, d'équation affine

$$y^2 = 4x^3 - g_2 x - g_3 \quad (g_2, g_3 \in \mathbf{C}).$$

Elle admet aussi un plongement dans $\mathbf{P}^3$ comme intersection de deux quadriques. Ces courbes de genre 1, dites courbes elliptiques, ont des propriétés particulières très importantes : la structure de groupe du revêtement universel $\tilde{X} = \mathbf{C}$ induit une structure de groupe sur X (X est isomorphe à sa "jacobienne"), on connait explicitement les fonctions méromorphes sur X (théorie de Weierstrass),...

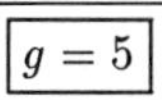 $g = 2$ X est un revêtement ramifié de $\mathbf{P}^1$ à deux feuillets, avec 6 points de ramification ; elle a un modèle affine plan d'équation $y^2 = P(x)$ (deg $P = 5$ ou 6). On peut aussi l'écrire comme quartique plane à un point double. Il faut généralement 3 équations pour la représenter comme courbe lisse de $\mathbf{P}^3$.

$g = 3$ Il y a deux types de courbes :
- Les revêtements doubles de $\mathbf{P}^1$ (qu'on appelle **courbes hyperelliptiques**) à 8 points de ramification. Elles ont un modèle plan d'équation $y^2 = P(x)$ avec deg $P = 7$ ou 8).
- Les quartiques planes non singulières dans $\mathbf{P}^2$.

$g = 4$ Encore deux types :
- hyperelliptique : revêtement double de $\mathbf{P}^1$ à 10 ramifications.
- sextique lisse de $\mathbf{P}^3$, intersection complète d'une quadrique et d'une cubique. Il y a un modèle plan comme quintique à 2 points doubles ordinaires.

$g = 5$
- hyperelliptique avec 12 ramifications, $y^2 = P(x)$ (deg $P = 11$ ou 12).
- courbes lisses de degré 8 dans $\mathbf{P}^4$; ces dernières se divisent en deux familles :
  - courbes **trigonales** (revêtement triple de $\mathbf{P}^1$) : ce sont celles qui peuvent s'écrire comme quintique plane à 1 point double ordinaire.
  - intersections complètes de 3 hypersurfaces quadriques de $\mathbf{P}^4$. Ce sont encore celles qui sont sur une quadrique lisse ([ACGH] p.270).

$g = 6$
- hyperelliptique avec 14 ramifications, $y^2 = P(x)$ (deg $P = 13$ ou 14).
- lisse de degré 10 dans $\mathbf{P}^5$, ce qui se subdivise en
  - trigonales (revêtement triple de $\mathbf{P}^1$)
  - quintiques planes lisses
  - intersection de quadriques.

On peut enfin préciser ce qui se passe dans le cas général :

Théorème 1.7 - *Si X (de genre $g \geq 1$) est hyperelliptique, elle a une équation*

$$y^2 = \prod_{1}^{2g+2} (x - a_i).$$

Sinon, $g \geq 3$ et il y a un plongement canonique $X \hookrightarrow \mathbf{P}(V) \simeq \mathbf{P}^{g-1}$, dont l'image est une courbe lisse de degré $2g - 2$. Si de plus $g \geq 7$, et X non trigonale, c'est une intersection de quadriques.

Toute surface de Riemann compacte X de genre g admet un plongement (non canonique) dans $\mathbf{P}^3$, ainsi qu'une immersion dans $\mathbf{P}^2$ comme courbe à points doubles ordinaires. Dans ces cas, on peut lier le degré et le genre par le résultat suivant :

Théorème 1.8 - *Si X est une courbe projective plane à r points doubles ordinaires (sans autre singularité), de degré d et genre g, alors*

$$g = \frac{(d-1)(d-2)}{2} - r.$$

Si X est une courbe projective lisse non plane de $\mathbf{P}^3$, de degré d et genre g, alors

$$g \leq \frac{1}{2}\left[\frac{d^2}{2}\right] - d + 1.$$

L'étude des cas $g = 1, \ldots, 6$ montre que pour voir une courbe de genre assez grand comme revêtement ramifié de $\mathbf{P}^1$, le "nombre de feuillets" doit être parfois grand. On peut cependant le borner en général ([G-H]) :

Théorème 1.9 - *Toute surface de Riemann compacte de genre g est revêtement ramifié de $\mathbf{P}^1$ avec au plus $[\frac{g+3}{2}]$ feuillets. Cette borne est la meilleure possible (pour tout g, "presque aucune" surface de Riemann de genre g n'est revêtement avec moins de feuillets).*

Problème : classer plus finement les surfaces de Riemann de genre donné, en les paramétrant (par exemple les surfaces de Riemann hyperelliptiques de genre g sont paramétrées par les coefficients a_i de l'équation $y^2 = \prod(x - a_i)$). La réponse à ce problème permet de donner un sens précis à des énoncés du type : "la surface de Riemann générale de genre g vérifie telle propriété" (n'est pas hyperelliptique, n'a pas d'automorphisme, a tous ses points de Weierstrass normaux,...). Cette réponse dépend du groupe des automorphismes (analytiques) des surfaces de Riemann étudiées ; on commence par étudier ces automorphismes :

Théorème 1.10 - *Soit X une surface de Riemann de genre g, et $\rho = \dim_{\mathbf{C}}(\mathrm{Aut}\,X)$ (dimension comme groupe de Lie complexe). Alors si $g = 0$, on a $\rho = 3$ (car $X = \mathbf{P}^1$ et $\mathrm{Aut}\,\mathbf{P}^1 = PSL_2(\mathbf{C})$) ; si $g = 1$, on a $\rho = 1$ (Aut X est extension de X par un groupe fini) ; si $g \geq 2$, on a $\rho = 0$: Aut X est fini de cardinal $\leq 84(g-1)$ (th. de Hurwitz).*

On peut alors préciser l'espace qui paramètre les surfaces de Riemann de genre g ; on l'appelle espace des modules. Plus précisément, on peut définir une notion d'espace de modules grossier dans une catégorie qui contient les surfaces de Riemann, et on peut montrer :

Théorème 1.11 - *Il existe un espace de modules grossier (des surfaces de Riemann compactes de genre g) comme espace analytique complexe, de dimension $3g - 3 + \rho$ (Riemann, Teichmüller,...), et aussi comme variété algébrique quasi-projective de dimension $3g - 3 + \rho$ (Mumford), où $\rho = \dim \mathrm{Aut}\,X = 3, 1$, ou 0 suivant que $g = 0$, $g = 1$ ou $g \geq 2$.*

Cet espace M_g est assez bien connu : il existe (du point de vue algébrique) en toute caractéristique (en fait comme schéma/$\mathbf{Z}$), on connait sa complétion projective $\overline{M}_g$ (qui classifie les "courbes stables"), ses singularités (elles correspondent aux courbes ayant des automorphismes non triviaux, i.e. différents de l'identité et éventuellement de l'involution hyperelliptique). L'espace M_g est construit explicitement pour $g = 2$. M_g est unirationnel pour $g \leq 11$ et, au contraire, de type général pour $g \geq 24$ (mais très mal connu de ce point de vue lorsque $14 \leq g \leq 22$)(Réf. Cornalba, dans sém. Bourbaki 615 (1983) ; articles de Harris et Hartshorne dans Proc. symp. pure math 46 (1987)).

§4 Arithmétique des courbes

Le point de vue algébrique des surfaces de Riemann compactes peut être formalisé à tout autre corps que $\mathbf{C}$: on se donne une courbe projective non singulière X définie sur un corps k (c'est-à-dire par des polynômes à coefficients dans k). Il y a encore un genre g de X, un théorème de Riemann-Roch, ... On note $X(k)$ l'ensemble des points k-rationnels de X (i.e. à coordonnées dans k) : il s'agit donc d'étudier les solutions d'équations polynomiales dans un corps donné ; deux cas sont spécialement intéressants du point de vue arithmétique : les corps de nombres et les corps finis (voir [Maz]).

a) $k = $ corps de nombres

$\boxed{1}$ Si $X = \mathbf{P}^1$, on connait bien $\mathbf{P}^1(k) \simeq$ droites de k^2 : il y a en particulier une infinité de points.

$\boxed{2}$ Si $X = E$ est une courbe elliptique ($g = 1$) : on suppose donné un point 0_E de E rationnel sur k. Le théorème de Riemann-Roch permet alors de mettre sur $E(k)$ une structure de groupe abélien dont 0_E est élément neutre. Le principal résultat concernant ce groupe est :

Théorème 1.12 (Mordell-Weil) - *Le groupe $E(k)$ est de type fini, donc isomorphe à $\mathbf{Z}^r \times T$ où T est un groupe fini.*

Le calcul du rang r est difficile en pratique, inconnu en théorie ; mais ce rang est souvent au moins 1, donc $E(k)$ est souvent infini. On connait des courbes de rang jusque 14 sur $\mathbf{Q}$, et on pense qu'il en existe de rang arbitraitrement grand. Par contre il n'y a qu'un nombre fini de points "entiers".

$\boxed{3}$ Si X est de genre ≥ 2, tout (sauf les preuves !) se simplifie :

Théorème 1.13 (Faltings) = "Conjecture de Mordell" - *Si X est de genre au moins 2, alors $X(k)$ est fini.*

On ne sait malheureusement pas obtenir de borne explicite donnant un algorithme pour trouver tous les points rationnels.

La démonstration utilise de manière essentielle la jacobienne $J(X)$ de X. Signalons à l'occasion l'importance de cet objet associé à toute courbe algébrique X ; c'est une variété projective ayant de plus une loi de groupe définie algébriquement (on l'appelle variété abélienne). Il existe un plongement $X \hookrightarrow J(X)$ qui factorise tout morphisme de X dans une variété abélienne. La loi de groupe permet d'étudier $J(X)$ en grand détail, et certains renseignements sur $J(X)$ peuvent être remontés à X (th. de Torelli).

b) $k = $ **corps fini** $\mathbf{F}_q$

On part ici d'une courbe projective/$\mathbf{F}_q$. Puisque l'espace projectif tout entier $\mathbf{P}^n(\mathbf{F}_q)$ n'a qu'un nombre fini $(= \frac{1-q^{n+1}}{1-q})$ de points, le problème de finitude ne se pose pas ; on peut par contre essayer de compter les points de $X(\mathbf{F}_q)$. Si $X = \mathbf{P}^1$, on trouve bien sûr $\#X(\mathbf{F}_q) = 1 + q$. Cela reste presque vrai (pour q grand) en général :

Théorème 1.14 (Weil) - *Si X est une courbe sur $\mathbf{F}_q$, de genre g, alors*

$$|\#X(\mathbf{F}_q) - (1 + q)| \leq g\,[2\sqrt{q}]\,.$$

(Weil avait donné la borne $[2g\sqrt{q}]$; celle donnée ici est de Serre). Ce résultat provient de "l'hypothèse de Riemann" pour la courbe X : la fonction zêta de la courbe

$$Z_X(T) = \exp \sum_{n=1}^{\infty} \frac{\#X(\mathbf{F}_{q^n})}{n} T^n \in \mathbf{Z}[\![T]\!]$$

est une fraction rationnelle (d'après Riemann-Roch), et "l'hypothèse de Riemann", démontrée par Weil, dit que ses zéros sont de module $q^{-1/2}$.

§5 Annexe : diverses définitions du genre (X compacte)

I/ Topologie

$\boxed{1}$ En termes de l'homologie (simpliciale ou singulière), le genre g de la surface de Riemann X est donné par la formule

$$g = \frac{1}{2} \dim \, H_1(X, \mathbf{Z}).$$

$\boxed{2}$ La surface X est homéomorphe à un tore à trous (un "bretzel") ; alors le genre g est le nombre de trous.

$\boxed{3}$ En termes de connexité, g est le nombre maximal de cycles (arcs fermés) disjoints qu'on peut ôter de X en la gardant connexe.

$\boxed{4}$ On se donne sur X une triangulation ayant S sommets, A arêtes et F faces ; alors

$$2 - 2g = S - A + F.$$

II/ Revêtements

$\boxed{5}$ Soit $f : X \to \mathbf{P}^1(\mathbf{C})$ une fonction méromorphe sur X ; elle fait de X un revêtement ramifié de la droite projective. Soit n le degré de ce revêtement (c'est-à-dire le nombre de points dans une fibre générale — n'importe laquelle à part un nombre fini) et pour chaque point x de X, soit e_x l'indice de ramification de f en x (c'est-à-dire le nombre de feuillets qui se recoupent en x). Alors

$$g = 1 - n + \frac{1}{2} \sum_{x \in X} (e_x - 1).$$

$\boxed{6}$ Soit Y le revêtement universel de X. Si $Y \simeq \mathbf{P}^1(\mathbf{C})$ (resp. $\mathbf{C}$), alors X est de genre 0 (resp. 1). Sinon X est quotient du demi-plan de Poincaré par un groupe fuchsien ; on note F un domaine fondamental correspondant ; alors

$$g = 1 + \frac{1}{4\pi} \iint_F \frac{dx\,dy}{y^2}.$$

III/ Corps de fonctions

$\boxed{7}$ On suppose X définie par un corps K de fonctions d'une variable, c'est-à-dire une extension de $\mathbf{C}$ de type fini et de degré de transcendance 1. On note $\Omega_{K/\mathbf{C}}$ le quotient du K-espace vectoriel engendré par les symboles df ($f \in K$) par le sous-espace engendré par les relations classiques de dérivation :

$$d(f + f') - df - df' \quad , \quad d(ff') - f\,df' - f'\,df \quad \text{et} \quad dc$$

(pour $f, f' \in K$ et $c \in \mathbf{C}$). Si $v : K^* \longrightarrow \mathbf{Z}$ est une valuation de K, tout élément $\omega \in \Omega_{K/\mathbf{C}}$ s'écrit $\omega = f_v\,dt_v$ où $f_v, t_v \in K$ et $v(t_v) = 1$. Les $\omega \in \Omega_{K/\mathbf{C}}$ tels que $v(f_v) \geq 0$ pour toute valuation v forment un $\mathbf{C}$-espace vectoriel noté $\Omega[K]$. Alors

$$g = \dim_{\mathbf{C}} \Omega[K].$$

IV/ Géométrie analytique

$\boxed{8}$ Soit ω une différentielle méromorphe sur X. On note $\deg(\omega)$ le nombre de zéros moins le nombre de pôles de ω (comptés avec multiplicité). Alors

$$2g - 2 = \deg(\omega).$$

$\boxed{9}$ Le genre est le nombre de différentielles holomorphes sur X linéairement indépendantes sur $\mathbf{C}$.

$\boxed{10}$ Pour presque tout point P de X (tous sauf un nombre fini),

$$g = 1 + \max(\mathrm{ord}_P\,\omega \quad ; \quad \omega \text{ différentielle holomorphe sur } X).$$

$\boxed{11}$ Si $\mathcal{O}$ désigne le faisceau des fonctions holomorphes sur X, alors

$$g = \dim_{\mathbf{C}} H^1(X, \mathcal{O}).$$

V/ Géométrie algébrique

$\boxed{12}$ On peut représenter X comme une courbe algébrique plane de degré d ayant n points doubles ordinaires et pas d'autre singularité ; alors

$$g = \frac{(d-1)(d-2)}{2} - n.$$

$\boxed{13}$ Soit d le degré de la courbe X dans son plongement canonique (au moins lorsque X n'est pas hyperelliptique) ; alors

$$g = 1 + \frac{d}{2}.$$

$\boxed{14}$ Soit Δ le diviseur diagonal sur $X \times X$. L'indice d'intersection $I(\Delta, \Delta)$ est le nombre de points d'intersection de Δ avec un diviseur linéairement équivalent à Δ et qui coupe Δ transversalement. Alors

$$g = 1 + \frac{I(\Delta, \Delta)}{2}.$$

$\boxed{15}$ On suppose X définie dans $\mathbf{P}^n(\mathbf{C})$ par un idéal homogène I de $\mathbf{C}[X_0, \ldots, X_n]$. On note $h(d) = \dim_{\mathbf{C}} \mathbf{C}[X_0, \ldots, X_n]_d / I_d$ (parties d-homogènes). On peut montrer que $h(d) = P_X(d)$ pour d suffisamment grand, où P_X est un polynôme linéaire (polynôme de Hilbert de X). Alors

$$g = 1 - P_X(0).$$

$\boxed{16}$ A la courbe X on associe un morphisme $X \to J(X)$ dans une variété abélienne (la jacobienne de X), tel que tout morphisme rationnel $X \to A$ dans une variété abélienne se factorise : $X \to J(X) \to A$. Alors

$$g = \dim\ J(X).$$

On l'appelle encore **dimension d'Albanese** de X car la notion de jacobienne se généralise à une variété abélienne — dite **variété d'Albanese** — associée à toute variété algébrique.

VI/ Géométrie riemannienne

$\boxed{17}$ On suppose donnée sur X une métrique riemannienne (il en existe) ; elle permet de définir une courbure K et un élément d'aire dA. Alors

$$g = 1 - \frac{1}{4\pi} \iint_X K \, dA \,.$$

VII/ Déformations

$\boxed{18}$ Si $X \simeq \mathbf{P}^1$, alors $g = 0$; si X est un tore, alors $g = 1$; sinon $g = \frac{m+3}{3}$ où m est le nombre de paramètres d'une déformation complète de X (dimension de l'espace des modules).

Chapitre II

Topologie

§1 Surfaces orientables et triangulables

Rappelons qu'une surface (topologique) est un espace topologique séparé X recouvert par des ouverts homéomorphes à $\mathbf{R}^2$. On supposera (comme pour toute variété, sauf mention contraire) que X est connexe, et donc connexe par arcs.

Définition - *Une surface X est* **orientable** *s'il existe un atlas $(f_\alpha : U_\alpha \xrightarrow{\sim} \mathbf{R}^2)_\alpha$ tel que les $f_\alpha \circ f_\beta^{-1}$ préservent l'orientation de $\mathbf{R}^2$ (c'est-à-dire le générateur de $\pi_1(\mathbf{R}^2 \setminus \{0\})$ qu'elle définit).*

Proposition 2.1 - *Toute surface de Riemann est orientable.*

Preuve – Une application conforme (ici $f_\alpha \circ f_\beta^{-1}$) préserve l'orientation. ∎

Une triangulation est exactement ce qu'on pense, mais nous donnons une définition précise pour permettre au lecteur de combler les détails des démonstrations qui suivent.

Définition - *Notons T le triangle de sommets $0, 1, e^{i\pi/3}$ dans $\mathbf{C} \simeq \mathbf{R}^2$. Un* **2-simplexe** *d'une surface X est une injection continue $T \hookrightarrow X$. L'image sera encore appelée un* **triangle**, *avec 3* **arêtes** *et 3* **sommets**. *On dit que la surface X est* **triangulable** *si elle admet une* **triangulation**, *c'est-à-dire la donnée de 2-simplexes $f_i : T \hookrightarrow X$ dont les images recouvrent X et tels que pour tout point $P \in X$,*
a) si P n'est pas sur une arête, il appartient à un unique triangle $f_i(T)$, qui est alors un voisinage de P.
b) si P est sur une arête a, mais non sur un sommet, il appartient exactement à deux triangles $t_i = f_i(T)$ et $t_j = f_j(T)$, tels que $t_i \cap t_j = a$, et $t_i \cup t_j$ est un voisinage de P.
c) si P est un sommet, il appartient exactement à un nombre fini de triangles $t_1, \ldots, t_k$; ceux-ci ont P pour sommet, leur réunion est un voisinage de P, et t_i et t_{i+1} (i modulo k) ont exactement une arête commune.

Remarque - Il est clair qu'une surface triangulable est compacte si et seulement si elle a une (ou toute) triangulation finie. Dans le cas général, toute triangulation est dénombrable : on part d'un triangle, on numérote ceux qui le touchent (un nombre fini), puis ceux qui touchent ceux-là, etc... on les attrappe tous de cette façon (tout triangle peut être joint à celui de départ par un arc qui, par compacité, ne traverse qu'un nombre fini de triangles, chacun touchant le suivant). Ainsi, toute surface triangulable a une base dénombrable. La réciproque est vraie ([A-S] §46); montrons le cas compact :

Théorème 2.1 - *Toute surface compacte X est triangulable*

Preuve – Par compacité, $X = \bigcup_1^n D_i$ où $D_i \approx D(0,1)$ (disque unité), $D_i \not\subset D_j$ pour $i \neq j$.

On suppose que la réunion $\bigcup_1^n \partial D_i$ des bords est une réunion disjointe d'un nombre fini de points et d'arcs: on dira que $\bigcup \partial D_i$ est de type fini (on veut éviter le genre de situation ci-contre).

Deux cas sont alors possibles :

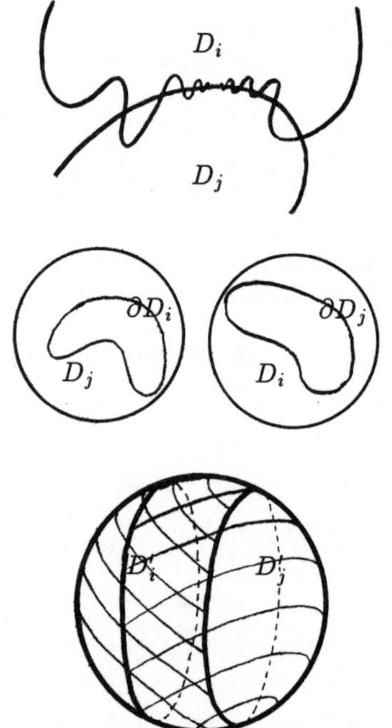

$\boxed{1}$ Si $\partial D_i \subset D_j$ pour un couple (i,j), alors $X \approx S^2$ (donc triangulable) : en effet si on trace un chemin dans D_i d'un point de $D_i \setminus D_j$ à ∂D_i, il doit rencontrer ∂D_j donc D_i contient un point de ∂D_j ; si un autre point de ∂D_j n'était pas dans D_i, il y aurait entre les deux un point de $\partial D_i \cap \partial D_j$ ce qui contredit $\partial D_i \subset D_j$. Par suite on a aussi $\partial D_j \subset D_i$ (dessin du haut). On recouvre alors la sphère S^2 par deux "gros" hémisphères D_i' et D_j' (cf. dessin du bas).

On envoie par homéomorphisme la couronne $D_i \cap D_j$ sur $D_i' \cap D_j'$ et on prolonge cet homéomorphisme en un homéomorphisme de D_i sur D_i' et de D_j sur D_j', d'où $D_i \cup D_j \approx S^2$. Enfin tout chemin sur X partant d'un point de D_i est contenu dans $D_i \cup D_j$ (car $\partial D_i \subset D_j$ et $\partial D_j \subset D_i$ donc quand on sort de D_i on entre dans D_j et réciproquement) ; d'où $X = D_i \cup D_j \approx S^2$ par connexité.

$\boxed{2}$ Si on n'est pas dans le cas $\boxed{1}$, les ∂D_i divisent X en un nombre fini de polygones (les D_i forment une "polygonation") et un polygone est triangulable.

Il reste à montrer :

Lemme - *On peut toujours se ramener au cas où $\bigcup_1^n \partial D_i$ est de type fini.*

Preuve – On peut supposer X recouverte par des ouverts $U_i \approx \mathbf{R}^2$ avec un diagramme commutatif

$$
\begin{array}{ccccc}
U_i & \supset & D_i' & \supset & D_i \\
\downarrow{\scriptstyle l\,f_i} & & \downarrow & & \downarrow \\
\mathbf{R}^2 & \supset & D(0,2) & \supset & D(0,1)
\end{array}
\qquad \text{avec} \quad X = \bigcup_1^n D_i.
$$

On suppose par récurrence que $\Gamma = \bigcup_1^{k-1} \partial D_i$ est de type fini (vrai si $k = 2$), et on va se ramener au cas où c'est vrai pour $\bigcup_1^k \partial D_i$. On se place dans $\mathbf{R}^2$ par l'homéomorphisme f_k. Dans la couronne $D'_k \backslash D_k$, on choisit p_1, $p_2 \notin \Gamma$ sur des rayons distincts ; ils définissent deux "demi-couronnes" Ω_1 et Ω_2. Il suffit de trouver un arc σ_1 de p_1 à p_2 dans Ω_1 tel que $\sigma_1 \cup \Gamma$ soit de type fini, et de même σ_2 dans Ω_2 : en effet, en remplaçant D_k par la région délimitée par σ_1 et σ_2, et en modifiant f_k en conséquence, on sera ramené à $\bigcup_1^k \partial D_i$ de type fini.

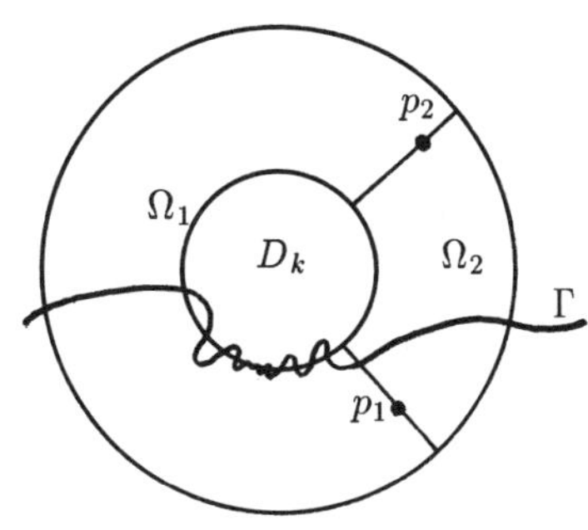

Puisque p_1 et p_2 ont des voisinages qui ne rencontrent pas Γ, on peut, pour la construction de σ_1, remplacer p_1 et p_2 par des points $p'_1, p'_2 \in \overset{\circ}{\Omega}_1$ (l'intérieur). Comme $\overset{\circ}{\Omega}_1$ est connexe, il suffit de montrer que $E = \{$points de $\overset{\circ}{\Omega}_1$ qu'on peut joindre à p_1 par un "bon" arc$\}$ est ouvert et fermé. Soit $p \in E$. Si $p \notin \Gamma$, il a un voisinage connexe disjoint de Γ donc dans E. Si $p \in \Gamma$, il a un voisinage V connexe qui ne rencontre que les ∂D_i passant par p. Si $q \in V$, on le joint à p dans V par un arc σ (a priori "mauvais"). On suit σ depuis q jusqu'à rencontrer un ∂D_i, que l'on suit alors pour aller en p, ce qui donne un "bon" chemin de q à p, donc $q \in E$, soit $V \in E$. Ainsi E est ouvert. Il est fermé grâce au même raisonnement. ∎

Fin de preuve du théorème ∎

On vient de voir qu'une surface de Riemann est orientable, et triangulable dans le cas compact. Dans le cas général, il faudra utiliser au moins la dénombrabilité de la topologie, qui nécessite l'existence de certaines fonctions (cf. chap. III). Mais on peut étudier dès maintenant la réciproque :

Théorème 2.2 - *Toute surface triangulable et orientable peut être munie d'une structure de surface de Riemann.*

Preuve – On choisit une triangulation

$$f_i : t_i \overset{\sim}{\longrightarrow} T = <0, 1, e^{i\pi/3} > \subset \mathbf{C}$$

et on l'oriente de façon cohérente, c'est-à-dire on choisit une orientation ($g_\alpha : U_\alpha \overset{\sim}{\longrightarrow} \mathbf{C}$)$_\alpha$ de X et on suppose que $f_i \circ g_\alpha^{-1}$ préserve l'orientation de $\mathbf{C}$ (sinon on compose f_i avec une symétrie de T).

On prend alors deux triangles t_1, t_2 sur X ayant une arête commune $P_0 P_1$. Il existe un déplacement d du plan tel que $f_2' = d \circ f_2$ envoie t_2 sur le triangle T' ci-contre et P_0 sur $f_1(P_0)$. Comme l'orientation est cohérente, f_2' et f_1 coïncident aussi en P_1.

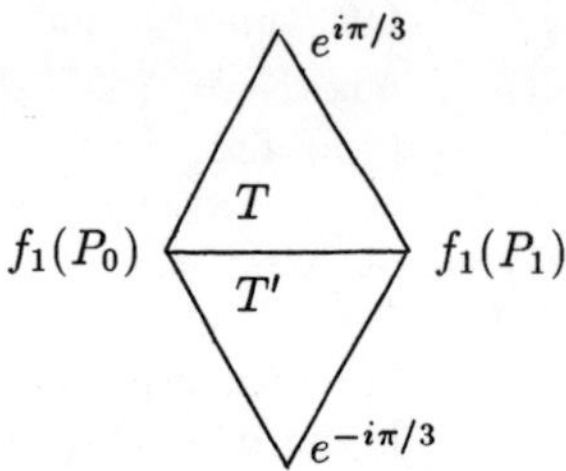

On modifie alors f_2 pour que f_1 et f_2' coïncident sur toute l'arête $P_1 P_2$:

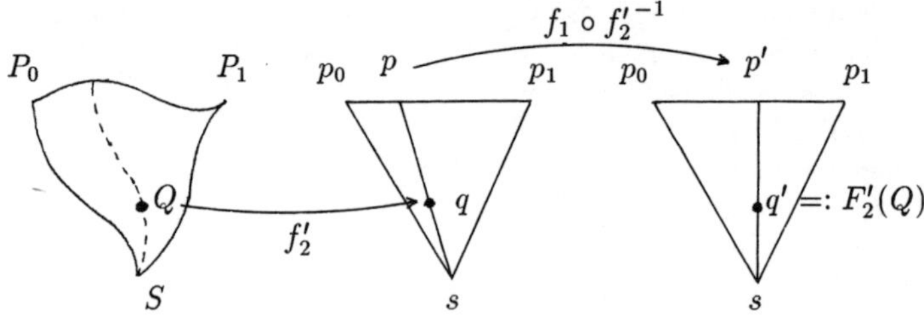

On change f_2 en F_2 définie ainsi : un point $Q \in t_2$ détermine q sur T', d'où $p = \overline{sq} \cap p_0 p_1$, qui s'envoie sur p' par $f_1 f_2'^{-1}$, d'où q' déterminé sur la droite $\overline{sp'}$ par $\frac{sq'}{sp'} = \frac{sq}{sp}$, et enfin $F_2(Q) = d^{-1}(q') \in T$. Il est clair par construction que f_1 et $d \circ F_2$ coïncident sur l'arête $P_0 P_1$. On peut donc supposer que f_1 et f_2' coïncident sur cette arête. Puisqu'on n'a **pas modifié** f_2 sur les deux autres arêtes, on peut recommencer cette opération pour toutes les arêtes communes à tous les couples de triangles (il n'y en a qu'un nombre dénombrable).

On peut maintenant définir la structure complexe : on prend d'abord les $f_i : \overset{\circ}{t_i} \to \overset{\circ}{T}$ comme cartes (le $\circ$ désigne l'intérieur). Il reste à couvrir les arêtes. On envoie $(t_i \cup t_j)^\circ$ sur $(T \cup T')^\circ$ par f_i et f_j' (c'est bien défini sur l'arête $t_i \cap t_j$ grâce à nos modifications). La fonction de transition avec les cartes précédentes est l'identité sur $\overset{\circ}{t_i}$ et un déplacement sur $\overset{\circ}{t_j}$: c'est bien analytique.

Enfin, si $t_1, \ldots, t_n$ sont les triangles de sommet P, on les envoie par f_1, $d^{(1)} \circ f_2$, $d^{(1)} \circ d^{(2)} \circ f_3, \ldots$ sur les triangles $T, T', T'', \ldots$ où $d^{(1)}, d^{(2)}, \ldots$ sont les déplacements définis comme plus haut par les couples $(t_1, t_2), (t_2, t_3), \ldots$.

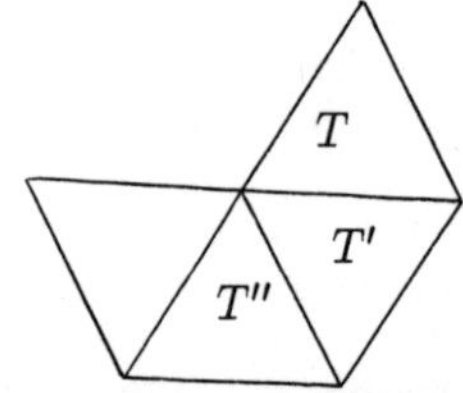

Pour que l'application construite ainsi soit bien définie sur $t_1 \cap t_n$, et définisse un homéomorphisme de $(t_1 \cup \ldots \cup t_n)^\circ$ sur un voisinage de 0, on la compose par $z \longmapsto z^{6/n}$ car dans le plan il faut six triangles équilatéraux pour faire un tour complet ; ainsi la carte au voisinage de P est donnée par $f_1^{6/n}$ sur t_1, $\left(d^{(1)} \circ f_2\right)^{6/n}$ sur t_2, etc... Les fonctions de transition avec les cartes précédentes sont des déplacements composés avec $z \longmapsto z^{6/n}$ (analytique hors de 0), donc sont encore analytiques. ∎

§2 Classification des surfaces compactes orientables

Il s'agit donc de la classification topologique des surfaces de Riemann compactes.

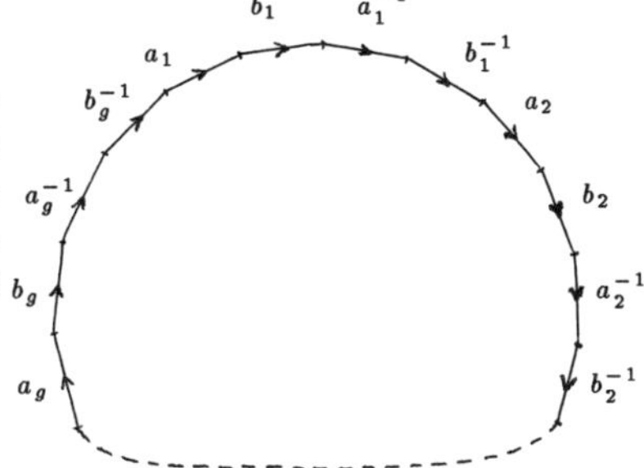

Théorème 2.3 - *Toute surface orientable compacte est homéomorphe soit à la sphère S^2, soit à un polygône à $4g$ côtés identifiés 2 à 2 de la manière suivante : on identifie un côté c avec le côté c' pris dans le sens opposé.*

Preuve – On part d'une triangulation (finie) de X. On applique successivement les triangles de X sur des triangles du plan par des homéomorphismes : on prend à chaque fois un triangle de X qui a une arête commune avec la réunion des précédents, et on l'envoie sur un triangle euclidien ayant aussi une arête commune avec leurs images. A la fin on obtient un polygône $\mathcal{P}$ dont les côtés sont identifiés 2 à 2. Il reste à mettre de l'ordre dans ces côtés. L'orientation de X définit un sens de parcours du bord ; en énumérant dans l'ordre les arêtes de X (sur lesquelles on aura choisi une fois pour toutes une orientation) représentées par les côtés de $\mathcal{P}$, on obtient un symbole du type $abcb^{-1}da^{-1}\ldots$ où chaque lettre apparaît une fois sans exposant (lorsque l'orientation de l'arête coïncide avec celle de $\mathcal{P} \subset \mathbf{R}^2$) et une fois avec exposant -1 (car, des deux triangles de X bordant une arête, un exactement a une orientation compatible avec celle de l'arête). La donnée du symbole et des sommets correspondants $a \longleftrightarrow (p,q)$, $b \longleftrightarrow (q,r)$, $\ldots$ redonne la topologie.

Réduction du symbole : on modifie $\mathcal{P}$ par découpage et recollement de manière à simplifier le symbole, sans changer la topologie de $\mathcal{P}$ après identification des sommets : si $\mathcal{P}$ n'a que deux côtés aa^{-1}, alors $X \approx S^2$; tant qu'il reste plus de 2 côtés, on effectue les opérations suivantes :

$\boxed{1}$ On peut supposer tous les sommets identifiés ; en effet, si $p \neq q$, l'opération suivante remplace un sommet q par un sommet p :

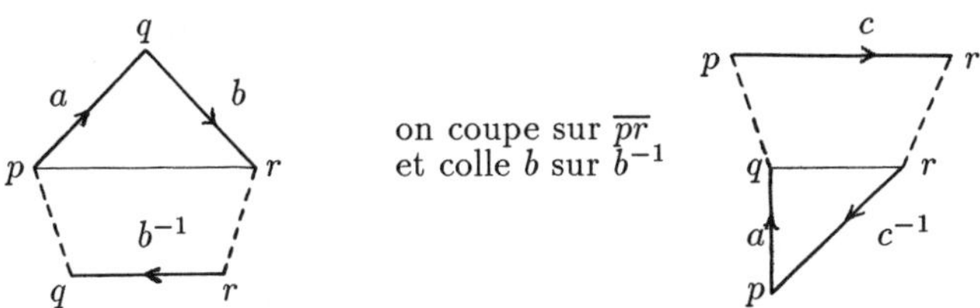

on coupe sur $\overline{pr}$
et colle b sur b^{-1}

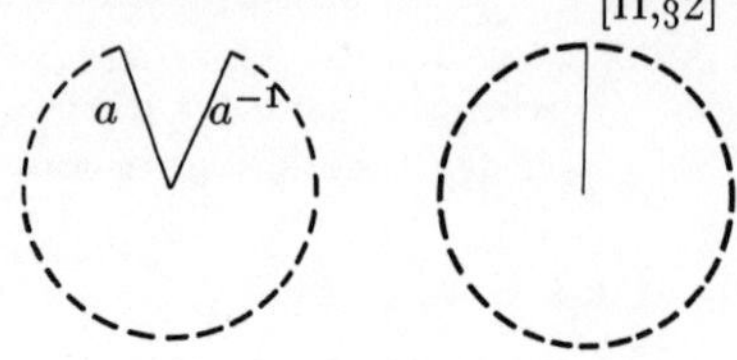

$\boxed{2}$ On supprime tous les groupes du type aa^{-1} par recollement :

$\boxed{3}$ On dit que deux côtés a et b (ou b et a) sont enchaînés s'il apparaissent (à permutation circulaire près) dans l'ordre $a\ldots b\ldots a^{-1}\ldots b^{-1}$. Montrons que toute arête a est enchaînée à une autre ; en effet, sinon toute arête entre a et a^{-1} a aussi son inverse entre a et a^{-1} .

On coupe alors $\mathcal{P}$ en deux parties $\mathcal{P}_1$ et $\mathcal{P}_2$ comme ci-contre. Par hypothèse, après identification, $\mathcal{P}_1$ et $\mathcal{P}_2$ n'ont pas d'autre bord que c (en particulier, le point P a un voisinage $\approx \mathbf{R}^2$ sur $\mathcal{P}_1$ **et** sur $\mathcal{P}_2$) ; et X s'obtient en recollant $\mathcal{P}_1$ et $\mathcal{P}_2$ le long de c puis en identifiant les deux points, donc P a sur X un voisinage V du type ci-contre, ce qui est impossible sur une surface ($V \setminus \{P\}$ doit rester connexe). On a bien montré que a doit être enchaînée à une autre arête.

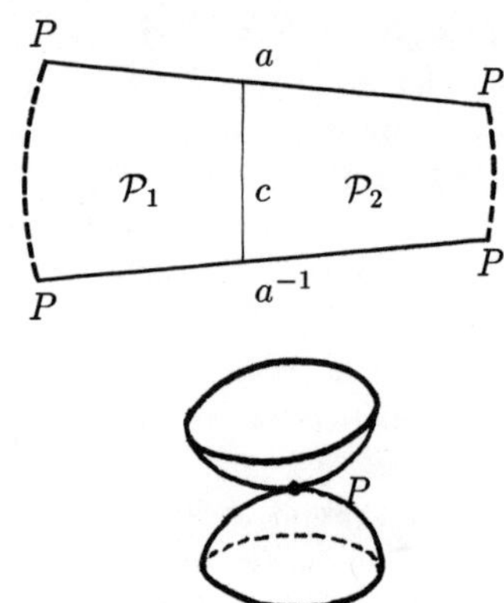

Il reste à voir qu'on peut supposer que 4 côtés enchaînés se suivent toujours ; pour cela, on coupe et colle deux fois :

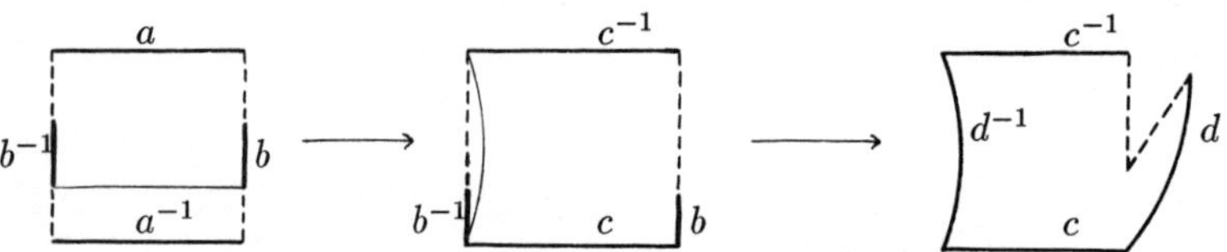

(Remarquer que les groupes de côtés pointillés n'ont pas été cassés dans l'opération). On recommence le pas $\boxed{2}$ si nécessaire.   ∎

Corollaire - *Une telle surface est homéomorphe à une sphère à g anses, ou encore un "tore" à g trous (le lecteur pourra se distraire à trouver une définition à la fois parlante et correcte de ces objets) :*

Preuve –   Récurrence sur g : on coupe le polygone en deux ainsi :

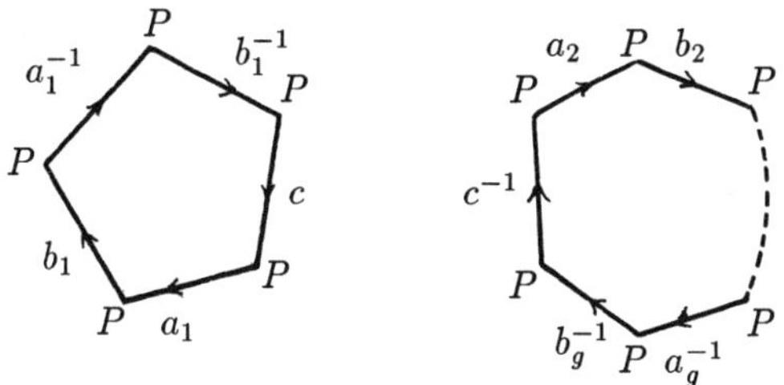

La surface s'obtient donc en recollant le long du cycle c les tores à 1 et $g-1$ trous privés chacun d'un disque de bord c :

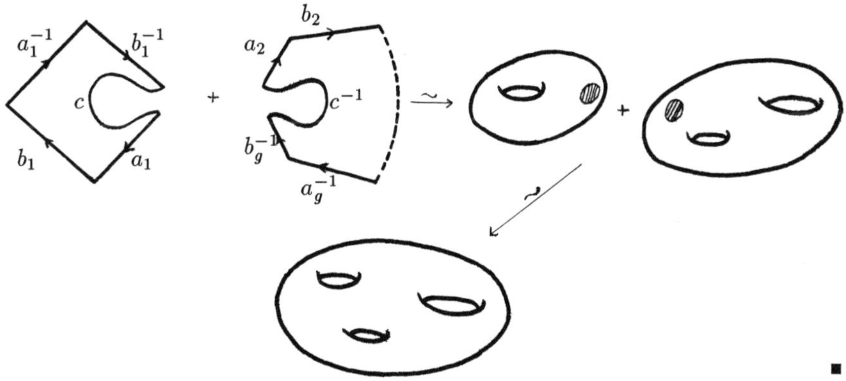

Exemples - $\boxed{g = 0}$

$\boxed{g = 1}$

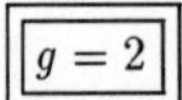

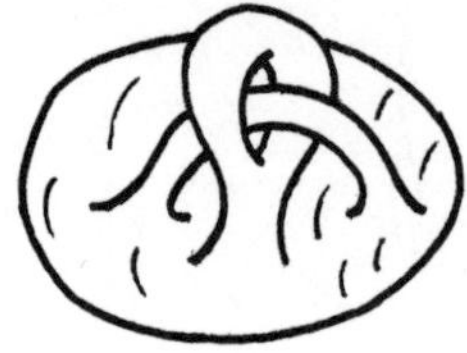  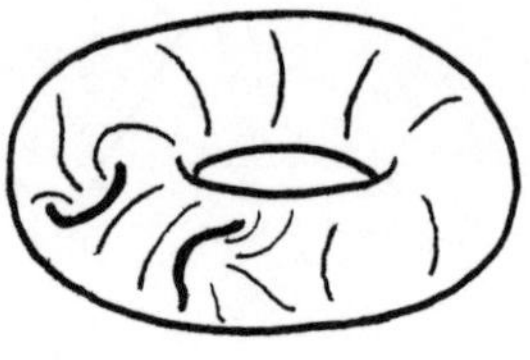

Remarque - Les côtés a_i, b_i forment des cycles sur la surface X. Si on voit X comme tore à trous, on peut regrouper ces cycles par 2 : pour chaque trou, un a_i "tourne autour" et un b_i "passe à travers" (ces deux propriétés ne sont pas distinguables intrinsèquement sur X, mais dépendent du plongement dans $\mathbf{R}^3$).

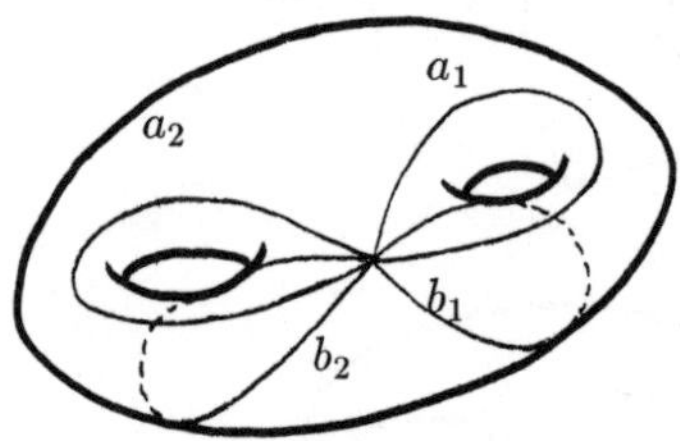

Les modèles précédents permettent de calculer l'homologie de X. Cela peut se faire soit directement (voir plus loin en exercice), soit par le calcul, plus précis, du groupe fondamental que l'on détermine maintenant.

Théorème 2.4 - *Soit X un tore à g trous, et $a_1, \ldots, b_g$ les cycles correspondant aux côtés du polygone. Alors $\pi_1(X)$ est le groupe engendré par $a_1, \ldots, b_g$ avec l'unique relation $\prod_1^g [a_i, b_i] = 1$.*

Preuve –   On trouvera une preuve élémentaire, mais très longue, dans [Si] ; le point délicat est de voir qu'il n'y a qu'une relation entre $a_1, \ldots, b_g$. Nous utiliserons plutôt le th. de van Kampen (réf. [Gra]) sous forme de deux corollaires :

Soient U_1, U_2 deux ouverts recouvrant un espace topologique X, tels que $V = U_1 \cap U_2$ soit connexe par arcs. Alors

$\boxed{1}$ *Si U_2 est simplement connexe, $\pi_1(X) \approx \pi_1(U_1)/\dfrac{s/g \text{ distingué}}{\text{eng. par } \pi_1(V)}$.*

$\boxed{2}$ *Si V est simplement connexe, $\pi_1(X)$ est le coproduit de $\pi_1(U_1)$ et $\pi_1(U_2)$, c'est-à-dire l'ensemble des mots $a_1 a_2 b_1 b_2 \ldots$ où $a_1, b_1, \ldots \in \pi_1(U_1)$ et $a_2, b_2, \ldots \in \pi_1(U_2)$.*

On prend alors une représentation de X comme polygone (th. précédent), et on choisit $Q \in$ intérieur du polygone, $U_1 = X \setminus \{Q\}$, $U_2 = X \setminus$ bord du polygone. Alors $V = U_1 \cap U_2$ est homéomorphe au disque épointé donc $\pi_1(V) \approx \mathbf{Z}$, et $\pi_1(X) \approx \pi_1(U_1)/\mathbf{Z}$ d'après $\boxed{1}$.

Or, U_1 se rétracte par déformation
sur le bord du polygone, c'est-à-dire
un bouquet B de $2g$ cercles C_i ayant
un point commun x. Montrons, par
récurrence sur le nombre de cercles,
que son π_1 est le groupe libre à $2g$
générateurs :

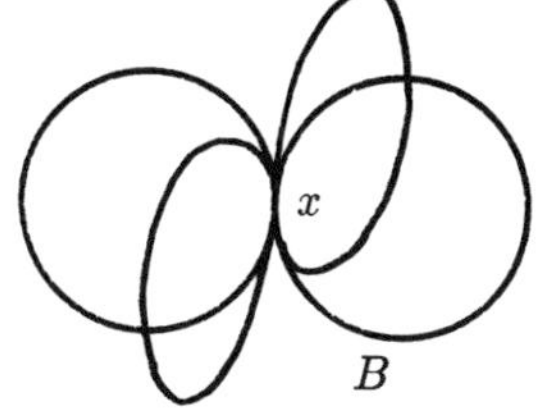

on choisit $x_i \neq x$ sur C_i, et

$V_1 = B \setminus \{x_1, \ldots, x_{2g-1}\}$ qui se rétracte sur C_{2g}

$V_2 = B \setminus \{x_{2g}\}$ qui se rétrace sur $C_1 \cup \ldots \cup C_{2g-1}$

$W = V_1 \cap V_2$ qui se rétracte sur $\{x\}$ donc est simplement connexe.

En appliquant $\boxed{2}$ et l'hypothèse de récurrence, on obtient bien $\pi_1(U_1)$ comme groupe libre à $2g$ générateurs. Ces générateurs sont les cycles formant le bouquet B, c'est-à-dire les côtés $a_1, \ldots, b_g$ du polygone, et $\pi_1(X)$ est donc le groupe libre sur $a_1, \ldots, b_g$ quotienté par le générateur de $\pi_1(V)$ (dans $\pi_1(U_1)$), qui est donc $a_1 b_1 a_1^{-1} b_1^{-1} \ldots a_g b_g a_g^{-1} b_g^{-1}$. $\blacksquare$

On peut alors déterminer l'homologie de X :

Rappels sur l'homologie - On fixe une triangulation qui détermine des 0-, 1-, et 2-simplexes (les sommets, arêtes et faces orientés). Le groupe abélien libre sur les n-**simplexes** ($= \{\sum m_i a_i \; ; \; m_i \in \mathbf{Z}, \; a_i = n - \text{simplexe}\}$) est le groupe $C_n = C_n(X)$ des n-**chaînes**. Tout n-simplexe a un bord dans $C_{n-1}(X)$ (la somme de ses faces, orientées par le n-simplexe), d'où par linéarité l'opération bord $C_n \xrightarrow{\partial} C_{n-1}$. L'image $B_{n-1}(X)$ constitue les **bords**, le noyau $Z_n(X)$ les **cycles** (par convention $C_n = B_n = Z_n = \{0\}$ pour $n \neq 0,1,2$) ; ainsi $B_{n-1} \approx C_n/Z_n$. On vérifie que $\partial^2 = 0$ donc tout bord est un cycle, et on note $H_n = Z_n/B_n$: c'est le n-ième **groupe d'homologie** de X (encore noté $H_n(X)$ ou $H_n(X, \mathbf{Z})$). Il ne dépend pas de la triangulation (voir [Sp]). En utilisant la connexité par arcs de X, on montre que $\pi_1/[\pi_1, \pi_1] \approx H_1$, où π_1 est le groupe fondamental de X, et $[\pi_1, \pi_1]$ son sous-groupe dérivé.

Corollaire - *Le premier groupe d'homologie du tore à g trous est le groupe abélien libre $\approx \mathbf{Z}^{2g}$, engendré par les cycles $a_1, \ldots, b_g$.*

> **Preuve** – $\pi_1(X) = G/\langle c \rangle$ où G est le groupe libre engendré par $a_1, \ldots, b_g$ et c le commutateur $a_1 b_1 a_1^{-1} b_1^{-1} \ldots a_g b_g a_g^{-1} b_g^{-1}$. Donc $[\pi_1, \pi_1] = [G, G]/\langle c \rangle$, et $\pi_1/[\pi_1, \pi_1] = G/[G, G]$ est le groupe abélien libre engendré par $a_1, \ldots, b_g$.
>
> $\blacksquare$

Définition - *Le rang de $H_i(X)$ est noté b_i (i-ième **nombre de Betti**). Ainsi le nombre $g = b_1/2$ est un invariant topologique appelé le **genre** de X. Le nombre $\chi = \chi(X) = b_0 - b_1 + b_2$ s'appelle **caractéristique d'Euler-Poincaré** de X.*

Exercice - $\boxed{1}$ Si p est un sommet fixé de la triangulation, tout autre sommet s'écrit $q = p + \partial c$ où c est une 1-chaîne joignant p à q. Ainsi $Z_0/B_0 = C_0/B_0 \simeq p.\mathbf{Z} \simeq \mathbf{Z}$ donc $b_0 = 1$.

$\boxed{2}$ Si $\sum n_i t_i$ est une 2-chaîne de bord nul (avec $t_i \neq t_j$ si $i \neq j$), alors $n_i = n_j$ si les triangles t_i et t_j ont une arête commune (puisqu'elle n'apparaît plus dans le bord). Par connexité, $n_i = n_j$ pour $i \neq j$, donc Z_2 est engendré sur $\mathbf{Z}$ par $\sum t_i$ (somme de tous les triangles), d'où $Z_2/B_2 \simeq Z_2 \simeq \mathbf{Z}$ et donc $b_2 = 1$.

$\boxed{3}$ Conclure $\chi = 2 - 2g$.

La caractéristique d'Euler-Poincaré se calcule simplement en fonction d'une triangulation.

Proposition 2.2 - *Si X a une triangulation ayant F faces, A arêtes, S sommets, alors*

$$\chi = S - A + F.$$

Preuve – Soit a_n le nombre de n-simplexes. Les a_n n-simplexes forment une base de C_n. Si Z_n est de rang z_n, alors $B_n \simeq C_{n+1}/Z_{n+1}$ est de rang $a_{n+1} - z_{n+1}$, donc rg $H_n = z_n - a_{n+1} + z_{n+1}$, d'où $\chi = z_0 - a_1 + a_2$. Or, toute 0-chaîne est un cycle, donc $z_0 = a_0$ et $\chi = a_0 - a_1 + a_2$. ∎

Exercice - Calcul direct des b_i n'utilisant pas la connaissance du π_1 (voir [Sp]) :

$\boxed{1}$ Définir $\chi(X, \mathcal{T}) = S - A + F$ pour une triangulation $\mathcal{T}$ ayant F faces, A arêtes et S sommets. Montrer que c'est indépendant de la triangulation : se ramener au cas où $\mathcal{T}_1$ et $\mathcal{T}_2$ n'ont qu'un nombre fini de points et arêtes en commun (sans changer leur χ) puis au cas où $\mathcal{T}_2$ raffine $\mathcal{T}_1$, puis au cas où $\mathcal{T}_2$ est une triangulation d'un triangle euclidien T_1, et voir que dans ce cas $\chi(T_1, \mathcal{T}_2) = 1$ par récurrence sur le nombre d'arêtes (retirer une arête revient à faire disparaître soit une face soit un sommet).

$\boxed{2}$ Déduire alors du th.2.3 que $\chi = 2 - 2g$ en prenant la triangulation ci-contre ($S = 2 + 2g$, $A = 12g$, $F = 8g$). En particulier, g est bien défini.

$\boxed{3}$ En utilisant la démonstration de la proposition précédente et le fait que $b_0 = b_2 = 1$ (voir plus haut), conclure $b_1 = 2g$.

Voici pour terminer deux autres caractérisations topologiques du genre :

Proposition 2.3 - *Soit X une surface de Riemann de genre g.*

$\boxed{1}$ *On peut enlever $2g$ cycles sans composante commune sur X en la gardant connexe, et pas plus.*

$\boxed{2}$ *Même énoncé avec g cycles disjoints.*

Preuve – $\boxed{1}$ <u>Existence</u> : $a_1, \ldots, b_g$ sont sans composante commune, et le complémentaire, qui est l'intérieur du polygone, est connexe.
<u>Maximalité</u> : soient $c_1, \ldots, c_r$ ($r > 2g$) des cycles sans composante commune. On peut supposer qu'il sont sur les arêtes d'une triangulation $(t_1, \ldots, t_n)$. Puisque $\text{rg}_{\mathbf{Z}} H_1 = 2g$, il y a une relation $\sum n_i c_i = \partial d \neq 0$ où d est une

2-chaîne (et $\neq 0$ car pas de composante commune). Quitte à ajouter à d un multiple de $\sum_1^n t_i$ (qui a un bord nul), on peut supposer $|d| \neq X$ ($|d|$ est le support de d). Alors $X \setminus |\partial d|$ n'est pas connexe car recouvert par les ouverts disjoints $X \setminus |d|$ et $|d| \setminus |\partial d|$. A fortiori $X \setminus \bigcup |c_i|$ n'est pas connexe.

$\boxed{2}$ Existence - Les g cycles tracés ci-contre conviennent

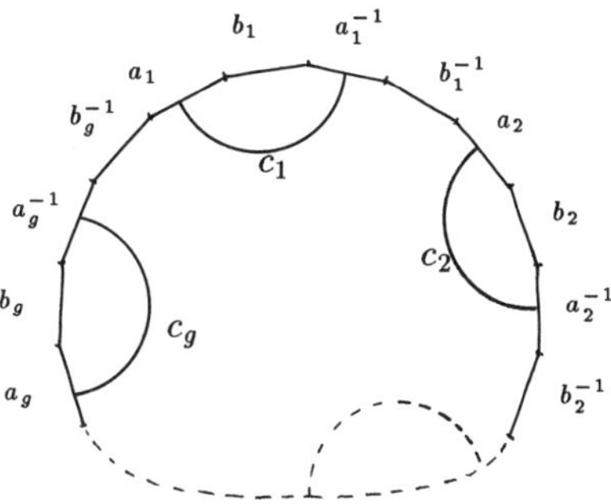

Maximalité - Si $X \setminus \bigcup_{i=1}^q c_i$ est connexe où les c_i sont des cycles disjoints, on "épaissit" c_i en en prenant un voisinage tubulaire d_i assez fin pour que $M = X \setminus \bigcup_1^q d_i$ soit encore connexe.

Pour retrouver X à partir de M, on peut recoller $2q$ disques le long des $2q$ cercles formant le bord de M, d'où une surface Y compacte sans bord, puis ajouter q anses :

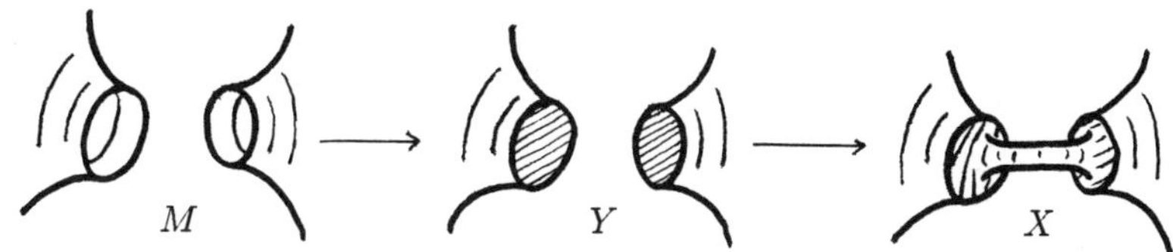

Or, ajouter une anse augmente le genre d'une unité, d'où

$$g(X) = g(Y) + q \geq q.$$

∎

Chapitre III

Existence de fonctions

§1 Problème de Dirichlet

Partant d'une fonction continue sur le bord d'un ouvert, on en cherche un prolongement harmonique. Commençons par quelques rappels sur les fonctions harmoniques dans $\mathbf{C}$ (réf. [Co]).

Définition - *Si U est un ouvert de $\mathbf{C}$, une fonction continue $u : U \to \mathbf{R}$ est dite* **harmonique** *si elle vérifie les propriétés équivalentes suivantes:*
1. Pour tout disque $\overline{D}(z,r) \subset U$, $u(z) = \frac{1}{2\pi} \int_0^{2\pi} u(z + re^{i\theta})\, d\theta$.
2. u est de classe $\mathcal{C}^2$ (ou $\mathcal{C}^\infty$), et $\Delta u = 0$ (où $\Delta = \frac{\partial^2}{\partial x^2} + \frac{\partial^2}{\partial y^2}$).

Exemple - Par Cauchy-Riemann, si f est analytique, alors $\Re e\, f$ et $\Im m\, f$ sont harmoniques. Réciproquement, si u est harmonique sur le disque unité D, alors $u = \Re e\, f$ avec f analytique sur D (et par monodromie ou d'après le théorème d'uniformisation, cela reste vrai sur tout ouvert connexe et simplement connexe).

Propriété - *Une fonction harmonique vérifie le principe du maximum : sur un ouvert connexe, u est soit constante soit sans maximum.*

L'équivalence des définitions utilise la solution du problème de Dirichlet pour le disque, grâce au **noyau de Poisson**

$$P(z,\zeta) = \frac{|\zeta|^2 - |z|^2}{|z - \zeta|^2}.$$

Alors, si f est continue sur le cercle $S(0,r)$, la moyenne sur $S(0,r)$ de $P(z,\zeta)f(\zeta)$ est continue (en z) sur le disque fermé $\overline{D}(0,r)$, égale à f au bord et harmonique à l'intérieur.

Ce résultat entraîne aussi le **principe de Harnack** : si (u_n) est une suite croissante de fonctions harmoniques sur U, alors (u_n) converge uniformément sur tout compact, soit vers $+\infty$ soit vers une fonction harmonique.

Puisque l'harmonicité sur $\mathbf{C}$ est une notion locale et stable par transformation conforme (car u harmonique $\iff u = \Re e(\text{analytique})$), on peut définir :

Définition - *Soit X une surface de Riemann. Une fonction $f : X \to \mathbf{R}$ est* **harmonique** *si pour toute carte z (ou pour des cartes recouvrant X), la fonction $f \circ z^{-1}$ est harmonique.*

Remarque - Les propriétés "locales" (principe du maximum, principe de Harnack, ...) restent vraies sur les ouverts des surfaces de Riemann, ainsi que les résultats de "monodromie" (si X est simplement connexe, u harmonique $\iff$ $u = \Re(\text{analytique})$).

Problème de Dirichlet - *Soit D un domaine (ouvert connexe) d'une surface de Riemann, et $f : \partial D \to \mathbf{R}$ continue bornée. Une solution du problème de Dirichlet pour ces données est une fonction $u : \overline{D} \to \mathbf{R}$ continue, prolongeant f, harmonique sur D.*

La résolution de ce problème nécessite l'étude des fonctions sous-harmoniques (plus nombreuses que les fonctions harmoniques, donc plus faciles à manier en vue d'un théorème d'existence).

Définition - *Soit X une surface de Riemann. Une fonction $u : X \to \mathbf{R}$ continue est **sous-harmonique** (on notera parfois s/h) si pour tout domaine D de X et $v : D \to \mathbf{R}$ harmonique, la différence $u - v$ est constante ou sans maximum.*

Propriétés immédiates: $\boxed{1}$ C'est une notion locale, stable par addition et maximum.

$\boxed{2}$ Une fonction harmonique est sous-harmonique.

Notation Soit D un **disque conforme** de X ($=$ image réciproque d'un disque par une carte). Si $u : X \to \mathbf{R}$ est continue, on lui associe l'unique fonction u_D continue sur X, égale à u sur $X \setminus D$ et harmonique sur D (elle existe d'après la solution du problème de Dirichlet pour le disque, et est unique par principe du maximum).

Prop 3.1 - *Soit $u : X \to \mathbf{R}$ continue. Alors il y a équivalence entre*

$\boxed{1}$ *u est sous-harmonique.*

$\boxed{2}$ *Pour tout disque conforme D, $u \leq u_D$.*

$\boxed{3}$ *Pour tout disque conforme D, $u \leq$ moyenne au bord du disque.*

> **Preuve** – $\boxed{1} \Longrightarrow \boxed{2}$: $u - u_D$ est nulle sur $X \setminus D$, et s/h sur D, donc ou bien constante donc nulle sur D, ou bien sans maximum (et donc ≤ 0) sur D.
>
> $\boxed{2} \Longrightarrow \boxed{3}$ $u(0) \leq u_D(0)$ qui est la moyenne de u_D au bord (harmonicité) ou encore celle de u (car $u = u_D$ sur ∂D).
>
> $\boxed{3} \Longrightarrow \boxed{1}$ Soit v harmonique sur un domaine D, telle que $u - v$ ait un maximum M sur D. L'ensemble $D_M = \{P \in D \ ; \ u(P) - v(P) = M\}$ est fermé non vide, donc il suffit de voir qu'il est ouvert pour obtenir $D_M = D$ par connexité. Or, si $P \in D_M$ et D_r est un disque conforme $\subset D$ en P, alors
>
> $$M = (u - v)(P) \leq \text{moyenne de } u - v \text{ au bord (par } \boxed{3} \text{)} \leq M,$$
>
> et donc $u - v = M$ sur le bord, donc sur tout un voisinage de P (faire varier r).   ∎

Prop 3.2 (Perron) - *Soit $\mathcal{F}$ une famille non vide de fonctions sous-harmoniques sur X telle que*
a) pour tout disque conforme D, $u \in \mathcal{F} \Longrightarrow u_D \in \mathcal{F}$
b) Si $u, v \in \mathcal{F}$, il existe $w \in \mathcal{F}$ telle que $w \geq \max(u, v)$ sur X.
Alors si la fonction $u^* = \sup_{\mathcal{F}} u$ est partout finie, elle est harmonique.

Preuve – Le problème est local, donc on se place sur un disque conforme D. Fixons $x_0 \in D$; on peut écrire $u^*(x_0) = \lim u_n(x_0)$ avec $u_n \in \mathcal{F}$. Quitte à remplacer u_n par $u'_n \geq \max_{i \leq n} u_i$ puis par $u''_n = u'_{n,D}$ on peut supposer u_n harmonique et la suite (u_n) croissante. Par Harnack, il y a une limite harmonique u ; on va montrer que $u^* = u$ (c'est vrai en x_0). Si $x \in D$, on peut de même écrire $u^*(x) = \lim v_n(x)$ avec $v_n \in \mathcal{F}$, d'où encore une limite harmonique v. Quitte à supposer $v_n \geq u_n$ (on peut), on a $u \leq v \leq u^*$. Alors $u - v$ est harmonique sur D, ≤ 0 sur $\overline{D}$, nulle en x_0 (car ici $u = u^*$), donc nulle sur $\overline{D}$ (principe du maximum), d'où $u(x) = v(x) = u^*(x)$ par construction. ∎

La solution du problème de Dirichlet sera obtenue, grâce à ce résultat de Perron, comme sup d'une famille de fonctions sous-harmoniques :

Notation - *Soit Y un ouvert d'une surface de Riemann X, et $f : \partial Y \to \mathbf{R}$ continue bornée. On note $\mathcal{F}_f = \{u : \overline{Y} \to \mathbf{R}$ continue et $\leq \sup_{\partial Y} f$, s/h sur Y, $\leq f$ sur $\partial Y\}$, et $u_f = \sup_{\mathcal{F}_f} u$ sur Y (c'est harmonique par Perron : exercice).*

Pour que u_f ait un prolongement continu à $\overline{Y}$, égal à f au bord, on a besoin d'une condition de régularité du bord :

Définition - *Un point $x \in \partial Y$ est **régulier** s'il existe une **barrière** en x, c'est-à-dire une fonction β sur un voisinage ouvert U de x, continue sur $\overline{Y \cap U}$, sous-harmonique sur $Y \cap U$, nulle en x et < 0 sur $\overline{Y \cap U} \setminus \{x\}$.*

Exemple - C'est le cas si on peut atteindre x par un arc analytique dans $X \setminus \overline{Y}$ (c'est-à-dire l'image inverse par une carte en x de la demi-droite $\mathbf{R}_-$ de $\mathbf{C}$). En particulier, c'est vérifié si Y ou $X \setminus Y$ est un disque conforme.

Preuve – Par une carte, on suppose $x = 0$ et $\mathbf{R}_- \subset X \setminus \overline{Y}$. Pour $z = r\, e^{i\theta}$ $(-\pi < \theta < \pi)$, on pose $\beta(z) = -r^{1/2} \cos(\theta/2)$ $(= -\Re \sqrt{z}$ donc harmonique). Elle convient. ∎

Théorème 3.1 - *Si x est régulier, $\lim_{y \to x} u_f(y) = f(x)$. En particulier, si tout point de ∂Y est régulier, u_f est solution du problème de Dirichlet.*

Preuve – Par hypothèse, $k \leq f(x) \leq K$ sur ∂Y. Fixons $\varepsilon > 0$ et $x \in \partial Y$. Par continuité, $f(x) - \varepsilon \leq f(y) \leq f(x) + \varepsilon$ pour $y \in \partial Y \cap V$ où V est un voisinage de x. On utilise le :

Lemme - *Si $m \leq c$ sont réels, il existe $v : \overline{Y} \to \mathbf{R}$ continue, s/h sur Y, égale à c en x, $\leq c$ sur $\overline{Y} \cap V$, et égale à m sur $\overline{Y} \setminus V$.*

Preuve – Soit β une barrière en x sur un voisinage U. Quitte à rétrécir V, on peut le supposer relativement compact dans U car $m \leq c$. Alors $\beta < 0$ sur le compact $\partial V \cap \overline{Y}$, donc on peut supposer ici $\beta < m - c$ quitte à multiplier par une constante. Alors $v = \begin{cases} \max(m, \beta + c) & \text{sur } \overline{Y} \cap V \\ m & \text{sur } \overline{Y} \setminus V \end{cases}$ convient, d'où le lemme. $\blacksquare$

a) Le lemme appliqué à $m = k - \varepsilon, c = f(x) - \varepsilon$ fournit une $v \in \mathcal{F}_f$ (en particulier $\leq u_f$), et ainsi $\underline{\lim} u_f(y) \geq v(x) = f(x) - \varepsilon$.
b) Le lemme appliqué à $m = -K, c = -f(x)$ fournit une fonction w ; je dis que $u_f + w \leq \varepsilon$ sur $\overline{Y} \cap V$. Il suffit de le vérifier pour $u + w$ où $u \in \mathcal{F}_f$, et seulement au bord (une s/h vérifie le principe du maximum) ; or,
sur $\partial Y \cap V$, $u(y) \leq f(y) \leq f(x) + \varepsilon$ donc $u + w < \varepsilon$,
sur $\overline{Y} \cap \partial V$, $u + w \leq K - K < \varepsilon$.
En réunissant a) et b) pour $\varepsilon \to 0$, on obtient le résultat. $\blacksquare$

Exercice - (Réf. [A-S] p.142). Toute surface de Riemann a une base dénombrable (donc est triangulable par [A-S] §46).

Esquisse de preuve – On enlève un disque conforme D à X. Il existe une fonction $f : \partial D \to \mathbf{R}$ continue non constante, d'où $u : X \setminus D \to \mathbf{R}$ harmonique non constante. Elle a une fonction conjuguée u^* sur son revêtement universel $\widetilde{X \setminus D}$, donc $u + iu^*$ donne un revêtement ramifié $\widetilde{X \setminus D} \to \mathbf{C}$. Donc (Poincaré-Voltera) $\widetilde{X \setminus D}$ a une base dénombrable, d'où $X \setminus D$ aussi. $\blacksquare$

§2 Fonctions de Green sur les surfaces hyperboliques

Définition - *Une surface de Riemann X est dite* **elliptique** *si elle est compacte,* **hyperbolique** *s'il existe une fonction $u < 0$, sous-harmonique et non constante sur X (donc X est non compacte par principe du maximum),* **parabolique** *dans les autres cas.*

Attention - Cette définition n'est pas tout-à-fait standardisée dans la littérature.

On va montrer qu'il existe sur une surface de Riemann X une fonction harmonique sauf en un point P, et qu'on peut imposer en P une singularité logarithmique (resp. rationnelle) si X est hyperbolique (resp. parabolique ou elliptique). Le cas parabolique ou compact sera traité au §3. Commençons par un premier résultat d'existence dans le cas hyperbolique :

Lemme - *Soit X une surface de Riemann hyperbolique, D un domaine à bord régulier (au sens du problème de Dirichlet) sur X, de complémentaire K compact non vide. Il existe une fonction continue $\omega : \overline{D} \to \mathbf{R}$ vérifiant*

$\boxed{1}$ *$\omega \equiv 1$ sur ∂D,*

$\boxed{2}$ *Sur D, ω est harmonique et satisfait $0 < \omega < 1$.*

Preuve – X est hyperbolique, donc il existe $u > 0$, **surharmonique** (i.e. $-u$ est sous-harmonique) non constante sur X. On peut supposer $\min_K u = 1$ (par homothétie). Comme u n'a pas de minimum sur X, il y a un point P (nécessairement sur D) où $u(P) < 1$. Quitte à changer u en $\min(1, u)$ on peut encore supposer $u \equiv 1$ sur K. On pose $\omega = \sup_{\mathcal{F}} v$, où

$$\mathcal{F} = \left\{ v \text{ continue sur } \overline{D}, \text{sous-harmonique et} \leq u \text{ sur } D \right\}.$$

ω est harmonique par Perron (si Δ est un disque et $v \in \mathcal{F}$ alors $u - v_\Delta = u - v \geq 0$ sur $\partial\Delta$ et sous-harmonique donc $v_\Delta \in \mathcal{F}$). Montrons que ω convient ; soit D' un domaine à bord régulier, tel que $K \subset D' \subsetneq X$, et d'adhérence compacte (par exemple $D' =$ réunion finie de disques conformes d'intérieurs recouvrant K). On note v une solution de Dirichlet telle que $v = \left\{ \begin{smallmatrix} 1 \text{ sur } \partial K \\ 0 \text{ sur } \partial D' \end{smallmatrix} \right.$ et on l'étend par 0 hors de D' (elle reste sous-harmonique par prop. 3.1 $\boxed{3}$). Alors $v - u$ est sous-harmonique, et ≤ 0 hors de D', donc aussi dans $\overline{D}'$ car elle atteint son maximum au bord. Donc $v \in \mathcal{F}$, d'où $v \leq \omega \leq u$. Ainsi, ω est continue sur $\overline{D}$, $0 \leq \omega \leq 1$ sur $\overline{D}$, $\omega \equiv 1$ sur ∂K, ω est non constante (car $\omega(P) < 1$), donc n'atteint ni maximum ni minimum sur D, d'où $0 < \omega < 1$ sur D.   ∎

Exercice - Si on ajoute "v **à support compact**" dans la définition de $\mathcal{F}$ (preuve ci-dessus), la fonction ω obtenue est minimale pour les propriétés $\boxed{1}$ et $\boxed{2}$.

Définition - *Une* **fonction de Green** *en un point P de X est une fonction g harmonique et > 0 sur $X \setminus \{P\}$, telle que $g(z) + \log|z|$ soit harmonique au voisinage de P pour une carte z en P, et minimale pour ces propriétés (tout autre candidat g' vérifie $g'(Q) \geq g(Q)$ en tout point Q). En particulier g, si elle existe, est unique.*

Remarque - Dire que $g(z) + \log|z|$ est harmonique près de P ne dépend pas de la carte en P ; en effet si ζ est une autre carte, z/ζ est une unité donc a un logarithme holomorphe, et ainsi $\log|z/\zeta| = \Re \log(z/\zeta)$ est harmonique.

Théorème 3.2 - *X est hyperbolique si et seulement il existe une fonction de Green en un point P (ou en tout point) de X.*

Preuve – $\Longleftarrow$ Soit g une fonction de Green en P. Soit $m > 0$ une constante et $u = -\min(m, g)$. Elle est sous-harmonique sur X (car $= -m$ près de P) et < 0. Comme g est minimale, $g - \frac{m}{2}$ n'est pas partout positive, donc u n'est pas constante et X est hyperbolique.

$\Longrightarrow$ Soit $P \in X$ et z une carte en P. On note $\mathcal{F}$ l'ensemble des fonctions v sous-harmoniques et ≥ 0 dans $X \setminus \{P\}$, à support compact, telles que $v(z) + \log|z|$ soit sous-harmonique dans $|z| < 1$. Je prétends que $g = \sup_{\mathcal{F}} v$ est harmonique sur $X \setminus \{P\}$ par Perron :
- $\mathcal{F} \neq \emptyset$ car $-\log|z|$ (étendue par 0) est dans $\mathcal{F}$.
- $\mathcal{F}$ est clairement stable par maximum et harmonisation.
- $g < +\infty$: soit $1 > r > 0$ et ω la fonction du lemme pour $K = \{|z| \leq r\}$. Si $v \in \mathcal{F}$ et $v_r = \max_{|z|=r} v$, alors

$$(1) \qquad\qquad v_r(z)\omega(z) - v(z) \geq 0 \qquad \text{hors de } K$$

(car c'est vrai hors du support de v, ainsi que sur le bord du compact $\overline{\operatorname{Supp} v \setminus K}$ donc dans ce compact par sous-harmonicité). Comme $v(z) + \log|z|$ est sous-harmonique, son maximum sur $|z| = r$ est inférieur au maximum sur $|z| = 1$, donc

$$v_r + \log r \le v_1 \le v_r \lambda_r$$

d'après (1), où

$$\lambda_r = \max_{|z|=1} \omega_r.$$

Ainsi

$$v(z) \le \frac{\log r}{\lambda_r - 1} \qquad \text{sur} \qquad |z| = r,$$

donc aussi sur $|z| \ge r$ par le principe du maximum et le fait que $\operatorname{Supp} v$ est compact.

Je dis alors que g est la fonction de Green en P : en effet, puisque

$$v(z) + \log|z| \le \frac{\log r}{\lambda_r - 1} + \log r$$

sur $|z| = r$ (d'après ce qui précède), c'est vrai pour $|z| \le r$, donc $g(z) + \log|z|$ est bornée au voisinage de P, donc se prolonge en une fonction harmonique (c'est local et vrai sur $\mathbf{C}$). De plus $g > 0$ car $g \ge 0$ et $g \not\equiv 0$ (car $-\log|z| \in \mathcal{F} \implies -\log|z| \le g$). Il reste la minimalité à montrer : si g' est un autre candidat et $v \in \mathcal{F}$ alors $g' - v \ge 0$ hors de $\operatorname{Supp} v$ donc aussi dans $\operatorname{Supp} v$ (car $v - g'$ est sous-harmonique sur X), d'où $g' \ge g$. ∎

Remarque - Si g_P est la fonction de Green en P, on peut montrer (voir [F-K]) que

$$g_P(Q) = g_Q(P).$$

§3 Fonctions harmoniques sur une surface non hyperbolique

a) Préliminaires : rappels et exercices sur les différentielles

Dans ces préliminaires, X **est une surface de Riemann quelconque**. On aura besoin d'intégrer des formes différentielles. Une forme différentielle d'ordre 1 sur X est une expression $f\,dx + g\,dy$. Pour pouvoir définir de manière cohérente l'intégrale de cette forme, les fonctions f et g doivent se transformer convenablement par changement de carte :

Définition - *Une* **différentielle d'ordre 1 (ou 1-forme)** ω **sur** X *est la donnée pour chaque carte locale* $z = x + iy : U \to \mathbf{C}$ *de deux fonctions continues* $f, g : U \to \mathbf{C}$ *telles que si les fonctions* f_1, g_1 *sont associées à la carte* $z_1 = x_1 + iy_1$ *alors*

$$\begin{pmatrix} f_1 \\ g_1 \end{pmatrix} = J \begin{pmatrix} f \\ g \end{pmatrix}$$

où

$$J = \begin{pmatrix} \frac{\partial x}{\partial x_1} & \frac{\partial y}{\partial x_1} \\ \frac{\partial x}{\partial y_1} & \frac{\partial y}{\partial y_1} \end{pmatrix}$$

est la jacobienne de $z_1 \longmapsto z$.
On dit que ω *est représentée par* f, g *dans la carte* z. *On dit que* ω *est de classe* $\mathcal{C}^1$, $\mathcal{C}^\infty, \ldots$ *si* f *et* g *le sont. On note*

$$\omega = f\, dx + g\, dy.$$

Les différentielles $\mathcal{C}^1$ *(resp.* $\mathcal{C}^\infty, \ldots$*) forment un module sur les fonctions* $\mathcal{C}^1$ *(resp.* $\mathcal{C}^\infty, \ldots$*).*

Exemple - Si u est une fonction $\mathcal{C}^1$ sur X, on note $du = u'_x(z)\, dx + u'_y(z)\, dy$.

Exercice - $\boxed{1}$ Cela définit bien une 1-forme.

$\boxed{2}$ Si $z = x + iy$ est une carte, alors "$dx = dx$" (i.e. la notation est bien cohérente).

Si z est une carte, les fonctions z et $\overline{z}$ ont localement les différentielles $dz = dx + i\, dy$ et $d\overline{z} = dx - i\, dy$. Donc toute différentielle $\omega = f\, dx + g\, dy$ peut s'écrire localement $u(z)\, dz + v(z)\, d\overline{z}$ où

$$u = \frac{1}{2}(f - ig) \qquad v = \frac{1}{2}(f + ig).$$

Exemple - Si u est une fonction $\mathcal{C}^1$, on définit **localement** $u'_z = \frac{1}{2}(u'_x - i\, u'_y)$; alors $u'_z\, dz$ est une forme différentielle bien définie sur X entier. De même pour $u'_{\overline{z}}\, d\overline{z}$, et on a $du = u'_z\, dz + u'_{\overline{z}}\, d\overline{z}$.

Exercice - $u'_{\overline{z}}\, d\overline{z} = 0 \iff u$ est holomorphe.

Définitions - $\boxed{1}$ Si $\omega = f\, dx + g\, dy$ est une 1-forme sur X, alors ${}^*\omega = -g\, dx + f\, dy$ définit encore une 1-forme sur X, appelée **conjuguée** de ω.

$\boxed{2}$ Soit $\omega = f\, dx + g\, dy$ une 1-forme sur X et $c : [0, 1] \to X$ un chemin $\mathcal{C}^1$ contenu dans un disque conforme $|z| < 1$. On définit alors

$$\int_c \omega = \int_0^1 \left(f\big(c(t)\big) \frac{dx}{dt} + g\big(c(t)\big) \frac{dy}{dt} \right) dt.$$

(C'est bien défini grâce à la matrice jacobienne par changement de carte). Par additivité, la définition s'étend à tout chemin $[0, 1] \to X$ qui est $\mathcal{C}^1$ par morceaux (on le découpe en un nombre fini de petits bouts par compacité).

Une telle intégrale pourra parfois être calculée par la formule de Stokes ; il nous faut pour cela utiliser les 2-formes :

Définition - *Une* **différentielle Ω d'ordre 2 (ou 2-forme)** *est la donnée pour chaque carte z d'une fonction f, avec la relation $f_1 = f \det(J)$ si Ω est représentée par f_1 dans la carte z_1 et $\det(J)$ est le jacobien de $z_1 \longmapsto z$. On note alors $\Omega = f\,dx\,dy$ (localement).*

De même que plus haut, si D est un 2-simplexe inclus dans un disque conforme $|z| < 1$, on pose

$$\iint_D \Omega = \iint_{z(D)} f(x,y)\,dx \wedge dy.$$

C'est bien défini et s'étend par additivité aux domaines D relativement compacts à bords $\mathcal{C}^1$.

Si $\omega = f\,dx + g\,dy$ est une 1-forme, alors $\Omega = (g'_x - f'_y)\,dx\,dy$ définit une 2-forme notée $\Omega = d\omega$.

Si $\omega = f\,dx + g\,dy$ et $\omega_1 = f_1\,dx + g_1\,dy$, on définit une 2-forme $\omega\omega_1$ (ou $\omega \wedge \omega_1$) par les règles habituelles du calcul extérieur : $\omega\omega_1 = (fg_1 - f_1 g)\,dx\,dy$. On vérifie que $d(f\omega) = f\,d\omega + df\,\omega$ si f est une fonction et ω une 1-forme.

Si u est une fonction sur X, alors $(u''_{x^2} + u''_{y^2})\,dx\,dy$ définit une 2-forme Δu (le **laplacien** *de u). On a encore $\Delta u = d(\,{}^*du)$.*

Remarque - u est harmonique $\iff \Delta u = 0$ (car c'est local et vrai sur $\mathbf{C}$).

Formule de Stokes - *Soit ω une 1-forme sur X, et D un domaine de X relativement compact, à bord analytique. Alors*

$$\int_{\partial D} \omega = \iint_D d\omega.$$

Preuve – Comme $D \subset\subset X$, on le coupe en un nombre fini de morceaux inclus dans des disques conformes. On applique alors Stokes sur $\mathbf{C}$.   ∎

Corollaire - *Si u, v sont des fonctions $\mathcal{C}^2$ sur $D \subset\subset X$, alors*

$$\int_{\partial D} u\,{}^*dv - v\,{}^*du = \iint_D u\Delta v - v\Delta u.$$

Preuve – Utiliser Stokes pour $\omega = u\,{}^*dv - v\,{}^*du$ et remarquer que $\Delta = d\,{}^*d$ et $du\,{}^*dv = dv\,{}^*du$.   ∎

b) Existence de fonctions harmoniques

On suppose ici que X est une surface de Riemann non hyperbolique.

Lemme - *Soit $K = \{|z| \leq 1\}$ un disque conforme, u une fonction bornée harmonique sur $\{|z| \geq r\}$ où $r < 1$. Alors $\int_{\partial K} {}^*du = 0$.*

Remarque - Puisque $X \setminus K$ n'est pas forcément relativement compact, on ne peut pas appliquer brutalement Stokes et le fait que $d \, {}^*du = \Delta u = 0$.

Preuve du lemme – On peut supposer $0 \leq u \leq M$ ($M = $ constante) quitte à ajouter une constante à u. Soit $\mathcal{D}$ l'ensemble des domaines D de X à bord analytique, tels que $K \subset\subset D \subset\subset X$; pour $D \in \mathcal{D}$, soit $u^{(D)}$ une solution du problème de Dirichlet dans $D \bigcap \{|z| \geq r\}$, telle que

$$u^{(D)} = \begin{cases} u & \text{sur } |z| = r \\ 0 & \text{sur } \partial D \end{cases},$$

prolongée par 0 hors de D. Par Perron, $\gamma = \sup_{\mathcal{D}} u^{(D)}$ est harmonique sur $|z| \geq r$. De plus, $0 \leq u - \gamma \leq M$ sur $|z| \geq r$, et $u - \gamma = 0$ sur $|z| = r$. Je dis que $u - \gamma$ est nul sur $|z| \geq r$: en effet si $0 < \varepsilon < M$, alors

$$f = \begin{cases} \max(u - \gamma, \varepsilon) - M & \text{sur } |z| > r \\ \varepsilon - M & \text{sur } |z| \leq r \end{cases}$$

est sous-harmonique, < 0 sur X donc constante (car X non hyperbolique), d'où $u - \gamma \leq \varepsilon$ sur $|z| \geq r$ et donc $u - \gamma \equiv 0$ sur $|z| = r$.

Soit $v^{(D)}$ une solution du problème de Dirichlet dans $D \bigcap \{|z| \geq r\}$, telle que $v^{(D)} = \begin{cases} 1 & \text{sur } |z| = r \\ 0 & \text{sur } \partial D \end{cases}$. Par le même argument que plus haut (remplacer u par 1) on obtient $\sup_{\mathcal{D}} v^{(D)} \equiv 1$ sur $|z| \geq r$. D'après la preuve de la proposition de Perron, le sup est en fait une limite, uniforme sur tout compact (par Harnack), soit $u = \lim u_j$ et $1 = \lim v_j$ où $u_j = u^{(D_j)}$ et $v_j = v^{(D_j)}$ (on peut prendre la même suite D_j car $D \longmapsto u^{(D)}$ est croissante). Puisque $u'_{j,x}$ tend vers u'_x et $v'_{j,x}$ vers 0 uniformément sur tout compact, on a

$$\int_{\partial K} {}^*du = \lim_j \int_{\partial K} v_j \, {}^*du_j - u_j \, {}^*dv_j = -\lim \int_{\partial(D_j \setminus K)} v_j \, {}^*du_j - u_j \, {}^*dv_j$$

(car $u_j = v_j = 0$ sur ∂D_j). Par le corollaire à Stokes, la dernière intégrale vaut

$$\iint_{D_j \setminus K} v_j \, \Delta u_j - u_j \, \Delta v_j = 0$$

car u_j et v_j sont harmoniques. ∎

Théorème 3.3 - *Soit X une surface de Riemann non hyperbolique, P un point d'un domaine D de X, et f une fonction holomorphe sur $D \setminus \{P\}$. Il existe une unique fonction u harmonique sur $X \setminus \{P\}$, bornée hors de tout voisinage de P, telle que $u - \Re(f)$ soit harmonique dans D et nulle en P.*

Preuve – **Unicité** : $u_1 - u_2$ est harmonique et bornée sur X donc constante (car X non hyperbolique et $u_1 - u_2 < 0$ à constante près) nulle en P, donc $u_1 \equiv u_2$.

Existence : soit z une carte en P, avec $\{|z| \leq 2\} \subset D$. Pour $0 < \rho < 1$ soit u_ρ une solution de Dirichlet sur $|z| \geq \rho$ telle que $u_\rho = \Re f$ sur $|z| = \rho$. On utilise le

Lemme - *Soit $0 < r < 1/20$. Il existe une constante $c(r)$ telle que pour $\rho < r$,*

$$\max_{|z| \geq r} |u_\rho(z)| \leq c(r).$$

Preuve du lemme – Par harmonicité, il suffit de montrer

$$\max_{|z| = r} |u_\rho(z)| \leq c(r).$$

Soit z_0 tel que $\rho < |z_0| < 2$. Pour $t \in]\rho, 2[$, on a $\int_{|z|=t} {}^*du_\rho = 0$ d'après le lemme précédent, donc

$$F_\rho(z) = u_\rho(z_0) + \int_{z_0}^{z} (du_\rho + i \, {}^*du_\rho)$$

est bien définie (indépendante du chemin de z_0 à z), analytique dans $\rho < |z| < 2$ (car u_ρ est harmonique), et $\Re F_\rho = u_\rho$. On a un développement de Laurent à l'origine $F_\rho - f = \sum_{\mathbf{Z}} c_n z^n$, d'où

$$(u_\rho - \Re f)(t \, e^{i\theta}) = \sum_{\mathbf{Z}} (\alpha_n \cos n\theta + \beta_n \sin n\theta) t^n$$

où α_n et β_n dépendent de ρ. On estime les α_k par intégration :

$$\frac{1}{\pi} \int_0^{2\pi} (u_\rho - \Re f)(t \, e^{i\theta}) \cos k\theta \, d\theta = \alpha_k t^k + \alpha_{-k} t^{-k}$$

$$\frac{1}{\pi} \int_0^{2\pi} (u_\rho - \Re f)(t \, e^{i\theta}) \sin k\theta \, d\theta = \beta_k t^k + \beta_{-k} t^{-k}$$

Pour $t = \rho$ (intégrande nulle) on obtient $\alpha_{-k} = -\rho^{2k} \alpha_k$ (et de même pour les β) et pour $t = 1$:

$$|\alpha_k|(1 - \rho^{2k}) \leq 2M_\rho \quad , \quad |\beta_k|(1 - \rho^{2k}) \leq 2M_\rho,$$

où

$$(2) \qquad\qquad M_\rho = \max_{|z|=1} |u_\rho| + \max_{|z|=1} |\Re f|.$$

Donc si $\rho < 1/2$ alors $|\alpha_k|, |\beta_k| \leq 4M_\rho$, d'où

$$\max_{|z|=r} |u_\rho| \leq \max_{|z|=r} |\Re f| + 4M_\rho \underbrace{\sum_0^{\infty} (r^n + \rho^{2n} r^{-n})}_{\leq \frac{2r}{1-r}}.$$

Il reste à voir que M_ρ est borné en fonction de r seulement (et pas ρ). Mais puisque u_ρ est harmonique,

$$\max_{|z|=1} |u_\rho| \leq \max_{|z|=r} |\Re f| + 8M_\rho \frac{r}{1-r}$$

ce qui prouve (d'après (2)) que M_ρ est borné (car $\frac{8r}{1-r} < \frac{1}{2}$). ■

Suite de preuve du théorème - On choisit $r_1 < 1/20$. Alors (lemme) $\{u_\rho \; ; \; \rho < r_1\}$ est une famille uniformément majorée sur la couronne $C_1 = \{r_1 \leq |z| \leq 1\}$, d'où une sous-suite $u_k^{(1)}$ convergeant uniformément sur C_1 (correspondant à des $\rho \to 0$). On procède ensuite par récurrence : soit $C_n = \{\frac{r_1}{n} \leq |z| \leq 1\}$; alors $u_k^{(1)}$ est définie (à partir d'un certain rang) sur C_2 et uniformément bornée, d'où une sous-suite $u_k^{(2)}$, etc... La suite diagonale $u_k^{(k)}$ converge uniformément sur $1 \geq |z| \geq r$, donc sur $|z| \geq r$ par le principe du maximum (si $-\varepsilon \leq u_n - u_m \leq \varepsilon$ sur $1 \geq |z| \geq r$, cela reste vrai sur $|z| \geq r$). La limite u est harmonique sur $X \setminus \{P\}$, bornée hors de tout voisinage de P. Enfin

$$(u - \Re e\, f)(t\, e^{i\theta}) = \sum_1^\infty a_n \cos n\theta + b_n \sin n\theta,$$

où

$$a_n = \lim_{\rho \to 0} \alpha_n(\rho) \leq 4\Big(\max_{|z|=1} |u| + \max_{|z|=1} |\,\Re e\, f|\Big)$$

(voir preuve du lemme) et de même pour b_n, d'où

$$\big|(u - \Re e\, f)(t\, e^{i\theta})\big| \leq \sum_1^\infty c|t^n| = c\frac{t}{1-t} \to 0 \qquad \text{si} \qquad t \to 0.$$

Ainsi $u - \Re e\, f$ se prolonge en une fonction harmonique sur D, nulle en P. $\blacksquare$

§4 Fonctions méromorphes

Théorème 3.4 - *Soit X une surface de Riemann, $P_1 \neq P_2 \in X$; il existe une fonction méromorphe sur X ayant un pôle en P_1 et un zéro en P_2.*

Preuve – On fixe une carte z_j en P_j. Si X est hyperbolique, soit u_j la fonction de Green en P_j ; si X n'est pas hyperbolique, soit u_j une fonction harmonique sur $X \setminus \{P_j\}$ telle que $u - \Re e\, \frac{1}{z_j}$ soit harmonique en P_j. Alors la fonction f définie dans une carte z par

$$f = \frac{u'_{2,x} - i\, u'_{2,y}}{u'_{1,x} - i\, u'_{1,y}}$$

convient (c'est invariant par changement de carte, et méromorphe car c'est une propriété locale, bien connue dans $\mathbf{C}$.) $\blacksquare$

Corollaire - *Si $P_1, \ldots, P_n \in X$ sont distincts et $a_1, \ldots, a_n \in \mathbf{C} \cup \{\infty\}$, il existe une fonction f méromorphe sur X telle que $f(P_i) = a_i$ pour $i = 1, \ldots, n$.*

Preuve – On choisit une fonction g avec pôle en P_1 et zéro en P_2. Alors $g/(g+1)$ vaut 0 en P_2 et 1 en P_1. En multipliant de telles fonctions, on trouve h valant 1 en P_1 et 0 en P_i $(i \geq 2)$. Il reste à faire des combinaisons linéaires de telles fonctions (au moins si les $a_i \in \mathbf{C}$; exercice si $a_i = \infty$). $\blacksquare$

Pour d'autres résultats d'existence, voir chap. IX, §2 et chap. XIII, §2.

Chapitre IV

Théorème d'uniformisation

§1 Uniformisation des surfaces simplement connexes

On va voir qu'il n'y a que 3 surfaces de Riemann simplement connexes : $\mathbf{P}^1(\mathbf{C}), \mathbf{C}$, et le disque unité D, respectivement de type compact, parabolique, hyperbolique.

Théorème 4.1 - *Toute surface de Riemann hyperbolique simplement connexe X est isomorphe au disque unité D.*

Preuve – Soit g_P la fonction de Green en un point $P \in X$. Montrons que $g_P = -\log|f_P|$ où f_P est méromorphe sur X : comme X est simplement connexe, il suffit de le voir localement ; or, au voisinage d'un point $Q \neq P$, c'est clair car g_P est harmonique ; et près de P, la fonction $g_P(z) + \log|z|$ est harmonique (z carte en P) donc s'écrit $\log|h(z)|$ avec h holomorphe, d'où $g_P = -\log|z/h(z)|$.

On va alors montrer que f_P fournit un isomorphisme $X \xrightarrow{\sim} D$. Comme $g_P > 0$, on a $|f_P| < 1$ donc f_P est holomorphe $X \to D$.

Injectivité de f_P : on fixe P, Q et on pose

$$\phi(R) = \frac{f_P(Q) - f_P(R)}{1 - \overline{f_P(Q)}f_P(R)} \; ;$$

c'est holomorphe sur X (car $|f_P| < 1$), nul en Q, et $|\phi(R)| < 1$ puisque

$$|1 - \overline{f_P(Q)}f_P(R)|^2 - |f_P(Q) - f_P(R)|^2 = (1 - |f_P(Q)|^2)(1 - |f_P(R)|^2) > 0.$$

Si $n = \mathrm{ord}_Q \phi$, la fonction $u = -\frac{1}{n}\log|\phi|$ est harmonique > 0 sauf aux zéros de ϕ. Si ζ est une carte en Q, alors $u + \log|\zeta|$ est harmonique (car bornée) près de Q. Comparons u à la fonction de Green g_Q en Q : on a $g_Q = \sup_{\mathcal{F}} v$ pour la famille

$\mathcal{F} = \{v \text{ s/h et} \geq 0 \text{ hors de } Q, \text{ à support compact, tq } v + \log|\zeta| \text{ s/h en } Q\}$.

Par suite, si $v \in \mathcal{F}$, on a $v \leq u$: c'est en effet évident hors du support de v, et aussi près des singularités de u autres que Q, donc aussi ailleurs par principe du maximum.

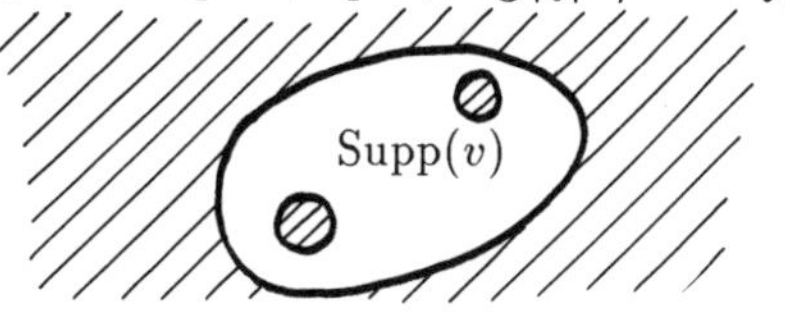

Ainsi, $u \geq g_Q$. Si on écrit comme plus haut $g_Q = -\log|f_Q|$, on voit donc

$$(1) \qquad |f_Q(R)| \geq |\phi(R)|^{1/n} \geq |\phi(R)|.$$

En $R = P$ cela entraine $|f_P(Q)| \leq |f_Q(P)|$ d'où égalité par symétrie. Ainsi, $h = \phi/f_Q$ vérifie $|h(R)| \leq 1$ sur X (par (1)) et $|h(P)| = 1$, donc h est holomorphe et atteint son maximum : c'est la constante 1. Mais f_Q ne s'annule qu'en Q, donc $\phi = h\, f_Q$ également ce qui prouve que f_P est injective. Si on admet le théorème d'uniformisation pour les ouverts de $\mathbf{C}$, on voit que X, qui est isomorphe à $f_P(X) \subset D$ est donc isomorphe à D. Si on n'admet pas ce théorème, il reste à montrer :

Surjectivité de f_P : soit $a^2 \in D \setminus f_P(X)$ s'il existe (a est non nul car $f_P(P) = 0$). Alors $(z-a^2)/(1-\bar{a}^2 z)$ est holomorphe sans zéro sur $f_P(X)$ (qui est isomorphe à X donc simplement connexe) donc a une racine carrée h telle que $h(0) = ia$. Soit $F = (h-ia)/(1+i\bar{a}h)$ sur $f_P(X)$. Un calcul simple montre alors que $F'(0) = \frac{1+|a|^2}{2ia}$ donc $|F'(0)| > 1$. De même qu'on a montré plus haut $|\phi(R)| < 1$, on montre ici que $|h(z)| < 1$, puis que $|F(z)| < 1$ sur $f_P(X)$, donc $F \circ f_P$ est holomorphe sur X, < 1, avec un unique zéro (simple) en P (car f_P est injective donc carte en P, et $F = 0 \implies \frac{z-a^2}{1-\bar{a}^2 z} = -a^2 \implies z = 0$). Donc la fonction $-\log|F \circ f_P|$ vérifie les conditions de la fonction de Green g_P, sauf la minimalité, d'où $-\log|F \circ f_P| \geq g_P = -\log|f_P|$, donc $|F(z)| \leq |z|$ près de 0, ce qui contredit $|F'(0)| > 1$. ∎

On peut en déduire facilement dès maintenant le théorème d'uniformisation dans $\mathbf{P}^1(\mathbf{C})$:

Corollaire - *Un domaine simplement connexe X de $\mathbf{P}^1(\mathbf{C})$ est isomorphe à $\mathbf{P}^1(\mathbf{C}), \mathbf{C}$ ou D.*

Preuve – Si $X \neq \mathbf{P}^1(\mathbf{C})$ ou $\mathbf{C}$, on peut supposer $0, \infty \notin X$ (par homographie). Donc la fonction z a une racine carrée sur X : $f^2(z) = z$. Alors f ne prend jamais deux valeurs opposées (si $f(a) = -f(b)$, alors $a = f^2(a) = f^2(b) = b$ absurde). Comme l'image de f contient une boule ouverte, elle omet donc une boule ouverte $B(z_0, r)$ et donc $h(z) = \frac{1}{f(z)-z_0}$ est holomorphe bornée sur X, donc $\Re\, h - c$ est harmonique < 0 si c est une constante assez grande. Ainsi X est hyperbolique, et le théorème entraîne $X \simeq D$. ∎

Pour les surfaces de Riemann paraboliques ou compactes générales, on a le :

Théorème 4.2 - *Une surface de Riemann simplement connexe compacte (resp. parabolique) est isomorphe à $\mathbf{P}^1(\mathbf{C})$ (resp. à $\mathbf{C}$).*

Preuve – Elle résultera des 3 lemmes qui suivent. Soit $P \in X$. Une fonction méromorphe g est dite **admissible** en P si elle est bornée hors de tout voisinage de P, et a un pôle simple en P.

Lemme 1 - *Il existe des fonctions admissibles en P ; elles sont 2 à 2 liées par homographie.*

Preuve – Soit $\{|z| \leq 1\}$ un disque conforme en P. Par le th.3.3, il existe u harmonique sur $X \setminus \{P\}$, bornée hors de tout voisinage de P, telle que $u - \Re e(1/z)$ soit harmonique près de P et nulle en P. On écrit $u = \Re e\, f$ où f est méromorphe (c'est global car X est 1-connexe), holomorphe hors de P, et $f(z) - 1/z$ est holomorphe près de P, nulle en P. Si $f = u + iv$, il reste à voir que v est aussi bornée hors de tout voisinage de P. Pour cela, on construit de même $\tilde{f} = \tilde{u} + i\tilde{v}$, holomorphe hors de P telle que $\tilde{f} - i/z$ soit holomorphe près de P, nulle en P et $\tilde{u}$ bornée hors de tout voisinage de P. Il suffit de voir que $\tilde{f} = if$ (car alors $v = -\tilde{u}$). On peut supposer f et $\tilde{f}$ injectives sur $|z| \leq 1$ quitte à changer la carte (car pôle simple $\Longrightarrow f(z) = \frac{1}{z} + a_0 + a_1 z + \cdots \Longrightarrow f(z_1) - f(z_2) = (z_1 - z_2)(\frac{-1}{z_1 z_2} + \text{borné}) \neq 0$). On fixe $m \geq \max_{|z| \geq 1}(|u| + |\tilde{u}|)$ et $Q_0 \in X \setminus \{P\}$ assez près de P pour que $|u(Q_0)| > 2m$ et $|\tilde{u}(Q_0)| > 2m$. On pose $g(Q) = \frac{1}{f(Q) - f(Q_0)}$ (de même $\tilde{g}$ avec $\tilde{f}$). Alors g et $\tilde{g}$ sont holomorphes sur $X \setminus \{Q_0\}$, avec pôle simple en Q_0 (car $f, \tilde{f}$ injectives), bornées sur $|z| \geq 1$ car $|f(Q) - f(Q_0)| \geq |u(Q) - u(Q_0)| \geq m$. Leur pôle étant simple, il y a une combinaison linéaire $ag + \tilde{a}\tilde{g}$ $(a, \tilde{a} \in \mathbf{C})$ holomorphe sur X entier et bornée donc constante (car la partie réelle est harmonique bornée, et X n'est pas hyperbolique). Par suite $f = \frac{\alpha\tilde{f} + \beta}{\gamma\tilde{f} + \delta}$ d'où finalement $\tilde{f} = if$ (car $f = \frac{1}{z} + O(z)$ et $\tilde{f} = \frac{i}{z} + O(z)$). Ainsi $v = -\tilde{u}$ est bornée donc f est admissible. La démonstration (faite ici avec f et $\tilde{f}$) montre aussi que 2 fonctions admissibles en P sont transformées l'une de l'autre par homographie. ∎

Lemme 2 - *Deux fonctions f, g admissibles respectivement en $P, Q \in X$ sont liées par homographie.*

Preuve – On fixe P et note Σ l'ensemble des points Q où c'est vrai ($P \in \Sigma$ par lemme 1). Si $Q_0 \in \Sigma$ et g_0 admissible en Q_0, on a donc $g_0 = L_1 \circ f$ pour une homographie L_1. Si Q_1 est assez proche de Q_0, $g_0(Q) - g_0(Q_1)$ ne s'annule qu'en $Q = Q_1$ (comme au lemme 1, g_0 est injective près de Q_0 et petite ailleurs) donc $\frac{1}{g_0(Q) - g_0(Q_1)}$ (qui s'écrit $L_2 \circ g_0(Q)$) est admissible en Q_1 ; par le lemme 1, si g_1 est admissible en Q_1, alors $g_1 = L_3(L_2 \circ g_0)$ donc $g_1 = L_3 L_2 L_1 f$ d'où $Q_1 \in \Sigma$. Ainsi Σ est ouvert. Il est fermé grâce au même argument, donc égal à X par connexité d'où le lemme. ∎

Lemme 3 - *Toute fonction admissible est injective.*

Preuve – Si $f(P) = f(Q)$, soit g admissible en P (par lemme 1) ; alors $g = L \circ f$ pour une homographie L donc $g(P) = g(Q)$; mais P est l'unique pôle de g, d'où $P = Q$. ∎

Fin de preuve du théorème - Soit $f : X \hookrightarrow \mathbf{P}^1(\mathbf{C})$ admissible en un point.
a) Si X est compacte, $f(X)$ est un ouvert compact de $\mathbf{P}^1(\mathbf{C})$ (car f holomorphe non constante) donc égal à $\mathbf{P}^1(\mathbf{C})$, d'où $f : X \simeq \mathbf{P}^1(\mathbf{C})$.

b) Si X est parabolique, f n'est pas surjective (sinon $f : X \simeq \mathbf{P}^1(\mathbf{C})$) donc omet un point, par exemple ∞ (par homographie), d'où $f(X) \subset \mathbf{C}$; si l'inclusion était stricte, $f(X)$ serait hyperbolique (voir dém. du corollaire au th. 4.1) donc X aussi. D'où $f(X) = \mathbf{C}$ et $f : X \xrightarrow{\sim} \mathbf{C}$. $\blacksquare$

§2 Revêtement universel ; surfaces de Riemann générales

a) Rappels sur le revêtement universel (réf. [Fo],[Sp])

X est ici une variété topologique (le cadre général est celui des espaces connexes, localement connexes par arcs et semi-localement simplement connexes). Rappelons qu'un **revêtement** de X est une application continue $\pi : Y \to X$ telle que tout point $x \in X$ ait un voisinage U tel que

$$
\begin{array}{ccc}
\pi^{-1}(U) & \simeq & U \times F \\
\searrow^{\pi} & & \swarrow_{pr_1} \\
& U &
\end{array}
$$

commute, où F est discret $\neq \emptyset$. Il est équivalent de dire que π est un homéomorphisme local tel que tout chemin $\gamma : [0,1] \to X$ se relève (nécessairement de façon unique) à partir de n'importe quel point de Y au-dessus de $\gamma(0)$. En particulier, Y est une variété de même dimension que X, et π est surjective.

Fait - X a un unique (à isomorphisme près) revêtement connexe et simplement connexe $\tilde{X} \xrightarrow{\pi} X$; il est **galoisien** ($\iff$ le groupe $\mathrm{Aut}_X \tilde{X}$ des homéomorphismes de $\tilde{X}$ préservant les fibres opère transitivement sur chaque fibre : si $\pi(y_0) = \pi(y_1), \exists \sigma \in \mathrm{Aut}_X \tilde{X}$ tq $\sigma(y_0) = y_1$) ; il est **universel** en ce sens que tout autre revêtement connexe $Y \to X$ est quotient de celui-là : $\tilde{X} \to Y \to X$. On peut définir $\tilde{X}$ ensemblistement ainsi : on fixe $x_0 \in X$, et alors

$$\tilde{X} = \{(x, \gamma); x \in X \text{ et } \gamma = \text{ une classe d'homotopie de chemins de } x_0 \text{ à } x\}.$$

Si X et Y sont deux variétés, toute application continue $f : X \to Y$ se relève en $\tilde{f} : \tilde{X} \to \tilde{Y}$ continue (unique à composition près par $\mathrm{Aut}_X \tilde{X}$ et $\mathrm{Aut}_Y \tilde{Y}$) bijective si f l'est. On a un isomorphisme de groupes $\mathrm{Aut}_X \tilde{X} \simeq \pi_1(X)$ (on fixe $y_0 \in \tilde{X}$, et à $\sigma \in \mathrm{Aut}_X \tilde{X}$ on associe la classe dans $\pi_1(X, \pi(y_0))$ de la projection d'un chemin de y_0 à $\sigma(y_0)$). Il y a une correspondance bijective entre les sous-groupes de $\mathrm{Aut}_X \tilde{X}$ et les revêtements de X, un sous-groupe distingué correspondant à un revêtement galoisien.

La projection π induit une bijection $\tilde{X}/\mathrm{Aut}_X \tilde{X} \simeq X$ (bien définie car $\mathrm{Aut}_X \tilde{X}$ conserve les fibres, injectif car π est galoisien).

b) Application aux surfaces de Riemann.

On suppose maintenant que X est une surface de Riemann, $\pi : \tilde{X} \to X$ son revêtement universel. Comme c'est un homéomorphisme local, il induit de manière évidente sur $\tilde{X}$ une structure analytique : c'est l'unique structure analytique pour laquelle π soit un morphisme de surfaces de Riemann (et c'est un isomorphisme analytique local). Si $f : X \to Y$ est un morphisme de surfaces de Riemann, ses relèvements sont aussi analytiques (localement c'est $\pi_Y^{-1} \circ f \circ \pi_X$). En particulier, tout $\sigma \in \mathrm{Aut}_X \tilde{X}$ est analytique (il relève l'identité). On notera $G = \mathrm{Aut}_X \tilde{X}$ le groupe de Galois du revêtement.

Prop 4.1 - G agit sur $\tilde{X}$ de façon discrète ($\iff$ orbites discrètes) et sans point fixe : $\forall x, \{\sigma \quad ; \quad \sigma(x) = x\} = id$.

> **Preuve** – **Action dicrète** - Car $G \cdot x \subset \pi^{-1}(\pi(x))$ et les fibres sont discrètes par définition.
> **Action sans point fixe** - Si $\sigma x = x$ et $y \in \tilde{X}$, soit γ un chemin de x à y, donc $\sigma \circ \gamma$ est un chemin de $\sigma(x) = x$ à $\sigma(y)$, ayant même projection sur X (car σ conserve les fibres) donc $\sigma(y) = y$ par unicité du relèvement, d'où $\sigma = id$. ∎

Les résultats du §1 montrent donc que toute surface de Riemann X peut être vue comme un quotient $\tilde{X}/G$ où $\tilde{X} \simeq \mathbf{P}^1, \mathbf{C}$ ou D, et G est un groupe d'automorphismes de $\tilde{X}$ agissant discrètement et sans point fixe. En particulier, X a une base dénombrable.

Etude de quelques exemples

Rappelons quels sont les automorphismes de $\mathbf{P}^1, \mathbf{C}, D$.

Prop 4.2 - $\boxed{1}$ Aut $\mathbf{C} = \{z \longmapsto az + b \quad ; \quad a \neq 0\}$.

$\boxed{2}$ Aut $\mathbf{P}^1(\mathbf{C}) = PSL_2(\mathbf{C}) = SL_2(\mathbf{C})/\{\pm 1\}$.

$\boxed{3}$ Aut $D = \{z \longmapsto e^{i\phi} \frac{z-\alpha}{1-\bar{\alpha}z} \quad ; \quad \alpha \in D\} \quad et \quad$ Aut $\mathcal{H} = PSL_2(\mathbf{R})$.

> **Preuve** – $\boxed{1}$ Un automorphisme f de $\mathbf{C}$ s'écrit $f(z) = \sum_0^\infty a_n z^n$ (avec rayon de convergence ∞). Si une infinité de $a_n \neq 0$, alors ∞ est une singularité essentielle donc (Casorati-Weierstrass) f n'est pas injective. Donc f est un polynôme, de degré 1 car injectif ; réciproque évidente.
>
> $\boxed{2}$ Si $f \in$ Aut $\mathbf{P}^1$, quitte à le composer par une homographie, il conserve ∞ donc induit un automorphisme de $\mathbf{C}$ et par suite est affine.
>
> $\boxed{3}$ On déduit Aut $\mathcal{H}$ de Aut D par l'isomorphisme $z \longmapsto \frac{z-i}{z+i}$. Il reste à calculer Aut D. Si $f \in$ Aut D et $\alpha = f^{-1}(0)$, alors $h(z) = \frac{z-\alpha}{1-\bar{\alpha}z} \circ f^{-1}$ et h^{-1} sont des automorphismes de D qui conservent 0. Le principe du maximum appliqué à $h(z)/z$ montre que $|h(z)| \leq |z|$ et de même pour h^{-1} d'où l'égalité, donc $h(z) = e^{i\phi}z$. ∎

On étudie maintenant quelques surfaces de Riemann ainsi que leurs automorphismes et leur groupe fondamental, en les classant d'après le revêtement universel.

Premier cas - $\boxed{\tilde{X} = \mathbf{P}^1(\mathbf{C})}$: dans ce cas, $\boxed{X \simeq \mathbf{P}^1(\mathbf{C})}$.

    Preuve – Toute homographie a un point fixe, et $X = \tilde{X}/G$ où G est le groupe d'homographies agissant sans point fixe. ∎

Deuxième cas - $\boxed{\tilde{X} = \mathbf{C}}$: dans ce cas, $X = \mathbf{C}/G$ où G est un groupe d'applications affines $z \longmapsto az + b$ agissant discrètement sans point fixe. Si $a \neq 1$, il y a un point fixe, donc G est un groupe de translations $z \longmapsto z + b$ et b parcourt l'orbite Γ de 0. Γ est un sous-groupe discret de $\mathbf{C}$, d'où 3 cas possibles :

(i) $\Gamma = \{0\}$, donc $G = \{id\}$ et $\boxed{X \simeq \mathbf{C}}$.

(ii) $\Gamma = \omega\mathbf{Z}$, donc X est la bande $\mathbf{C}/\omega\mathbf{Z}$, isomorphe à $\mathbf{C}^*$ par $z \longmapsto e^{2i\pi z/\omega}$. Ainsi $\boxed{X \simeq \mathbf{C}^*}$. Son groupe fondamental est $\pi_1(\mathbf{C}^*) \simeq \mathbf{Z}$ (c'est bien isomorphe à $G = \mathrm{Aut}_X \tilde{X}$, c'est-à-dire à Γ).
Son groupe d'automorphismes est

$$\mathrm{Aut}\ \mathbf{C}^* = \{z \longmapsto \alpha z \quad \text{et} \quad z \longmapsto \frac{\alpha}{z} \quad ; \quad \alpha \in \mathbf{C}^*\}.$$

    Preuve – Si $f \in \mathrm{Aut}\,\mathbf{C}^*$, il s'écrit $\sum_{-\infty}^{\infty} a_n z^n$. Comme c'est injectif, la somme est finie (Casorati-Weierstrass) donc f est une fraction rationnelle, sans zéro ni pôle hors de 0, donc $f = \alpha z^k$ $(k \in \mathbf{Z})$, et $k = \pm 1$ par injectivité. ∎

(iii) $\Gamma = \omega_1 \mathbf{Z} \oplus \omega_2 \mathbf{Z}$ et X est un tore $\boxed{X \simeq \mathbf{C}/\omega_1\mathbf{Z} \oplus \omega_2\mathbf{Z}}$. C'est une surface de Riemann compacte de genre 1, donc de $\pi_1 \simeq \mathbf{Z}^2$ (c'est bien $\simeq \Gamma$).

On a vu au (ii) que toutes les bandes $\mathbf{C}/\omega\mathbf{Z}$ sont isomorphes à $\mathbf{C}^*$. Que se passe-t-il pour les tores ?
Par homothétie, on voit que tout tore est, à isomorphisme près, de la forme $X_\tau = \mathbf{C}/\mathbf{Z} \oplus \tau\mathbf{Z}$ où $\tau \in \mathcal{H}$. Peut-on avoir un isomophisme $f : X_\tau \xrightarrow{\sim} X_{\tau'}$? Si oui, il se relève aux revêtements universels en un isomorphisme $F : \mathbf{C} \to \mathbf{C}$, donc $F(z) = \alpha z + \beta$; de plus F doit passer au quotient, donc $F(z + 1) - F(z)$ et

$$F(z + \tau) - F(z) \text{ sont dans } \mathbf{Z} \oplus \tau'\mathbf{Z}, \text{ c'est-à-dire } \begin{cases} \alpha\tau = a\tau' + b \\ \alpha = c\tau' + d \end{cases} \text{ donc } \tau = \frac{a\tau'+b}{c\tau'+d}$$

où $a, b, c, d \in \mathbf{Z}$. Par symétrie entre τ et τ' la matrice $\left(\begin{smallmatrix} a & b \\ c & d \end{smallmatrix}\right)$ est inversible, et donc $ad - bc = 1$ (c'est bien $+1$ car $\tau, \tau' \in \mathcal{H}$).
Réciproquement, si $\tau = \frac{a\tau'+b}{c\tau'+d}$ où $\left(\begin{smallmatrix} a & b \\ c & d \end{smallmatrix}\right) \in SL_2(\mathbf{Z})$, alors la multiplication par $c\tau' + d$) définit un isomorphisme $X\tau \to X\tau'$.
Il y a ainsi une bijection naturelle $\tau \to X_\tau$ entre $SL_2(\mathbf{Z})\backslash\mathcal{H}$ et les classes d'isomorphisme de tores : "l'espace des modules" des tores est $SL_2(\mathbf{Z})\backslash\mathcal{H}$. On verra (chap. XI) que c'est une surface de Riemann isomorphe à $\mathbf{C}$.
On peut déterminer les automorphismes du tore :

Prop 4.3 - *Aut X_τ est une extension finie du groupe X_τ (agissant sur lui-même par translation). Plus précisément :*

$\boxed{1}$ *Si $\tau \notin \mathbf{Q}(i), \mathbf{Q}(j)$* $\quad$ Aut $X_\tau = \{z \longmapsto \alpha z + \beta \quad ; \quad \alpha = \pm 1$ et $\beta \in X_\tau\}$

$\boxed{2}$ *Si $\tau \in \mathbf{Q}(i)$* $\quad\quad\quad$ Aut $X_\tau = \{z \longmapsto \alpha z + \beta \quad ; \quad \alpha^4 = 1$ et $\beta \in X_\tau\}$

$\boxed{3}$ *Si $\tau \in \mathbf{Q}(j)$* $\quad\quad\quad$ Aut $X_\tau = \{z \longmapsto \alpha z + \beta \quad ; \quad \alpha^6 = 1$ et $\beta \in X_\tau\}$

Preuve – Un automorphisme $f : X\tau \xrightarrow{\sim} X\tau$ se relève en $F(z) = \alpha z + \beta$ sur $\mathbf{C}$. Pour que F et F^{-1} passent au quotient, il faut et il suffit que $\alpha \Lambda_\tau \subset \Lambda_\tau$ et $\alpha^{-1} \Lambda_\tau \subset \Lambda_\tau$ où $\Lambda_\tau = \mathbf{Z} \oplus \tau \mathbf{Z}$. Ainsi $\alpha \Lambda_\tau = \Lambda_\tau$. De plus, deux automorphismes $\alpha z + \beta$ et $\alpha' z + \beta'$ coïncident dans le quotient si et seulement si $\alpha = \alpha'$ et $\beta \equiv \beta'$ $\pmod{\Lambda_\tau}$. Donc

$$\text{Aut } X_\tau = \{z \longmapsto \alpha z + \beta \quad ; \quad \alpha \Lambda_\tau = \Lambda_\tau \text{ et } \beta \in \mathbf{C}/\Lambda_\tau\}.$$

Il reste à trouver les α qui conservent Λ_τ. Pour un tel α, on a $\alpha\tau = a\tau + b$ et $\alpha = c\tau + d$, où $ad - bc = 1$ (cf. plus haut), donc $c\tau^2 + (d-a)\tau + b = 0$ et $\alpha^2 - (a+d)\alpha + 1 = 0$. Puisque α conserve Λ_τ, on a $|\alpha|^2 \text{Vol}\,\Lambda_\tau = \text{Vol}\,\Lambda_\tau$ donc $|\alpha| = 1$ et $|\alpha^2 + 1| = |a + d||\alpha|$ est un entier, d'où les possibilités $\alpha = \pm 1, \pm i, \pm j, \pm j^2$. Enfin $\mathbf{Q}(\alpha) = \mathbf{Q}(\tau)$ sauf si $c = 0$; dans ce cas, $d - a = 0$ (car $\tau \notin \mathbf{Q}$) donc $\alpha^2 = d^2 = ad - bc = 1$, soit $\alpha = \pm 1$. $\quad\blacksquare$

Troisième cas - $\boxed{\boxed{\tilde{X} = D}}$: c'est le cas de toutes les autres surfaces de Riemann. Il y en a des tas, dont voici quelques exemples :

(i) $\boxed{X = \mathbf{C} \setminus \{a, b\}}$. Son revêtement universel est bien D car X n'est pas compacte, et $H_1(X) \simeq \mathbf{Z}^2$, donc $X \not\simeq \mathbf{P}^1, \mathbf{C}, \mathbf{C}^*, X\tau$. On en déduit le

Théorème de Picard : *si $f : \mathbf{C} \to \mathbf{C}$ entière omet deux valeurs $a, b \in \mathbf{C}$, alors f est constante* (car $f : \mathbf{C} \to \mathbf{C} \setminus \{a, b\}$ se relève en $F : \mathbf{C} \to D$ constante par Liouville).

(ii) Le disque pointé $\boxed{X = D^*}$. Son revêtement universel est le demi-plan $\mathcal{H}$ par l'application $z \longmapsto e^{2i\pi z}$. Ainsi, D^* apparaît comme quotient de $\mathcal{H}$ par le groupe $G = \{z \longmapsto z + n \quad ; \quad n \in \mathbf{Z}\}$. On retrouve bien $\pi_1(D^*) = \mathbf{Z}$. Son groupe d'automorphismes est le cercle S^1 : Aut $D^* = \{z \longmapsto e^{i\phi z}\}$.

Preuve – Si $f \in$ Aut D^*, on a $f = \sum_{-N}^{\infty} a_n z^n$ (par Casorati-Weierstrass). C'est borné donc sans pôle en 0, et par suite f s'étend en automorphisme de D préservant 0. $\quad\blacksquare$

(iii) La couronne $\boxed{X = D_r = \{r < |z| < 1\}}$ où $0 < r < 1$.

On vérifie facilement que $\begin{cases} \mathcal{H} \longrightarrow D_r \\ z \longmapsto \exp(\frac{\log r \, \log z}{i\pi}) \end{cases}$ est un revêtement (où $\log z$ est la détermination principale : $0 < Im \log z < \pi$ si $z \in \mathcal{H}$). C'est donc le revêtement universel de D_r, et D_r apparait comme quotient de $\mathcal{H}$ par le groupe des homothéties $z \longmapsto \lambda^n z$ où $n \in \mathbf{Z}$ et $\lambda = \exp(-2\pi^2/\log r)$. On retrouve ainsi que $\pi_1(D_r) \simeq \mathbf{Z}$.

Prop 4.4 - $\boxed{1}$ *Les couronnes D_r sont 2 à 2 non isomorphes.*

$\boxed{2}$ Aut D_r *est extension du cercle S^1 par $\{\pm 1\}$:*

$$\text{Aut } D_r = \{z \longmapsto \alpha z \quad \text{ou} \quad z \longmapsto \frac{\alpha r}{z} \quad ; \quad |\alpha| = 1\}.$$

Preuve – Un isomorphisme $f : D_r \to D_{r'}$ se remonte en automorphisme $F(z) = \frac{az+b}{cz+d}$ de $\mathcal{H}$ tel que $F(\lambda z) = {\lambda'}^n F(z)$ où $n \in \mathbf{Z}$ et λ, λ' comme plus haut.

Ainsi,

$$ac\lambda(1 - {\lambda'}^n)z^2 + \{ad(\lambda - {\lambda'}^n) + bc(1 - \lambda{\lambda'}^n)\}z + (1 - {\lambda'}^n)bd \equiv 0.$$

Si ${\lambda'}^n = 1$, alors $(ad - bc)(\lambda - 1) = 0$ absurde ; donc $ac = bd = 0$ d'où 2 cas

(puisque $ad - bc = 1$) : $\begin{cases} b = c = 0 \quad \text{et} \quad F(z) = \dfrac{a}{d}z \\[2mm] a = d = 0 \quad \text{et} \quad F(z) = \dfrac{b}{cz} \end{cases}$.

Dans les deux cas on en déduit $\lambda = {\lambda'}^{|n|}$, et n est inversible (car f isom.) donc $\lambda = \lambda'$ d'où $r = r'$: les couronnes sont donc 2 à 2 non isomorphes, et un automorphisme de D_r est donné sur $\mathcal{H}$ par $z \longmapsto kz (k \in \mathbf{R}_+^*)$, ou $z \longmapsto k/z \quad (k \in \mathbf{R}_-^*)$, d'où le résultat en composant avec le revêtement $z \longmapsto \exp(\frac{\log r \log z}{i\pi})$.   ■

Les exemples de surfaces de Riemann que nous avons donnés (à part $\mathbf{C} \setminus \{a, b\}$) ont deux points communs, qui les caractérisent :

Théorème 4.3 - *Les 7 types de surface de Riemann$X = \mathbf{P}^1(\mathbf{C})$, $\mathbf{C}$, $\mathbf{C}^*$, $\mathbf{C}/\Lambda_\tau$, D, D^*, D_r sont caractérisés par le fait que leur groupe fondamental π_1 est abélien (donc tout revêtement est galoisien), ou encore par le fait que $\text{Aut}(X)$ n'est pas discret.*

Remarque - La topologie sur Aut X est celle induite par la topologie naturelle sur $PSL_2(\mathbf{C})$: si $G = \text{Aut}_X \tilde{X}$ et $N(G)$ est son normalisateur dans Aut $\tilde{X} \subset PSL_2(\mathbf{C})$, on vérifie facilement que Aut $X \simeq N(G)/G$ (par l'application "relèvement" $f \longmapsto \tilde{f}$), et on met sur Aut X la topologie quotient. On peut montrer que Aut X discret $\Longleftrightarrow$ Aut X agit discrètement.

Preuve du théorème – On peut supposer $\tilde{X} = \mathcal{H}$ (les autres cas sont traités en exemple plus haut), et on regarde $G = \text{Aut}_X \tilde{X} \simeq \pi_1(X)$ et Aut X comme sous-groupes et quotient de sous-groupes dans $PSL_2(\mathbf{R})$. On dira que $\sigma \in PSL_2(\mathbf{R}) \setminus \{id\}$ est parabolique (resp. hyperbolique, resp. elliptique) s'il a un unique point fixe dans $\mathbf{C} \cup \infty$ (resp. 2 points fixes réels, resp. 2 points fixes conjugués). En envoyant ces points fixes sur $\{\infty\}$ ou sur $\{0, \infty\}$ on voit que σ est parabolique (resp. hyperbolique) s'il est conjugué dans $PSL_2(\mathbf{R})$ à $z \longmapsto z + 1$ (resp. $z \longmapsto \lambda z$, où $\lambda > 0, \lambda \neq 1$).

$\boxed{1}$ On suppose G abélien $\neq \{id\}$. Soit σ un générateur (non multiple d'un $\sigma' \in G$). Il n'est pas elliptique car G agit sans point fixe sur $\mathcal{H}$, d'où 2 cas :

a) σ parabolique, donc conjugué à $z \longmapsto z+1$. La même conjugaison envoie un $\sigma' \in G$ sur $z \longmapsto z+\beta$ où $\beta \in \mathbf{R}$ (car ça doit commuter à $z \longmapsto z+1$). Puisque G agit discrètement, β et 1 sont commensurables donc $\beta \in \mathbf{Q}$, et même $\beta \in \mathbf{Z}$ car σ est générateur. Ainsi $G = \{z \longmapsto z+n \;\; ; \;\; n \in \mathbf{Z}\}$ à conjugaison près, et $X \simeq D^*$.

b) σ hyperbolique ; de même, $G = \{z \longmapsto \lambda^n z \;\; ; \;\; n \in \mathbf{Z}\}$ à conjugaison près, et donc $X \simeq D_r$, où $r = \exp(-2\pi^2/\log \lambda)$.

$\boxed{2}$ On suppose Aut X (et *a fortiori* $N(G)$) non discret, d'où une suite $\sigma_n \to 1$, $\sigma_n \in N(G)$. Soit σ un générateur de G. Alors $\lim \sigma_n \sigma \sigma_n^{-1} \sigma^{-1} = 1$. Or, $\sigma_n \sigma \sigma_n^{-1} \sigma^{-1}$ est dans G (il conserve les fibres), qui est discret : en effet si $x \in \tilde{X}$, $\{x\}$ est ouvert de l'orbite (discrète) de x, et $g \longmapsto g \cdot x$ est continue donc l'image réciproque de $\{x\}$, qui est $\{id\}$ car G agit sans point fixe, est un ouvert. Donc $\sigma_n \sigma \sigma_n^{-1} \sigma^{-1} = 1$ pour n assez grand : σ et σ_n commutent. On distingue encore deux cas :

a) Si σ est parabolique, on peut supposer que c'est une translation, donc σ_n aussi pour n grand. Si $\sigma' \in G$, il commute aussi à σ_n pour n grand donc est aussi une translation, et on conclut comme plus haut que $X \simeq D^*$.

b) Si σ est hyperbolique, on conclut de même $X \simeq D_r$.   ∎

Chapitre V

Fonctions et différentielles sur les surfaces de Riemann compactes

§1 Morphismes de surfaces de Riemann compactes

Soit $f : X \to Y$ un morphisme (non constant) de surfaces de Riemann (quelconques pour l'instant). Soit $x_0 \in X$, $y_0 = f(x_0)$, z une carte en x_0 sur X, et t une carte en y_0 sur Y. Puisque f est holomorphe, $t \circ f(x) = \sum_0^\infty a_n z^n(x)$ au voisinage de x_0. Les cartes étant centrées en x_0 et y_0 on a $a_0 = 0$. Comme f n'est pas constant, on a $t \circ f = \sum_{n_0}^\infty a_n z^n$ où $a_{n_0} \neq 0$, $\quad n_0 \geq 1$.

Définition - *L'entier n_0 (indépendant des cartes : de z car c'est l'ordre de $t \circ f$ et de t car un changement de carte est isomorphisme local) se note $e_{x_0}(f)$ et s'appelle* **indice (ou degré) de ramification** *de f en x_0. On dit f* **ramifié** *en x_0 (ou x_0* **point de ramification** *de f) si $e_{x_0}(f) > 1$.*

Remarque - Si on se donne $f : X \to Y$ et une carte t en $y_0 = f(x_0)$, il existe une carte z en x_0 telle que $t \circ f = z^{n_0}$ où $n_0 = e_{x_0}(f)$.

> **Preuve** – Si z_1 est une carte en x_0, on a $t \circ f = z_1^{n_0} \sum_{n_0}^\infty a_n z_1^{n-n_0}$. La série a un terme constant, donc est une unité de $\mathbf{C}\{\{z_1\}\}$, donc a une racine n_0-ième (il y en a même n_0) qui est une unité u. Alors $t \circ f = z^{n_0}$ où $z = z_1 u$ est une carte (u est isom. local). ∎

Théorème 5.1 - *Soit $f : X \to Y$ un morphisme (non constant) entre deux surfaces de Riemann compactes. Alors*

$\boxed{1}$ *f n'a qu'un nombre fini de points de ramification $x_1, \ldots, x_k$.*

$\boxed{2}$ *Hors des fibres $f^{-1}(f(x_i))$, f définit un revêtement (étale) à fibres finies de cardinal constant, soit n.*

$\boxed{3}$ *Pour tout point y de Y,*

$$\sum_{f(x)=y} e_x(f) = n$$

(ainsi, en comptant les multiplicités, toutes les fibres ont n éléments) : on dit que f est un **revêtement ramifié** *de degré n.*

Attention - Un revêtement ramifié n'est pas un revêtement au sens topologique (cf. chap. IV). S'il risque d'y avoir ambiguïté, on précise revêtement **étale** (ou **non ramifié**) pour le revêtement topologique. S'il n'y a pas (trop) de risque, on dira revêtement dans les deux cas.

Preuve du théorème – Au voisinage d'un point x, f est de la forme $z \longmapsto z^e$ d'après la remarque. Les points de ramification sont ceux où la dérivée s'annule (car $e_x(f)$ est l'ordre du zéro) donc au plus en $z = 0$. L'ensemble des points de ramification sur X est ainsi discret, donc fini, et f définit un isomorphisme local hors de ces points — en particulier hors des mauvaises fibres $f^{-1}(f(x_i))$. Comme X est compacte, f est propre, donc aussi sa restriction hors des mauvaises fibres. Or, un homéomorphisme local propre $f : M = X \setminus \bigcup_i f^{-1}(f(x_i)) \to N = Y \setminus \bigcup_i f(x_i)$ est un revêtement étale (à fibres finies) : en effet, si $y \in N$ et $\{m_1, \ldots, m_p\}$ est la fibre $f^{-1}(y)$, il y a des voisinages ouverts disjoints U_i des m_i et V de y tels que $f : U_i \xrightarrow{\sim} V$. Comme f est fermée (car propre), $f(M \setminus \bigcup_i U_i)$ est fermé et ne contient pas y. Donc $V' = V \setminus f(M \setminus \bigcup_i U_i)$ est encore un voisinage ouvert de y, et $f^{-1}(V') \subset \bigcup_i U_i$, donc $f^{-1}(V') = \coprod (U_i \cap f^{-1}(V')) \simeq \{1, \ldots, p\} \times V$. Ainsi, hors des mauvaises fibres, f est un revêtement à fibres finies donc de cardinal localement constant, et même constant puisque Y est connexe (donc aussi Y moins un nombre fini de points).

Il reste à montrer $\boxed{3}$: soit $x \in X, y = f(x)$ et U un voisinage de x ne contenant pas d'autre point de la fibre $f^{-1}(y)$. On peut supposer f de la forme $z \longmapsto z^{e_x(f)}$ sur U. Donc au-dessus de tout point proche de y autre que y, il y a exactement $e_x(f)$ points de U (les racines e-ièmes de z^e), tous non ramifiés, donc $v(y) = \sum_{f(x)=y} e_x(f)$ est une fonction localement constante sur Y, donc constante.   ∎

Corollaire - *Soit f une fonction méromorphe sur une surface de Riemann compacte X. Alors f a autant de zéros que de pôles (avec multiplicité) :*

$$\sum_{x \in X} \mathrm{ord}_x f = 0.$$

Preuve – Si on voit f comme morphisme $X \to \mathbf{P}^1$, alors

$$\sum_{f(x)=0} e_x(f) = \sum_{f(x)=\infty} e_x(f).$$

     ∎

La formule suivante relie le genre de deux surfaces de Riemann compactes. Elle est très utile en pratique pour calculer le genre d'une surface de Riemann. (voir chap VII, formule du genre, et chap. X, courbes modulaires):

Théorème 5.2 (Formule de Riemann-Hurwitz) - *Soit $f : X \to Y$ un morphisme non constant de surfaces de Riemann compactes. On note g_X et g_Y les genres de X et Y, et n le degré de f (comme revêtement ramifié). Alors*

$$2g_X - 2 = n(2g_Y - 2) + \sum_{x \in X} \big(e_x(f) - 1\big).$$

Preuve – On triangule Y de sorte que (la projection de) tout point ramifié soit un sommet et que tout triangle soit dans un disque conforme, au-dessus duquel f s'écrit $z \longmapsto z_i^{e_i}$. On peut remonter cette triangulation sur X. On note $S_X, S_Y, A_X, A_Y, F_X, F_Y$ les nombres de sommets, arêtes et faces sur X et Y. Puisque chaque fibre (sauf un nombre fini) contient n points, $A_X = n\, A_Y$ et $F_X = n\, F_Y$. Le nombre de points dans une fibre $f^{-1}(y)$ est

$$\sum_{f(x)=y} 1 = n + \sum_{f(x)=y} \big(1 - e_x(f)\big)$$

d'après le th. 5.1. par suite, $S_X = n\, S_Y + \sum_{x=\text{sommet}}\big(1 - e_x(f)\big)$; on peut aussi prendre la somme sur X entier puique $e_x(f) = 1$ hors des sommets. Le résultat découle alors de $2 - 2g_X = S_X - A_X + F_X$ (voir chap. II) et de même pour Y. ∎

Exercice - Discuter les avantages et inconvénients (dimension, surjectivité, self-intersection, cardinal des fibres, point ramifié,...) de chacune des représentations suivantes d'un revêtement ramifié $f : X \to Y$ au voisinage d'un point de ramification :

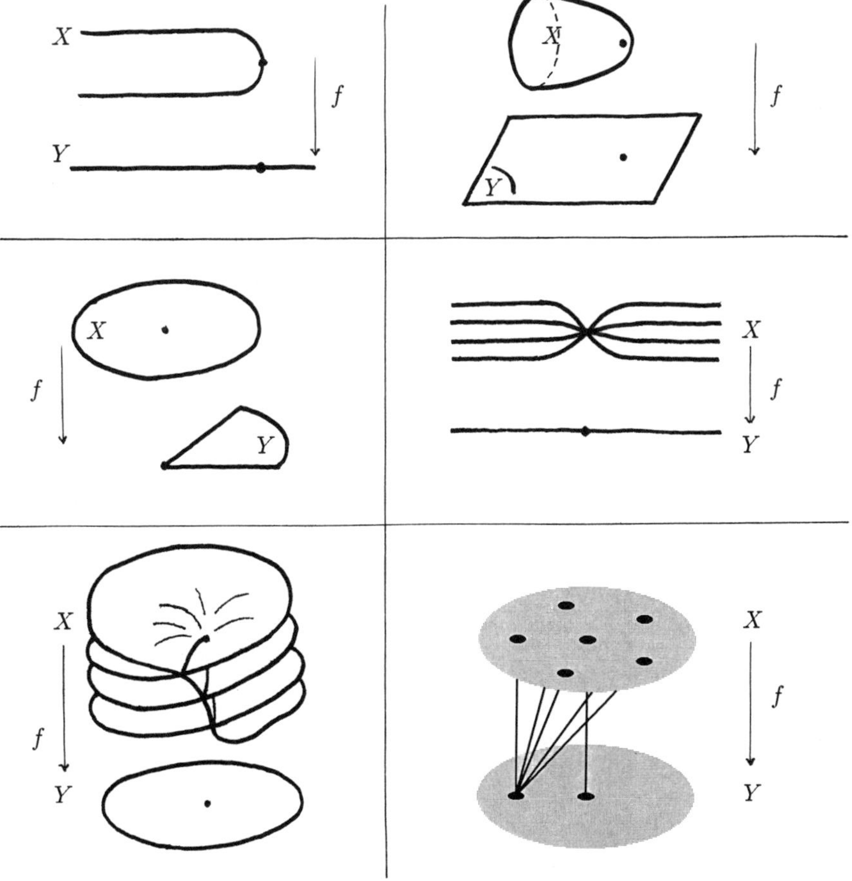

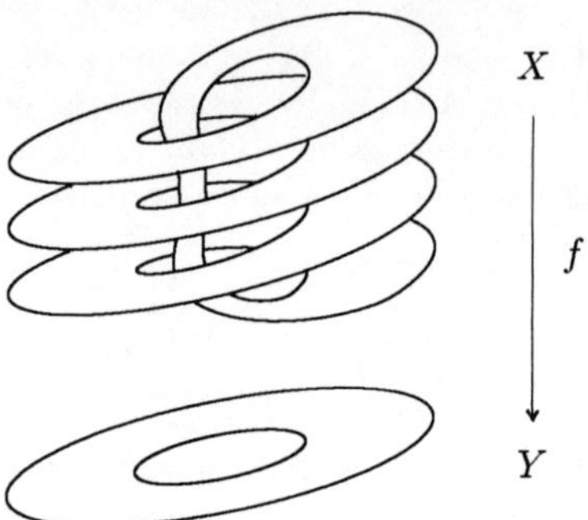

§2 Différentielles

Définition - *Une différentielle d'écriture locale* $\omega = f(z)dz + g(z)d\bar{z}$ *est dite* **méromorphe** *(resp.* **holomorphe***) si* $g = 0$ *et si* f *est méromorphe (resp. holomorphe). C'est indépendant de la carte* z *choisie. Par exemple, si* f *est une fonction méromorphe (resp. holomorphe) sur* X, *alors* df *est une différentielle méromorphe (resp. holomorphe) d'écriture locale* $f'(z)dz$. *Soit* ω *une différentielle méromorphe sur* X *et* $P \in X$. *Si* $\omega = f(z)dz$ *près de* P, *on définit* **l'ordre** $\operatorname{ord}_P \omega = \operatorname{ord}_0 f$ *et le* **résidu** $\operatorname{res}_P \omega = \operatorname{res}_0 f$ *(qui est encore* $\frac{1}{2i\pi} \int_C \omega$ *où* C *est un petit cercle entourant une fois* P*) ; ces définitions ne dépendent pas de la carte choisie.*

Théorème 5.3 - *Soit* ω *une différentielle méromorphe sur* X *compacte. Alors*

$$\sum_{P \in X} \operatorname{res}_P \omega = 0.$$

Preuve – On triangule X avec des triangles Δ_j contenus dans des disques conformes, et dont les arêtes évitent les pôles de ω (en nombre fini car discrets). Alors $\sum \operatorname{res}_P \omega = \sum_j \frac{1}{2i\pi} \int_{\partial \Delta_j} \omega$: on intègre donc ω sur chaque arête une fois dans chaque sens.   ∎

Pour étudier les zéros et pôles des fonctions et différentielles, il est commode d'introduire la notion de diviseur :

Définition - *Le groupe abélien libre* $\operatorname{Div}(X)$ *engendré par les points d'une surface de Riemann compacte* X *s'appelle* **groupe des diviseurs** *sur* X. *Un diviseur sera noté* $D = \sum_{P \in X} n_P \cdot (P)$ *où* $n_P \in \mathbf{Z}$ *(presque tous nuls). On dit que* D *est* **positif** *(ou* **effectif***) si tous les* n_P *sont positifs ou nuls.*

Exemple - Si f est une fonction ou une différentielle méromorphe non $\equiv 0$ sur X, on définit son diviseur $(f) = \sum_{P \in X} \operatorname{ord}_P(f) \cdot (P)$. Il est clair que $(f_1)(f_2) = (f_1) + (f_2)$ si f_1 est une fonction et f_2 une fonction ou une différentielle.

Définition - *On appelle* **degré** *l'homomorphisme* $\deg : \sum n_P \cdot (P) \longmapsto \sum n_P$ *de* $\operatorname{Div}(X)$ *dans* $\mathbf{Z}$.

Exemple - Le fait qu'une fonction méromorphe f sur X ait autant de zéros que de pôles s'écrit simplement $\deg(f) = 0$. (Attention : ne pas confondre ce degré du diviseur (f) avec le degré de f comme revêtement ramifié de $\mathbf{P}^1$).

Prop 5.1 - *Si ω est une différentielle méromorphe $\not\equiv 0$ sur une surface de Riemann compacte de genre g, alors $\deg(\omega) = 2g - 2$.*

> **Preuve** – Le quotient de deux différentielles méromorphes non nulles ω_1 et ω_2 est une fonction méromorphe (invariante par changement de carte) donc $\deg(\omega_1) = \deg(\omega_2) + \deg(\omega_1/\omega_2) = \deg(\omega_2)$. Il suffit donc de prouver le résultat pour *une* différentielle ω, disons $\omega = df$ où f est une fonction méromorphe non constante sur X ; on choisit f non ramifiée au-dessus de ∞ (quitte à composer avec une homographie). Localement, on a $\omega = f'(z)dz$, donc $\operatorname{ord}_P \omega = \operatorname{ord}_P f'$. Si P n'est pas un pôle (i.e. $f(P) \neq \infty$), on a $\operatorname{ord}_P f' = \operatorname{ord}_P\big(f - f(P)\big) - 1$, et comme $z - f(P)$ est un paramètre local sur $\mathbf{P}^1$ au voisinage de $f(P)$, on a $\operatorname{ord}_P f' = e_P(f) - 1$. Si P est un pôle, $\operatorname{ord}_P f' = (\operatorname{ord}_P f) - 1$; mais $1/z$ est paramètre local à l'infini, donc $\operatorname{ord}_P f = -e_P(f) = -1$ (car f n'est pas ramifiée à l'∞). Ainsi
>
> $$\deg \omega = \sum_{X \setminus \text{pôles}} \big(e_P(f) - 1\big) - 2n$$
>
> où $n = \deg f$ (comme revêtement). Mais on peut prendre la somme sur X car $e_P(f) = 1$ aux pôles, d'où
>
> $$\deg \omega = \sum_X \big(e_P(f) - 1\big) - 2n = 2g - 2$$
>
> d'après la formule de Hurwitz pour $f : X \to \mathbf{P}^1$ ($\mathbf{P}^1$ est de genre 0). ∎

§3 Riemann-Roch

Dans la suite du chapitre, X est une surface de Riemann compacte de genre g. Il s'agit ici de compter les fonctions méromorphes ayant des singularités données, que l'on prescrit sous la forme d'un diviseur.

Définition - $\boxed{1}$ *Si D, D' sont des diviseurs sur X, on note $D \geq D'$ si $D - D'$ est* **effectif** *(c'est-à-dire $\forall P, n_P \geq n'_P$).*

$\boxed{2}$ *Si $D \in \operatorname{Div}(X)$, soit $\mathcal{L}(D) = \{0\} \cup \{f \text{ mérom. } \not\equiv 0; (f) + D \geq 0\}$: par exemple si $D = (P_1) + 2(P_2) - (P_3)$, il s'agit des fonctions qui ont au plus des pôles (respectivement simple et double) en P_1 et P_2, et au moins un zéro simple en P_3. On note $\ell(D) = \dim_{\mathbf{C}} \mathcal{L}(D)$.*

Exemple - Si $D = 0$, $\mathcal{L}(D)$ est l'espace vectoriel des fonctions holomorphes, donc constantes (principe du maximum + compacité), d'où $\ell(0) = 1$.

Il est clair que si $D \geq D'$, alors $\deg D \geq \deg D'$. En particulier, si $\mathcal{L}(D)$ contient une fonction non nulle f, alors $0 = \deg(f) \geq -\deg D$. Par suite

$$\deg D < 0 \Longrightarrow \ell(D) = 0.$$

Théorème 5.4 (Riemann-Roch) - *Soit $\omega \not\equiv 0$ une forme différentielle méromorphe et $K = (\omega)$ son diviseur. Alors pour tout diviseur D,*

$$\ell(D) < +\infty \qquad \text{et} \qquad \ell(D) - \ell(K - D) = \deg(D) + 1 - g.$$

Preuve - $\boxed{1}$ $\boxed{\ell(D) \geq \deg D + 1 - g}$ (c'est un résultat d'existence).

On écrit $D = \sum n_i(P_i) - \sum m_j(Q_j) \quad (m_j, n_i > 0)$. L'application linéaire qui à $f \in \mathcal{L}\big(\sum n_i(P_i)\big)$ associe ses séries de Taylor aux Q_j tronquées à l'ordre $m_j - 1$ (l'espace d'arrivée est donc de dimension $\sum m_j$) a pour noyau $\mathcal{L}(D)$, donc $\ell(D) \geq \ell\big(\sum n_i(P_i)\big) - \sum m_j$. Il suffit donc de montrer $\boxed{1}$ dans le cas où l'on suppose $D \geq 0$, ce qu'on fait. D'après le th.3.3, il existe une fonction harmonique sur $X \setminus \{P_i\}$ qui croît comme $\Re e(z_i^{-k_i})$ (k_i donné ≥ 0, z_i carte en P_i) près de P_i. Et de même avec $\Im m(z_i^{-k_i})$. Donc l'espace vectoriel H des fonctions harmoniques sur $X \setminus \bigcup\{P_i\}$ et croissant au plus comme $|z_i^{-n_i}|$ près de chaque P_i est de dimension au moins $2(\sum n_i + 1)$ sur $\mathbf{R}$. Une condition suffisante pour qu'une fonction $u \in H$ soit de la forme $\Re e(f)$, où f est méromorphe (donc dans $\mathcal{L}(D)$ grâce à la croissance), est que $\int_\gamma (du + i \, {}^*du) = 0$ pour tout cycle γ sur $X \setminus \{P_i\}$ car alors $f(z) = u(z_0) + \int_{z_0}^z (du + i \, {}^*du)$ est bien définie, et $\Re e \, f = u$. Or, $H_1(X \setminus \bigcup_i \{P_i\})$ est engendré par $H_1(X)$ et des petits cercles γ_i autour des P_i. Mais l'intégrale sur γ_i de $(du + i \, {}^*du)$ est à $2i\pi$ près son résidu en P_i, qui est nul : en effet, si $u - \Re e(z_i^{-k_i})$ est harmonique en P_i, avec $k_i > 0$ (resp. $k_i = 0$), alors $du + i \, {}^*du - z_i^{-k_i - 1} dz_i$ (resp. $du + i \, {}^*du$) est holomorphe en P_i donc sans résidu, et de même avec $\Im m(z_i^{-k_i})$. Ainsi, il reste au plus $\operatorname{rg}_{\mathbf{Z}} H_1(X) = 2g$ conditions pour que $u \in H$ s'écrive $\Re e \, f$ où $f \in \mathcal{L}(D)$. Donc

$$\dim_{\mathbf{R}} \mathcal{L}(D) \geq 2\big(\sum n_i + 1\big) - 2g = 2(\deg D + 1 - g).$$

$\boxed{2}$ $\boxed{\text{Si } P \in X, \quad \ell(D) \leq \ell(D + (P)) \leq \ell(D) + 1}$ (en particulier $\ell(D) < \infty$ par récurrence à partir de $\ell(0) = 1$).

En effet, $\ell(D) \leq \ell(D + (P))$ est clair ; par ailleurs, si $D = \sum n_Q(Q)$ et si z est une carte en P, l'application

$$\mathcal{L}(D + (P)) \longrightarrow \mathbf{C}$$
$$f = \sum a_n z^n \longmapsto a_{-n_P - 1}$$

a pour noyau $\mathcal{L}(D)$, donc $\ell(D + (P)) \leq \ell(D) + 1$.

$\boxed{3}$ $\boxed{\text{Si } \ell(D + (P)) = \ell(D) + \varepsilon \text{ et } \ell(K - D) = \ell(K - D - (P)) + \varepsilon'}$
$\boxed{\text{alors } \varepsilon + \varepsilon' = 0 \text{ ou } 1.}$

En effet, si on a simultanément $\varepsilon = \varepsilon' = 1$, alors il existe des fonctions $f_1 \in \mathcal{L}(D + (P)) \setminus \mathcal{L}(D)$ et $f_2 \in \mathcal{L}(K - D) \setminus \mathcal{L}(K - D - (P))$. Alors $f_1 f_2 \omega$ est une différentielle méromorphe de diviseur $(f_1) + D + (f_2) + K - D$. Or par hypothèse

$$(f_1) + D = -(P) + \sum_{Q \neq P} r_Q \cdot (Q)$$

et

$$(f_2) + K - D = \sum_{Q \neq P} s_Q \cdot (Q) \qquad (r_Q, s_Q \geq 0)$$

donc $f_1 f_2 \omega$ a un unique pôle, simple, en P, ce qui contredit $\sum \mathrm{res} = 0$.

$\boxed{4}$ $\boxed{\text{Si } \phi(D) = \ell(D) - \ell(K - D) - \deg D, \text{ alors } \phi(d) \geq 1 - g}$

En effet ϕ est décroissante par $\boxed{3}$, donc on peut supposer $\deg(K - D) < 0$, auquel cas $\phi(D) = \ell(D) - \deg D \geq 1 - g$ d'après $\boxed{1}$.

$\boxed{5}$ $\boxed{\phi(D) = 1 - g \ (\text{c'est le théorème})}$

On applique $\boxed{4}$ à D et $K - D$, d'où

$$2 - 2g \leq \phi(D) + \phi(K - D) = -\deg K = 2 - 2g$$

(d'après la prop. 5.1) d'où égalité partout. $\blacksquare$

§4 Applications

Voici déjà quelques applications du théorème de Riemann-Roch. On en verra d'autres aux chapitres IX et suivants.

Prop. 5.2 - *L'espace vectoriel $\Omega(X)$ des différentielles holomorphes sur X est de dimension g sur $\mathbf{C}$.*

Preuve – On fixe une différentielle non nulle ω (méromorphe) ; à toute différentielle méromorphe ω' on associe la fonction ω'/ω. Alors ω' est holomorphe si et seulement si $(\omega') \geq 0$, c'est-à-dire $(\omega'/\omega) \geq -(\omega) = -K$; d'où un isomorphisme $\Omega(X) \xrightarrow{\sim} \mathcal{L}(K)$, donc

$$\dim \Omega(X) = \ell(K) = \ell(0) + (2g - 2) + 1 - g = g.$$

$\blacksquare$

On s'est servi du théorème d'existence de fonctions méromorphes pour démontrer Riemann-Roch (pour une preuve indépendante, voir le chap. IX), mais il permet à son tour de préciser ce théorème d'existence :

Prop. 5.3 - *Si $P \in X$ et n entier $\geq 2g$, il existe une fonction méromorphe sur X ayant en P un pôle d'ordre exact n, et holomorphe ailleurs.*

Preuve – Puisque $\deg\big(K - (n-1)(P)\big) = 2g - 2 - n + 1 < 0$, on a aussi $\ell\big(K - (n-1)(P)\big) = 0$ donc $\ell\big((n-1)(P)\big) = n - g$. Pour la même raison, $\ell\big(n(P)\big) = n + 1 - g$, donc il existe une fonction f dans $\mathcal{L}(n(P)) \backslash \mathcal{L}((n-1)(P))$.

$\blacksquare$

Remarque - En faisant des combinaisons linéaires on retrouve le fait qu'il y a des fonctions méromorphes qui séparent un nombre fini de points donnés.

Exercice - Soient $P_1, \ldots, P_n \in X$ distincts. Montrer qu'il existe f méromorphe séparant les P_i telle que f et df n'aient ni zéro ni pôle aux P_i. (voir [F-K] p.237).

On étudie maintenant la structure algébrique du corps des fonctions méromorphes sur X.

Théorème 5.5 - *Soit f une fonction méromorphe non constante sur X, et n son degré comme revêtement ramifié de $\mathbf{P}^1$. Alors le corps $\mathcal{M}(X)$ des fonctions méromorphes sur X est extension algébrique de degré n de $\mathbf{C}(f)$. En particulier, $\mathcal{M}(X)$ est une extension de $\mathbf{C}$ de type fini et de degré de transcendance 1. Un tel corps s'appelle* **corps de fonctions d'une variable** *sur* $\mathbf{C}$.

Preuve – Soit $g \in \mathcal{M}(X)$. Soit U l'ouvert de $\mathbf{P}^1(\mathbf{C})$ au-dessus (via f) duquel f est non ramifiée et $f, g \neq \infty$. Alors f définit un revêtement (étale) de $V = f^{-1}(U)$ sur U, et g est holomorphe sur V. Comme f est un isomorphisme local sur V, les n fonctions symétriques élémentaires

$$s_1(y) = \sum_{f(x)=y} g(x), \quad \ldots, \quad s_n(y) = \prod_{f(x)=y} g(x)$$

sont holomorphes sur U. Elles sont même méromorphes sur $\mathbf{P}^1(\mathbf{C})$ tout entier (à cause de leur croissance) : si w est une carte en $y \in \mathbf{P}^1(\mathbf{C})$, $w \circ f$ s'annule sur la fibre $f^{-1}(y)$, donc $(w \circ f)^m g$ est holomorphe au voisinage de cette fibre si m est assez grand, donc $s_i\big((w \circ f)^m f\big) = w^{m_i} s_i$ est holomorphe en y et par suite s_i est méromorphe. Or une fonction méromorphe sur $\mathbf{P}^1(\mathbf{C})$ est une fraction rationnelle (car en divisant par la fraction rationnelle ayant mêmes zéros et pôles, on obtient une fonction holomorphe sur $\mathbf{P}^1$ donc constante). Ainsi le polynôme

$$P(X) = X^n - (s_1 \circ f)X^{n-1} + \cdots + (-1)^n s_n \circ f$$

est à coefficients dans $\mathbf{C}(f)$. De plus, $P(g)(x) = 0$ sur V et donc $P(g) \equiv 0$ ce qui montre que g est de degré $\leq n$ sur $\mathbf{C}(f)$, d'où $[\mathcal{M}(X) : \mathbf{C}(f)] \leq n$. Enfin en choisissant $y \in U$ et g séparant les n points de la fibre $f^{-1}(y)$, on voit que tout polynôme $Q \in \mathbf{C}(f)[X]$ nul sur g est de degré $\geq n$, donc g, et par suite $\mathcal{M}(X)$, est de degré au moins n sur $\mathbf{C}(f)$.

$\blacksquare$

Chapitre VI

La surface de Riemann d'une fonction

On montre que l'ensemble des prolongements analytiques d'une fonction analytique (définie localement) a naturellement une structure de surface de Riemann, et qu'on obtient de cette manière toutes les surfaces de Riemann.

§1 La "variété" (non connexe) des séries de Puiseux.

Définition - *Une* **série de Puiseux** *en* $z_0 \in \mathbf{C} \cup \{\infty\}$ *est une série de la forme* $\omega = \sum_N^\infty a_n(z - z_0)^{n/k}$ *(remplacer* $z - z_0$ *par* $1/z$ *si* $z_0 = \infty$*) convergente au voisinage de* z_0 *(i.e.* $\overline{\lim} |a_n|^{1/n} < \infty$*), et où* $k \in \mathbf{N}^*$ *est choisi minimal (c'est-à-dire* $\operatorname{pgcd}(k, \operatorname{pgcd}\{n; a_n \neq 0\}) = 1$*).*

Remarque - Il y a toujours 2 cas à considérer pour manier une série de Puiseux suivant que $z_0 \in \mathbf{C}$ ou $z_0 = \infty$. Dans la suite, on se contentera d'écrire $z - z_0$ pour désigner soit $z - z_0$ (si $z_0 \in \mathbf{C}$) soit $1/z$ (si $z_0 = \infty$) : il s'agit en fait d'une carte fixée de $\mathbf{P}^1$ au voisinage de z_0.

Pour donner un sens autre que formel à une série de Puiseux ω sans privilégier une détermination de $(z - z_0)^{1/k}$, on identifiera deux telles déterminations : on introduit une relation d'équivalence $\sim$ entre séries de Puiseux, où $\omega \sim \omega' \iff z_0 = z_0', k = k'$, et $a_n' = \varepsilon^n a_n$ où ε est une racine k-ième de 1 indépendante de n. On définit alors l'ensemble $\mathcal{X} = \{$séries de Puiseux$\}/\sim$.

On va mettre sur cet ensemble une structure de "surface de Riemann non connexe", avec une topologie telle que l'ensemble des prolongements analytiques d'une série ω soit la composante connexe de ω. Définissons pour commencer cette topologie : Soit $\omega = \sum a_n(z - z_0)^{n/k} \in \mathcal{X}$ une série de Puiseux, et r_0 son rayon de convergence comme fonction de z ($r_0 = 1/\overline{\lim}|a_n|^{k/n}$). Pour $r < r_0$, soit

$$U_{\omega,r} = \{\omega\} \bigcup \left\{ \begin{array}{l} \text{Séries de Taylor en } z_1 \in D(z_0, r) \text{ obtenues en remplaçant} \\ (z - z_0)^{1/k} \text{ dans } \omega \text{ par son développement en } z_1 \end{array} \right\}.$$

(définition analogue si $z_0 = \infty$). Ainsi $U_{\omega,r}$ est l'ensemble des prolongements analytiques "directs" de ω.

Remarque - Pour chaque $z_1 \in D(z_0, r) \setminus \{z_0\}$, on obtient ainsi k séries distinctes (même dans $\mathcal{X}$) : on peut remplacer, dans **un** représentant de ω, les k développements de $(z - z_0)^{1/k}$ au point z_1 (donnés par $(1 + z)^{1/k} = \varepsilon \sum_0^\infty \binom{n}{1/k} z^n$ avec $\varepsilon^k = 1$) ou bien choisir **un** de ces développements et le substituer dans **chacun** des k représentants de ω.

Prop. 6.1 - *Les $U_{\omega,r}$ ($\omega \in \mathcal{X}, r <$rayon de convergence) forment une base d'une topologie séparée sur $\mathcal{X}$.*

Preuve – $\boxed{1}$ **Base** : Si ω est prolongement direct de ω_1 et ω_2, tout prolongement direct de ω dans un disque assez petit (contenu dans l'intersection des disques de convergence) est encore prolongement direct de ω_1 et ω_2. Donc l'intersection de deux $U_{\omega,r}$ en contient un troisième.

$\boxed{2}$ **Séparation** : On se donne $\omega \neq \omega'$ et on cherche des voisinages qui les séparent. Si $z_0 \neq z_0'$ c'est trivial ($U_{\omega,r}$ et $U_{\omega',r}$ avec $r < \frac{1}{2}|z_0 - z_0'|$). Sinon je prétends que $U_{\omega,r} \cap U_{\omega',r}$ est vide pour tout choix de $r <$ rayons de convergence. Supposons que ce soit faux, donc quand on substitue les séries

$$\zeta(z) = (z - z_0)^{1/k} = \sum_0^\infty c_p(z - z_1)^p$$

et

$$\zeta'(z) = (z - z_0)^{1/k'} = \sum_0^\infty c_p'(z - z_1)^p$$

dans ω et ω' respectivement, on trouve la même série $\sum b_m(z - z_1)^m$. On choisit alors **une** racine kk'-ième de $z - z_0$ en z_1, soit

$$t(z) = (z - z_0)^{1/kk'} = \sum l_s(z - z_1)^s.$$

Alors $t^{k'}$ est une racine k-ième de $z - z_0$, donc $\zeta(z) = t^{k'}(z)\varepsilon$ où $\varepsilon^k = 1$, et donc, par définition des b_m,

$$\sum b_m(z - z_1)^m = \sum a_n \varepsilon^n t^{k'n}(z) \quad (\text{où } \omega = \sum a_n(z - z_0)^{n/k}).$$

De même, $\sum b_m(z - z_1)^m = \sum a_n' \varepsilon'^n t^{kn}(z)$ où $\varepsilon'^{k'} = 1$, pour z assez proche de z_0, c'est-à-dire $t(z)$ assez petit. Donc ces deux fonctions méromorphes en t sont égales :

$$(1) \qquad \sum a_n \varepsilon^n T^{k'n} = \sum a_n' \varepsilon'^n T^{kn} \qquad \text{dans} \quad \mathbf{C}[\![T]\!].$$

Si μ est racine primitive k'-ième de 1, le membre de gauche (donc aussi celui de droite) est invariant par $T \longmapsto \mu T$, donc $a_n' \mu^{kn} = a_n'$, soit $(\mu^k)^n = 1$ pour tout n tel que $a_n' \neq 0$. Comme μ^k est une racine k'-ième de 1 et que k' est minimal (définition des séries de Puiseux) on a $\mu^k = 1$; donc k' divise k et par symétrie $k' = k$, et (en reportant dans (1)) $a_n = \left(\frac{\varepsilon'}{\varepsilon}\right)^n a_n'$ donc $\omega \sim \omega'$ (égalité dans $\mathcal{X}$), ce qui est absurde. ∎

On définit maintenant la structure analytique, en construisant un atlas ; on notera que cet atlas dépend du choix de séries de Puiseux représentant les éléments de $\mathcal{X}$, mais on verra que deux choix conduisent à des atlas équivalents, donc à la même structure analytique :

on recouvre $\mathcal{X}$ par tous les $U_{\omega,r}$ (un seul r pour chaque ω suffit) et on définit un homéomorphisme

$$t_{\omega,r} : U_{\omega,r} \xrightarrow{\sim} D(0, r^{1/k})$$

(où k est celui apparaissant dans ω) ainsi : on **fixe** un représentant $\sum a_n(z-z_0)^{n/k}$ de ω. Chaque $\omega_1 \in U_{\omega,r}$ est obtenu en substituant une série

$$(z - z_0)^{1/k} = \sum c_p(z - z_1)^p,$$

déterminée par son terme constant c_0 qui est une des déterminations de $(z_1 - z_0)^{1/k}$. On pose alors $t_{\omega,r}(\omega) = 0$ et

$$t_{\omega,r}(\omega_1) = c_0 = (z_1 - z_0)^{1/k}$$

(la détermination choisie pour former ω_1). Alors $t_{\omega,r}$ est clairement une bijection de $U_{\omega,r}$ sur $D(0, r^{1/k})$. C'est continu au point ω car $(z_1 - z_0)^{1/k} \to 0$ si $\omega_1 \to \omega$; c'est aussi continu en un point $\omega_1 \neq \omega$ car c'est toujours la même détermination de $(z - z_0)^{1/k}$ qui est utilisée pour former un ω_1' au voisinage de ω_1.

Fonctions de transition : si $\omega_1 \in U_{\omega,r} \cap U_{\omega',r'}$, soit $t_1 = t_{\omega,r}(\omega_1)$; alors $z_1 = z_0 + t_1^k$ donc $t_{\omega',r'} \circ t_{\omega,r}(t_1) = (t_1^k + z_0 - z_0')^{1/k'}$, où la racine k'-ième est celle utilisée pour former ω_1 à partir de ω' ; comme on vient de le remarquer, c'est toujours la même au voisinage de ω_1, donc la fonction $t_1 \longmapsto (t_1^k + z_0 - z_0')^{1/k'}$ est bien définie et analytique.

On obtient donc bien une structure analytique. Si pour un ω on choisit un autre représentant, on obtient un autre homéomorphisme $t'_{\omega,r}$; puisque les fonctions de transition sont analytiques, on voit en choisissant un ω_1 proche de ω que

$$t'_{\omega,r} \circ t_{\omega,r}^{-1} = (t'_{\omega,r} \circ t_{\omega_1,r}^{-1}) \circ (t_{\omega_1,r} \circ t_{\omega,r}^{-1})$$

est aussi analytique (en fait c'est simplement la multiplication par une racine k-ième fixe de l'unité). La structure analytique est donc indépendante des choix des représentants.

Ainsi $\mathcal{X}$ a une structure naturelle de surface de Riemann, à cela près qu'elle n'est pas connexe ; ses composantes connexes sont des surfaces de Riemann.

§2 La surface de Riemann d'une série de Puiseux

Définition - *Si ω est une série de Puiseux (ou sa classe dans $\mathcal{X}$), sa composante connexe X_ω dans $\mathcal{X}$ s'appelle* **configuration analytique de** ω*, ou surface de Riemann* **associée** *à ω.*

Proposition 6.2 - *X_ω est l'adhérence dans $\mathcal{X}$ de l'ensemble M_ω des séries obtenues par prolongement analytique de ω le long de chemins dans $\mathbf{C}$.*

Preuve – M_ω est connexe (par arcs) donc $\subset X_\omega$. Soit N_ω l'ensemble des séries de Taylor dans X_ω. Alors $\overline{N_\omega} = X_\omega$ (puisqu'un ouvert $U_{\omega',r}$ ne contient que des séries de Taylor, sauf peut-être ω'), donc il suffit de montrer $N_\omega = M_\omega$, c'est-à-dire que tout élément de N_ω peut être joint à ω par des séries de Taylor (sauf le bout ω), ou encore que N_ω est connexe (automatiquement par arcs). N_ω est visiblement ouvert dans X_ω. Supposons $N_\omega = U_1 \coprod U_2$ ouverts non vides ; soit $P \in \overline{U_1} \cap \overline{U_2}$ (il existe car $\overline{N_\omega}$ est connexe). Ce point a un voisinage connexe $U = U_{P,r}$ tel que $N_\omega \supset U \setminus \{P\}$. Alors $U_1 \cap (U \setminus \{P\})$ et $U_2 \cap (U \setminus \{P\})$ sont des ouverts disjoints recouvrant $U \setminus \{P\}$ (qui est encore connexe), donc par exemple

$$U_1 \cap (U \setminus \{P\}) = \emptyset.$$

Or, tout voisinage de P, en particulier U, rencontre U_1 (car $P \in \overline{U_1}$) ailleurs qu'en P puisque $P \in \overline{U_2}$ et $U_1 \cap \overline{U_2} = \emptyset$, d'où une contradiction.   ■

Les divers prolongements analytiques de ω forment une fonction *a priori* multiforme sur $\mathbf{C}$ ou un ouvert de $\mathbf{C}$. On montre maintenant que ω devient naturellement une fonction méromorphe uniforme sur X_ω et qu'inversement l'existence de fonctions méromorphes sur une surface de Riemann X permet de voir X comme une X_ω.

Théorème 6.3 - $\boxed{1}$ *Si on écrit $\omega = \sum_{-N}^{\infty} a_n (z - z_0)^{n/k}$ les fonctions*

$$proj : \omega \to z_0 \quad (\text{le } z_0 \text{ peut être } \infty)$$

et

$$val : \omega \to \begin{cases} \infty & \text{s'il y a une partie polaire} \\ a_0 & \text{sinon} \end{cases}$$

sont bien définies et méromorphes sur $\mathcal{X}$.

$\boxed{2}$ *Soit X une surface de Riemann, f et g deux fonctions méromorphes non constantes sur X. Si $P_0 \in X$, soit t une carte en P_0 telle que $f(P) - f(P_0) = t(P)^k$, où $k \in \mathbf{N}^*$, au voisinage de P_0 (il faut bien sûr comprendre $1/f(P) = t(P)^k$ si $f(P_0) = \infty$). Soit*

$$g(P) = \sum_{-N}^{\infty} a_n t(P)^n$$

l'écriture de g dans cette carte. Alors l'application

$$\phi : \begin{matrix} X & \longrightarrow & \mathcal{X} \\ P_0 & \longmapsto & \sum_{-\infty}^{\infty} a_n \big(z - f(P_0)\big)^{n/k} \end{matrix}$$

est bien définie, holomorphe, et vérifie

$$f = proj \circ \phi \quad , \quad g = val \circ \phi.$$

Remarque : on peut encore voir ϕ ainsi : si $\omega = \phi(P_0)$ et P_t $(0 \le t \le 1)$ est un chemin sur X partant de P_0, ne rencontrant pas les points de ramification de f, alors $\phi(P_1)$ est le prolongement analytique de ω le long de $\gamma_t = f(P_t)$.

$\boxed{3}$ *Si f est une fonction méromorphe non constante sur X, on peut choisir g de sorte que ϕ soit un isomorphisme $X \xrightarrow{\sim} X_\omega$, où ω est un point quelconque de l'image de ϕ. En particulier, toute surface de Riemann est isomorphe à la surface de Riemann associée à une série entière.*

Preuve – $\boxed{1}$ Pour $\omega \in \mathcal{X}$ et $z_0 = proj(\omega)$, on choisit $t_{\omega,r}$ comme carte en ω sur $\mathcal{X}$, et $z - z_0$ comme carte en z_0 sur $\mathbf{P}^1(\mathbf{C})$. Alors dans ces cartes, l'écriture de la fonction $proj$ est $\alpha \longmapsto \alpha^k$ et celle de la fonction val est $\alpha \longmapsto \left(\sum_{-N}^{\infty} a_n \alpha^n\right) - a_0$:

$$
\begin{array}{ccccc}
\omega_1 \in & \mathcal{X} & \xrightarrow{proj} & \mathbf{P}^1(C) & \ni z_1 \\
 & \downarrow & & \downarrow & \\
(z_1 - z_0)^{1/k} \in & \mathbf{C} & \longrightarrow & \mathbf{C} & \ni z_1 - z_0
\end{array}
$$

$$
\begin{array}{ccccc}
\omega_1 = \sum b_p(z - z_1)^p \in & \mathcal{X} & \xrightarrow{val} & \mathbf{P}^1(\mathbf{C}) & \ni b_0 = \sum_{-N}^{\infty} a_n(z_1 - z_0)^{n/k} \\
 & \downarrow & & \downarrow & \\
(z_1 - z_0)^{1/k} \in & \mathbf{C} & \longrightarrow & \mathbf{C} & \ni b_0 - a_0
\end{array}
$$

$\boxed{2}$ La carte t est bien définie à une racine k-ième de l'untié près, donc $\phi(P_0)$ est bien défini dans $\mathcal{X}$. Il reste à voir que ϕ est analytique au voisinage de P_0. Soit P_1 proche de P_0, et t_0, t_1 des cartes en P_0, P_1 telles que

$$
f(P) = f(P_0) + t_0(P)^k = f(P_1) + t_1(P)
$$

pour P dans un voisinage commun à P_0 et P_1 (f est non ramifiée en P_1 assez près de P_0). De ces deux égalités on déduit une série

$$
(2) \qquad\qquad t_0 = \sum \lambda_s t_1^s
$$

(en fait il y en a k) ; alors si $g = \sum a_n t_0^n = \sum b_p t_1^p$, la série $\sum b_p t_1^p$ s'obtient en substituant (2) dans $\sum a_n t_0^n$, donc (par définition de ϕ) $\phi(P_1)$ s'obtient par la même substitution à partir de $\phi(P_0)$. Mais puisque

$$
z - f(P_0) = \big(f(P_1) - f(P_0)\big) + z - f(P_1),
$$

on a aussi $\big(z - f(P_0)\big)^{1/k} = \sum \lambda_s \big(z - f(P_1)\big)^s$ (les mêmes λ_s que plus haut) ; par suite la substitution passant de $\phi(P_0)$ à $\phi(P_1)$ est celle utilisée pour construire le prolongement direct de $\phi(P_0)$ en P_1. Cela prouve la remarque qui suit le $\boxed{2}$ du théorème, et montre que $\phi(P_1)$ est proche de $\phi(P_0)$ (i.e. ϕ est continue), et

$$
t_{\phi(P_0),r}\big(\phi(P_1)\big) = \big(f(P_1) - f(P_0)\big)^{1/k} = t_0(P_1).
$$

Autrement dit, dans les cartes t_0 et $t_{\phi(P_0),r}$ l'application ϕ s'écrit comme l'identité ; elle est donc analytique.

$\boxed{3}$ On donne d'abord (lemme 1) des conditions suffisantes sur g pour que ϕ soit bijective, puis on montrera (lemme 2) l'existence d'une fonction g vérifiant ces conditions.

Lemme 1 - a/ *On suppose que ou bien X est compacte, ou bien $X = \bigcup_1^\infty K_n$ où (K_n) est une suite croissante de compacts, et $\forall P \in K_n \setminus K_{n-1}$, il existe deux pôles Q_1 et Q_2 de g, séparés par f, et des chemins $Q_{i,\tau}$ de P à Q_i sur $X \setminus \{\text{ramification de } f\}$ avec $\|f(Q_{i,\tau}) - f(P)\| < 1/n$. Alors pour tout point P_0 de X, tout chemin (ω_t) $(t \in [0,1])$ dans X_ω partant de $\omega = \phi(P_0)$ se relève par ϕ en un chemin (P_t) dans X partant de P_0. En particulier, ϕ est surjective.*

b/ *Si de plus f a une fibre non ramifiée $\{Q_1, \ldots, Q_n\}$ telle que $g(Q_1) \neq g(Q_i)$ pour $i = 2, \ldots, n$, alors ϕ est bijective.*

    Preuve – a/ Si X est compacte, on se ramène facilement au cas où ω_t ne passe pas par les ramifications de f (en nombre fini), et, hors de ces fibres ramifiées, f (donc aussi ϕ) est un revêtement, donc ω_t se remonte.

Supposons alors X non compacte et $(\omega_t) : [0,1] \to X_\omega$. Puisque f est ouverte, (ω_t) se remonte localement. S'il ne se relève par sur $[0,1]$, il y a donc un t_0 tel que (ω_t) se relève sur $[0, t_0[$ et pas sur $[0, t_0]$.

Montrons que c'est impossible ; quitte à prendre un sous-chemin, on supposera $t_0 = 1$, et donc (ω_t) se relève en (P_t) sur $[0, 1[$. Soit n un entier tel que $\frac{2}{n} < r = $ rayon de convergence de ω_1. Alors pour $t > t_0(n)$, le point $z_t = proj(\omega_t)$ vérifie $|z_t - z_1| < 1/n$; montrons que pour un tel t, $P_t \in K_n$. Si c'est faux (regarder le plus petit K_m contenant P_t) il existe des pôles Q_1 et Q_2 de g et des chemins $Q_{i,\tau}$ de P_t à Q_i, avec $|f(Q_{i,\tau}) - f(P_t)| < 1/n$, donc (voir le $\boxed{2}$ et la remarque) $\phi(Q_1)$ est le

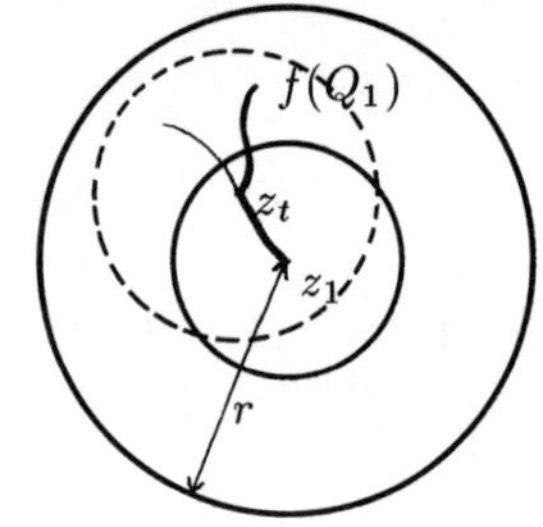

prolongement analytique de $\phi(P_t) = \omega_t$ le long de $f(Q_{1,\tau})$, donc c'est un prolongement de ω_1 le long d'un chemin (de z_1 à $f(Q_1)$) contenu dans le disque de convergence de ω_1 : c'est donc un prolongement direct de ω_1, en particulier c'est ou bien ω_1 ou bien une série de Taylor ; puisque $\phi(Q_1) \neq \phi(Q_2)$ (Q_1 et Q_2 sont séparés par f) on peut donc supposer que $\phi(Q_1) \neq \omega_1$ est une série de Taylor. Or, $\phi(Q_1)$ est (par définition de ϕ) une série avec des termes polaires car $g(Q_1) = \infty$, d'où une contradiction, qui montre bien que $P_t \in K_n$ pour $t > t_0(n)$.

On regarde alors $\phi' = \phi|_{K_n}$; il suffit de voir que (ω_t) (où $t_0(n) < t \leq 1$) se relève en un chemin (P_t) dans K_n. Soit $\{R_1, \ldots, R_p\} = {\phi'}^{-1}(\omega_1)$ (les fibres sont discrètes et K_n est compact), et $\mathcal{V}_i$ des voisinages ouverts des R_i (dans K_n) disjoints. Comme K_n est compact, $\phi'(K_n \setminus \bigcup \mathcal{V}_i)$ est compact et ne contient pas ω_1, donc $\mathcal{U} = X_\omega \setminus \phi'(K_n \setminus \bigcup \mathcal{V}_i)$ est un voisinage ouvert de ω_1 tel que ${\phi'}^{-1}(\mathcal{U}) \subset \mathcal{V}_1 \cup \ldots \cup \mathcal{V}_n$. Comme ω_t est continue, on a $P_t \in \mathcal{V}_1 \cup \ldots \cup \mathcal{V}_n$ pour t assez grand, et par connexité on peut supposer $P_t \in \mathcal{V}_1$ pour t grand. Si on fait maintenant varier $\mathcal{V}_1$ dans une base de voisinages de R_1, on aura toujours $P_t \in \mathcal{V}_1$ pour t

assez grand en fonction de $\mathcal{V}_1$, et donc P_t tend vers R_1, et ainsi le point $P_1 = R_1$ fournit bien un prolongement continu de (P_t) relevant (ω_t).

b/ Soient $P_0, P_0' \in X$ tels que $\phi(P_0) = \phi(P_0')$; on veut montrer $P_0 = P_0'$. Comme les points de ramification de ϕ sont discrets et ϕ continue, on peut supposer que P_0 et P_0' ne sont pas points de ramification. Soit (P_t) un chemin de P_0 au point $Q = Q_1$ défini dans l'énoncé, évitant les ramifications de ϕ. D'après a), le chemin $\omega_t = \phi(P_t)$ se relève en (P_t') partant de P_0' ; soit $Q' = P_1'$ l'extrémité. Puisque $\phi(Q) = \phi(Q')$ et que $g(Q)$ (resp. $g(Q')$) est le coefficient constant de $\phi(Q)$ (resp. $\phi(Q')$) (ou bien ∞ s'il y a une partie polaire), on a $g(Q) = g(Q')$ d'où $Q' = Q$. En parcourant les chemins à l'envers, on en déduit $P_0 = P_0'$: en effet, si $E = \left\{ t \in [0,1] \quad ; \quad P_t = P_t' \right\}$ alors $1 \in E$, E est fermé, et si $t \in E$ alors ϕ est homéomorphisme local en P_t donc $\tau \in E$ pour τ proche de t, et donc E est ouvert. Cela prouve le lemme 1. ∎

Lemme 2 - *Il existe une fonction g vérifiant les hypothèses du lemme 1.*

Preuve – Si X est compacte et $\left\{Q_1, \ldots, Q_n\right\}$ est une fibre non ramifiée de f, il existe g avec pôle en Q_1 et zéros aux autres Q_i d'après le théorème 3.4 d'existence, ou même g avec Q_1 comme seul pôle sur X, d'après Riemann-Roch. Alors g convient (l'hypothèse a/ est vide si X est compacte). On suppose maintenant X non compacte, et on l'écrit $X = \bigcup_1^\infty K_n$ (car X a une base dénombrable, cf. chap. IV, §2), et on va construire g comme quotient de deux différentielles. On fixe d'abord un point $P_0 \in X$, et on note v la fonction de Green en P_0 (si X est hyperbolique) ou une fonction harmonique hors de P_0, telle que $v - \Re\mathfrak{e}\frac{1}{z_0}$ soit harmonique en P_0 (si X est parabolique). Alors l'expression $\omega = (v_x' - i\, v_y')dz$ définit une différentielle méromorphe sur X, avec un unique pôle P_0 ; on note $P_1, P_2, \ldots$ les zéros de ω. On choisit maintenant dans $K_n \setminus K_{n-1}$ un nombre fini de points Q_j tels que tout point de $K_n \setminus K_{n-1}$ soit, via f, à distance $< 1/n$ d'au moins deux des Q_j (au sens du a/ du lemme 1, c'est-à-dire tels qu'il existe des chemins...). On peut évidemment supposer les $Q_j \notin f^{-1}(f(P_k))$ (il n'y a qu'un nombre dénombrable de points à éviter). On réordonne tous les points Q_j (pour les n variant aussi) en une suite encore notée $(Q_j)_{j \in \mathbf{N}}$, et on cherche g avec pôle en Q_j ; on peut supposer un Q_j (et même chacun d'eux) seul dans sa fibre, donc g conviendra. Soit alors u_j la fonction de Green (ou bien harmonique $\sim \Re\mathfrak{e}(1/z_j)$) en Q_j. On définit $n_j \in \mathbf{N}$ par $Q_j \in K_{n_j} \setminus K_{n_j - 1}$, et $m_j = \sup_{K_{n_j - 1}} |u_j|$ (c'est $< \infty$ car la singularité Q_j est en dehors). Alors la série

$$\sum \frac{1}{j^2}\frac{u_j}{m_j}$$

converge uniformément sur tout compact (car un K_n donné ne contient qu'un nombre fini de Q_j, donc $|\frac{u_j}{m_j}| \leq 1$ sur K_n pour les autres j) d'où une limite u, harmonique hors des Q_j et se comportant comme $\log|z_j|$ ou $\Re(1/z_j)$ en Q_j. Alors

$$g = \frac{(u'_x - i\, u'_y)dz}{\omega}$$

est méromorphe avec pôles aux Q_j, et peut-être aux P_k, holomorphe ailleurs, ce qui prouve le lemme 2 ...   ∎

... et le théorème !   ∎

Chapitre VII

Fonctions et courbes algébriques

On a vu au chap. V que si X est une surface de Riemann compacte, et $f, g \in \mathcal{M}(X)$, il y a une relation algébrique $P(f, g) = 0$. Par exemple si ω est une série (de Puiseux) avec X_ω compacte, alors ω est une fonction algébrique : $P(z, \omega(z)) \equiv 0$ pour tout prolongement de ω analytique en z.

On va voir que réciproquement, si ω est algébrique, alors X_ω est compacte. On donne pour cela une deuxième construction de X_ω, ne dépendant que du polynôme P, c'est-à-dire de la courbe algébrique qu'il définit.

§1 La surface de Riemann associée à une courbe algébrique plane

Théorème 7.1 - *Soit $P \in \mathbf{C}[z, w]$ un polynôme irréductible ; il définit une courbe plane*

$$C_P = \{(z, w) \in \mathbf{C}^2 \quad ; \quad P(z, w) = 0\}.$$

On peut lui associer naturellement une surface de Riemann compacte X_P, égale à C_P hors d'un nombre fini de points. Les projections z et w définissent deux fonctions méromorphes f, g sur X_P telles que $P(f, g) = 0$ et

$$\mathcal{M}(X_P) = \mathbf{C}(f, g) \xrightarrow{\sim} \mathrm{Frac}\big(\mathbf{C}[X, Y]/(P)\big).$$

Preuve – Notons $P = a_0(z)w^n + \cdots + a_n(z)$, et $\Delta(z) = disc_w(P)$; soit U l'ouvert de $\mathbf{C}$ où $a_0(z)\Delta(z) \neq 0$. Au-dessus d'un point $z \in U$, il y a n racines $w_1, \ldots, w_n$ et d'après le théorème des fonctions implicites (qui s'applique car $\Delta \neq 0 \implies P'_w \neq 0$) on obtient ainsi localement n fonctions analytiques $w_1(z), \ldots, w_n(z)$. Ainsi la projection $\pi : \begin{smallmatrix} \mathbf{C}^2 \\ (z,w) \end{smallmatrix} \begin{smallmatrix} \longrightarrow \\ \longmapsto \end{smallmatrix} \begin{smallmatrix} \mathbf{C} \\ z \end{smallmatrix}$ induit un revêtement $\pi : Y \longmapsto U$ d'un ouvert Y de C_P sur U, à n feuillets (donc propre car $n < \infty$). On va prolonger ce revêtement au-dessus de $\mathbf{P}^1(\mathbf{C}) \supset U$, ce qu'on fait localement : on est donc ramené à prolonger un revêtement $V \to D^*$ du disque épointé, à n feuillets. Si z tourne autour de O, le prolongement analytique permute les $w_i(z)$ (le tour en sens inverse donnant la permutation inverse). La décomposition de cette permutation en produit de cycles correspond à la décomposition de V en composantes connexes (ou encore à la décomposition irréductible de P dans $\mathbf{C}\{\{z\}\}[w]$). Soit $V_1 \xrightarrow{\pi} D^*$ une composante connexe de V ; c'est un revêtement, disons à k feuillets. Il est donc isomorphe au revêtement $\begin{smallmatrix} D^* \\ \zeta \end{smallmatrix} \begin{smallmatrix} \longrightarrow \\ \longmapsto \end{smallmatrix} \begin{smallmatrix} D^* \\ z=\zeta^k \end{smallmatrix}$ (car c'est un facteur du revêtement universel

$$\begin{array}{ccc} & V_1 & \\ & \nearrow \quad \searrow & \\ \mathcal{H} & \xrightarrow[e^{2i\pi\tau}]{} & D^* \end{array}$$

et $Aut_{D^*}\mathcal{H} = \mathbf{Z}$ donc un sous-groupe est soit $\{id\}$, auquel cas $V_1 \to D^*$ a une infinité de feuillets, soit $k\mathbf{Z}$ auquel cas c'est $z \longmapsto z^k$). On a donc un diagramme

$$
\begin{array}{ccccc}
V_1 & \overset{\phi}{\underset{\sim}{\longrightarrow}} & D^* & \zeta \\
\| & & \downarrow & \downarrow \\
V_1 & \overset{\pi}{\longrightarrow} & D^* & \zeta^k
\end{array}
$$

où ϕ est un isomorphisme. On ajoute un point P_1 à V_1, on prolonge ϕ en une bijection et on met sur $V_1 \cup \{P_1\}$ la structure analytique donnée par ϕ. On prolonge également π, qui devient un revêtement ramifié $V_1 \cup \{P_1\} \to D$.

$$
\begin{array}{ccccc}
V_1 \cup \{P_1\} & \overset{\phi}{\underset{\sim}{\longrightarrow}} & D & \zeta \\
\| & & \downarrow & \downarrow \\
V_1 \cup \{P_1\} & \overset{\pi}{\longrightarrow} & D & \zeta^k
\end{array}
$$

En faisant cela pour chaque composante de V, puis de même au-dessus de tous les points de $\mathbf{P}^1(\mathbf{C}) \setminus U$ (en nombre fini), on obtient un revêtement ramifié $X_P \overset{f}{\longrightarrow} \mathbf{P}^1(\mathbf{C})$ qui est encore propre (on n'a rajouté qu'un nombre fini de points) donc X_P est compact. Cette projection f déduite de $(z, w) \longmapsto z$ est donc une fonction méromorphe (X_P a une structure de surface de Riemann, à cela près qu'on ne sait pas encore qu'elle est connexe). La deuxième projection $(z, w) \longmapsto w$ définit également une fonction méromorphe : c'est clair au-dessus d'un point de U car les $w_i(z)$ sont analytiques ; plaçons-nous au-dessus d'un point de $\mathbf{P}^1(\mathbf{C}) \setminus U$. On a vu plus haut qu'on a localement un revêtement

$$
\begin{array}{ccccc}
V_1 & \overset{\phi}{\underset{\sim}{\longrightarrow}} & D^* & \zeta \\
\| & & \downarrow & \downarrow \\
V_1 & \overset{\pi}{\longrightarrow} & D^* & \zeta^k
\end{array}
$$

correspondant au cycle $w_1 \to w_2 \to \cdots \to w_k \to w_1$ quand on tourne autour de 0. Ces w_i $(i = 1, \ldots, k)$ définissent donc bien une fonction analytique g sur V_1, donc elle a, via ϕ, un développement en série

$$
g \circ \phi^{-1}(\zeta) = \sum_{-\infty}^{\infty} a_n \zeta^n.
$$

Puisque cette fonction croît au plus comme une fonction rationnelle en 0 (estimer les racines de $P(z, W)$ si $a_0(z)$ tend vers 0), elle se prolonge en une fonction méromorphe sur D :

$$
g \circ \phi^{-1}(\zeta) = \sum_{-N}^{\infty} a_n \zeta^n
$$

ou bien, en terme de $f = z = \zeta^k$,

$$
g \circ \pi^{-1}(z) = \sum_{-N}^{\infty} a_n z^{n/k}.
$$

Donc les w_i définissent bien globalement une fonction méromorphe g sur X_P, telle que $P(f, g) \equiv 0$ (les w_i sont des racines).

Il reste à voir que X_P est connexe, et $\mathcal{M}(X_P) = \mathbf{C}(f, g)$. Soit X' une composante connexe de X_P. La fonction f fait de X' un revêtement ramifié de $\mathbf{P}^1$, dont le degré (nombre de feuillets) est (voir chap. V)

$$[\mathcal{M}(X') : \mathbf{C}(f)] \geq [\mathbf{C}(f, g) : C(f)] = n$$

puisque P est irréductible. Une fibre de $f : X_P \to \mathbf{P}^1(\mathbf{C})$ ne pouvant avoir plus de n points (donnés par les n racines de P), on en déduit que $X_P = X'$ et que $\mathcal{M}(X') = \mathbf{C}(f, g)$. ∎

Remarque - *Si ω est une série vérifiant une relation algébrique $P\big(z, \omega(z)\big) \equiv 0$ sur un ouvert (on peut supposer P irréductible), alors X_P est isomorphe à X_ω et en particulier X_ω est compacte.*

Preuve – D'après le th. 6.3 , les fonctions f et g définies comme plus haut sur X_P induisent un morphisme de surfaces de Riemann $\phi : X_P \to X_\omega$. Puisque X_P est compacte et que pour tout z (sauf un nombre fini) les $w_i(z)$ — qui sont les valeurs de g dans la fibre $f^{-1}(z)$ — sont distincts, ϕ est bijective d'après le lemme 1 du chap. VI ∎

§2 Surfaces compactes, corps de fonctions, courbes planes

Théorème 7.2 - *Soit $\mathcal{F}$ le foncteur qui à toute surface de Riemann compacte X associe son corps de fonctions $\mathcal{F}(X) = \mathcal{M}(X)$, et à tout morphisme $\phi : X \to Y$ associe $\mathcal{F}(\phi) : \begin{smallmatrix} \mathcal{M}(Y) & \longrightarrow & \mathcal{M}(X) \\ g & \longmapsto & g \circ \phi \end{smallmatrix}$. Alors $\mathcal{F}$ est une (anti-)équivalence entre la catégorie des surfaces de Riemann compactes (avec morphismes non constants) et celle des corps de fonctions d'une variable sur $\mathbf{C}$ (avec morphismes de $\mathbf{C}$-algèbres).*

Preuve – (Référence pour les catégories : Pareigis - Categories and functors, Acad. Press, p. 55). Dire que $\mathcal{F}$ est une équivalence de catégories revient à dire que

$\boxed{1}$ $\mathcal{F}$ est fidèle (i.e. $\mathcal{F}(\phi) = \mathcal{F}(\phi') \Longrightarrow \phi = \phi'$).

$\boxed{2}$ $\mathcal{F}$ est plein (i.e. tout morphisme $\mathcal{M}(Y) \to \mathcal{M}(X)$ est un $\mathcal{F}(\phi)$).

$\boxed{3}$ Tout corps de fonctions d'une variable est isomorphe à un $\mathcal{M}(X)$ (nécessairement unique).

Montrons ces trois points :

$\boxed{3}$ Car un corps de fonctions d'une variable K peut s'écrire $\mathbf{C}(f, g)$ où f et g sont liés algébriquement : $P(f, g) = 0$, donc

$$K \xrightarrow{\sim} \operatorname{Frac}(\mathbf{C}[X, Y]/(P)) \xrightarrow{\sim} \mathcal{M}(X_P).$$

$\boxed{1}$ Si $\phi \neq \phi'$, soit $P \in X$ tel que $\phi(P) \neq \phi'(P)$. Soit $f \in \mathcal{M}(Y)$ séparant $\phi(P)$ et $\phi'(P)$ (existe par Riemann-Roch), donc $f \circ \phi \neq f \circ \phi'$, d'où $\mathcal{F}(\phi) \neq \mathcal{F}(\phi')$.

$\boxed{2}$ Soit $F : \mathcal{M}(Y) \to \mathcal{M}(X)$ un morphisme. On cherche un morphisme $\phi : X \to Y$ tel que $F(g) = g \circ \phi$. Soit $x \in X$; pour définir $\phi(x)$, on remarque que x induit une valuation ord_x sur $\mathcal{M}(X)$ c'est-à-dire un homomorphisme surjectif $\mathcal{M}(X)^* \longrightarrow \mathbf{Z}$ tel que $v(f + g) \geq \min(v(f), v(g))$; en particulier $v(c) = 0$ si $c \in \mathbf{C}^*$ car $\forall n\ v(c) = n\,v(c^{1/n}) \in n\mathbf{Z}$; le fait que ord_x soit surjectif vient de Riemann-Roch : il existe une fonction f avec zéro simple en x. Par composition avec F, on obtient une valuation sur $\mathcal{M}(Y)$: $v(h) = \frac{1}{n}\,\mathrm{ord}_x\,F(h)$ où on choisit n de sorte que l'image de v soit exactement $\mathbf{Z}$. On utilise alors le résultat suivant :

Lemme - *Toute valuation v sur $\mathcal{M}(Y)$ est de la forme $h \longmapsto \mathrm{ord}_y\, h$ pour un unique $y \in Y$.*

> **Preuve** – **Unicité** : car il existe $f \in \mathcal{M}(Y)$ avec unique pôle en y.
> **Existence** : Soit $f \in \mathcal{M}(Y)$ telle que $v(f) = 1$. Pour $c \in \mathbf{C}$, on a $v(f - c) = 0 \iff c \neq 0$ (car $v(c) = 0$), et donc si $r \in \mathbf{C}(T)$ alors $v(r \circ f) = \mathrm{ord}_0\, r$. Soit n le degré de f (comme revêtement de $\mathbf{P}^1$), $y_1, \ldots, y_n$ les zéros de f. Montrons que si une fonction g dans $\mathcal{M}(Y)$ n'a ni zéro ni pôle aux y_i, alors $v(g) = 0$. En effet, sinon on peut supposer que $v(g) < 0$ (quitte à inverser g). Or, on sait que $g^n + r_1 \circ f g^{n-1} + \cdots + r_n \circ f = 0$ où $r_i \in \mathbf{C}(T)$ (voir chap. V) donc $nv(g) \geq v(\sum_1^n r_i \circ f g^{n-i})$ et donc l'un des $\mathrm{ord}_0\, r_i = v(r_i \circ f)$ est négatif, donc r_i a un pôle en 0, ce qui est absurde car $r_i(0)$ est une fonction symétrique élémentaire en les valeurs de g aux y_j.
> Soit $k \in \mathcal{M}(Y)$ telle que les $k(y_i)$ soient distincts, $\neq 0, \infty$ (donc $v(k) = 0$) et telle que $dk(y_i) \neq 0$ (k existe, voir exercice chap. V, §4). Si $h \in \mathcal{M}(Y)$, on applique ce qui précède à la fonction $g = h/\prod_i(k - k(y_i))^{\mathrm{ord}_{y_i} h}$, de sorte que $v(h) = \sum_i(\mathrm{ord}_{y_i} h)v(k - k(y_i))$. En particulier, si $h = f$, on a $1 = \sum(\mathrm{ord}_{y_i} f)v(k - k(y_i))$; puisque tous les termes sont positifs (car $v(k) \geq 0$), tous les $v(k - k(y_i))$ sont nuls sauf un qui vaut 1, par exemple $v(k - k(y_1)) = 1$. Pour une fonction h générale, on a donc $v(h) = \mathrm{ord}_{y_1} h$. ∎

Fin de preuve du théorème. Si $x \in X$, on note $y = \phi(x)$ l'unique point de Y tel que $\frac{1}{n}\,\mathrm{ord}_x\,F(h) = \mathrm{ord}_y\, h$ pour $h \in \mathcal{M}(Y)$. Alors $\forall g, F(g) = g \circ \phi$ (car $F(g)(x) = \lambda \iff F(g - \lambda)$ nul en $x \iff \mathrm{ord}_x\,F(g - \lambda) > 0 \iff \mathrm{ord}_y(g - \lambda) > 0 \iff g \circ \phi(x) = \lambda$). Il reste à voir que l'application $\phi : X \to Y$ est un morphisme :

a) **continuité** : si $x_n \longrightarrow x$ et $\phi(x_n) \not\longrightarrow \phi(x)$, alors par compacité on peut supposer (en prenant une sous-suite) que $\phi(x_n)$ a une limite $y' \neq \phi(x)$. Soit $g \in \mathcal{M}(Y)$ séparant y' et $\phi(x)$; alors $g \circ \phi(x_n)$ tend vers $g(y')$, mais $g \circ \phi(x_n) = F(g)(x_n)$ tend vers $F(g)(x) = g(\phi(x))$ ce qui est absurde.

b) **analyticité** : soit $x \in X$, et $g \in \mathcal{M}(Y)$ ayant un zéro simple en $y = \phi(x)$ (existe par Riemann-Roch) : c'est donc une carte en y. Or, $g \circ \phi = F(g)$ est holomorphe en x (car $\mathrm{ord}_x\,F(g) = n\,\mathrm{ord}_y\,g > 0$) donc ϕ est holomorphe en x (car par définition il suffit de le vérifier pour la composée avec une carte locale). ∎

Remarque - La démonstration fournit un foncteur inverse de $\mathcal{F}$: à un corps de fonctions K on associe l'ensemble X_K des valuations de K et à un morphisme $\psi : K \to H$ on associe $\begin{array}{c} X_H \\ v \end{array} \begin{array}{c} \longrightarrow \\ \longmapsto \end{array} \begin{array}{c} X_K \\ v \circ \psi \end{array}$ (renormalisé par $\frac{1}{n}$ pour que l'image soit $\mathbf{Z}$.)

Pour cet aspect algébrique définissant une surface de Riemann à partir d'un corps de fonctions, voir [L] et [C] .

Lien avec les courbes planes

On définit une **courbe affine plane** comme l'ensemble C_P des zéros dans $\mathbf{C}^2$ d'un polynôme irréductible $P \in \mathbf{C}[X,Y]$. Le corps des fonctions rationnelles sur C_P est le quotient $K(C_P) \xrightarrow{\sim} \mathrm{Frac}(\mathbf{C}[X,Y]/(P))$. Une application rationnelle f de C_P dans $C_{P'}$, notée $f : C_P \cdots \to C_{P'}$ est la donnée de deux fonctions rationnelles $R_1, R_2 \in K(C_P)$ telles que la composée $P'(R_1, R_2)$ soit nulle ; f définit ainsi une application $C_P \setminus \{\text{nombre fini de points}\} \to C_{P'}$. Puisque la surface de Riemann X_P diffère de C_P par un nombre fini de points, on voit que f définit une application holomorphe $X_P \setminus \{\text{nombre fini de points}\} \to X_{P'}$ si f n'est pas constante (c'est holomorphe car donné par des fonctions rationnelles). La croissance au plus "polynomiale" près des points restants montre qu'elle se prolonge en un morphisme de surfaces de Riemann $X_P \xrightarrow{\phi} X_{P'}$ grâce à la compacité de $X_{P'}$. On a alors :

Corollaire - *Le foncteur* $\mathcal{G} : (C_P \longmapsto X_P, f \longmapsto \phi)$ *est une équivalence de catégories entre courbes affines planes (+ applications rationnelles non constantes) et surfaces de Riemann compactes (+ morphismes non constants). On dit que X_P est la normalisée de C_P.*

> **Preuve** – $\mathcal{G}$ **est fidèle** : des fonctions méromorphes distinctes prennent des valeurs distinctes sur un ouvert de X_P, donc sur des points de C_P.
> $\mathcal{G}$ **est plein** : si $\phi : X_P \to X'_P$ est un morphisme donné, alors $z' \circ \phi$ et $w' \circ \phi$ (où z' et w' sont les fonctions construites sur $X_{P'}$ dans le th.7.1) sont dans $\mathcal{M}(X_P) = \mathrm{Frac}(\mathbf{C}[X,Y]/(P))$, donc sont des fonctions rationnelles, telles que $P'(z', w') \equiv 0$.
> $\mathcal{G}$ **est "surjectif sur les objets"** : si X est une surface de Riemann compacte, alors $\mathcal{M}(X) = \mathrm{Frac}(\mathbf{C}[z,w]/(P))$ où P est irréductible, donc $\mathcal{M}(X) \xrightarrow{\sim} \mathcal{M}(X_P)$, d'où $\mathcal{G}(C_P) = X_P \xrightarrow{\sim} X$. ∎

§3 Courbes algébriques

On donne dans ce paragraphe quelques précisions sur l'équivalence de catégories entre surfaces de Riemann compactes et courbes projectives non singulières. On rappelle brièvement les notions de géométrie algébrique nécessaires. Toutes les démonstrations seront omises (Réf. [H] chap. I).

Les variétés algébriques sont des ensembles de zéros de polynômes (dans l'espace projectif $\mathbf{P}^n(\mathbf{C})$ il faudra prendre des polynômes homogènes à cause de la relation d'équivalence sur $\mathbf{C}^{n+1}$).

Définition - *Soit T un ensemble de polynômes de $\mathbf{C}[X_1, \ldots, X_n]$ (resp. polynômes homogènes de $\mathbf{C}[X_0, \ldots, X_n]$). Leurs zéros communs forment un **sous-ensemble algébrique** de $\mathbf{C}^n$ (resp. $\mathbf{P}^n(\mathbf{C})$). On note aussi $\mathbf{C}^n = \mathbf{A}^n(\mathbf{C})$ quand on tient compte de cette structure algébrique.*

Fait - *Les sous-ensembles algébriques sont les fermés d'une topologie sur $\mathbf{A}^n(\mathbf{C})$ (resp. $\mathbf{P}^n(\mathbf{C})$), dite **topologie de Zariski**.*

Définition - *Une **variété affine** (resp. **projective**) est un sous-ensemble algébrique V de $\mathbf{A}^n(\mathbf{C})$ (resp. $\mathbf{P}^n(\mathbf{C})$) irréductible comme espace topologique (i.e. n'est pas réunion de 2 fermés propres de V). Un ouvert W de V s'appelle **variété quasi-affine** (resp. **quasi-projective**). La **dimension** de W est la longueur n d'une chaîne maximale $V_0 \subset \cdots \subset V_n$ de fermés distincts irréductibles dans W.*

*Ainsi une variété définie dans $\mathbf{A}^n(\mathbf{C})$ ou $\mathbf{P}^n(\mathbf{C})$ par k polynômes est de dimension $n - k$ en général (toujours $\geq n - k$). On dit que W est une **courbe** si sa dimension est 1.*

*Une fonction $f : W \to \mathbf{C}$ est dite **régulière** en $P \in W$ si P a un voisinage U sur lequel $f = g/h$ où g, h sont des polynômes (resp. polynômes homogènes de mêmes degrés) et h ne s'annule pas sur U.*

Fait - *Si W est une variété affine, une fonction f est **régulière sur** W (c'est-à-dire en tout point) si et seulement si f est la restriction à W d'un polynôme : c'est donc une condition globale.*

Définition - *Soient X et Y deux variétés (q.-affines ou q.-projectives).*

$\boxed{1}$ *Un **morphisme** $\phi : X \to Y$ est une application continue telle que si $f : V \to \mathbf{C}$ est régulière sur V =ouvert de Y, alors $f \circ \phi : \phi^{-1}(V) \to \mathbf{C}$ est aussi régulière.*

$\boxed{2}$ *Une **fonction rationnelle** sur X est une classe de couples (U, f) où U est ouvert $\neq \emptyset$ de X, $f : U \to \mathbf{C}$ est régulière, et $(U, f) \sim (V, g)$ si $f = g$ sur $U \cap V$. On montre que ces fonctions forment un corps $K(X)$ de type fini sur $\mathbf{C}$, et de degré de transcendance égal à $\dim X$.*

$\boxed{3}$ *si $P \in X$, on définit **l'anneau local** $\mathcal{O}_P$ des germes de fonctions régulières en P comme en $\boxed{2}$ mais où U est ici un voisinage de P.*

$\boxed{4}$ *Une **application rationnelle** $X \cdots \to Y$ est une classe de couples (U, ϕ) où U est ouvert $\neq \emptyset$ de X, et $\phi : U \to Y$ un morphisme.*

Enfin on doit définir une courbe non singulière. Si X est une variété et $P \in X$, on dit que P est **régulier** (ou **non singulier**) si l'anneau local $\mathcal{O}_P$ est **régulier** (i.e. $\dim_{\mathbf{C}} \mathcal{M}/\mathcal{M}^2 = \dim \mathcal{O}_P$ où M est l'idéal maximal de $\mathcal{O}_P$ et $\dim \mathcal{O}_P$ est la longueur maximale d'une chaîne de premiers). Cela peut s'écrire en terme des équations de X : le point P a un voisinage affine, qu'on peut décrire dans $\mathbf{A}^n(\mathbf{C})$ par

$$\{x \in \mathbf{A}^n(\mathbf{C}) \quad ; \quad f_1(x) = \cdots = f_t(x) = 0\},$$

et P est régulier si et seulement si $\mathrm{rg}\left(\frac{\partial f_i}{\partial x_j}\right) = n - \dim X$ en P (c'est le **critère Jacobien**).

Exemple - Sur une courbe affine plane d'équation $P(x, y) = 0$, un point est régulier si et seulement si l'une des dérivées partielles P'_x et P'_y au moins est non nulle en ce point.

On dira qu'une variété est **non singulière** (ou **lisse**) si tous ses points sont non singuliers.

Revenons à nos équivalences de catégories. On a vu qu'il y a une équivalence $X \to \mathcal{M}(X)$ entre surfaces de Riemann compactes et corps de fonctions d'une variable. Soit C une courbe quasi-projective (toutes celles définies plus haut le sont) ; alors $K(C)$ est un corps de fonctions d'une variable car $\dim C = 1$ (voir le $\boxed{2}$ de la définition précédente). De plus, une application rationnelle non constante $C_1 \cdots \to C_2$ donne par composition un morphisme $K(C_2) \to K(C_1)$. On a donc un foncteur $C \to K(C)$ entre courbes quasi-projectives et corps de fonctions d'une variable. On montre facilement que c'est une équivalence de catégories (cf. [H] p.26). Par exemple, pour voir que tout corps de fonctions d'une variable s'écrit $K(C)$, on l'écrit $\mathbf{C}(f, g)$ où f et g vérifient une équation $P(f, g) = 0$, et alors $C = C_P$ convient. On obtient ainsi un foncteur inverse.
On peut montrer, et c'est important, qu'on peut peut choisir pour C une courbe projective **lisse** (mais en général non plane). Voici la description de 3 procédés permettant d'associer, à un corps de fonctions d'une variable K, une courbe projective lisse C_K avec $K(C_K) \simeq K$.

Première méthode : on construit d'abord une surface de Riemann compacte X_K telle que $\mathcal{M}(X_K) \simeq K$ (par exemple en écrivant $K = \mathrm{Frac}(\mathbf{C}[X, Y]/(P))$ et en appliquant le th.7.1, ou bien en mettant une structure analytique sur l'ensemble des valuations de K, comme dans [L]). On montre alors (voir chap. IX) qu'il existe un plongement $X_K \hookrightarrow \mathbf{P}^n(\mathbf{C})$ comme sous-variété analytique, puis on utilise le **théorème de Chow** (voir [Sha]) : toute sous-variété analytique compacte de $\mathbf{P}^n(\mathbf{C})$ est algébrique, et les fonctions méromorphes correspondent aux fonctions rationnelles.
On obtient ainsi une courbe algébrique projective C_K. De plus, X_K est une variété analytique donc en tout point, $\mathrm{rg}(Jacobien) = n - \dim X_K$ (théorème des fonctions implicites) ce qui revient encore à dire que C_K est non singulière (critère jacobien, voir plus haut).

Deuxième méthode : on met directement une structure algébrique sur l'ensemble $\mathcal{V}(K)$ des valuations de K. On obtient une **courbe algébrique abstraite** (i.e. non quasi-projective a priori ; on l'obtient par recollement de variétés affines). On peut alors montrer que $\mathcal{V}(K)$ est isomorphe, au sens des variétés abstraites, à une courbe projective lisse. En particulier, elle a même corps de fonctions rationnelles. (Réf [H], p.45).

Troisième méthode : on part d'une courbe algébrique (abstraite) C telle que $K(C) = K$ (par exemple C_P si $K \simeq \mathrm{Frac}(\mathbf{C}[X, Y]/(P))$), ou bien $\mathcal{V}(K)$ avec structure algébrique), et on en fait une courbe projective lisse : du point de vue variété abstraite, C est définie comme recollement de variété affines, qui ont des anneaux de fonctions régulières. En recollant les clôtures intégrales de ces anneaux, on obtient une courbe normale $\tilde{C}$, donc lisse (on utilise ici $\dim \tilde{C} = 1$), avec toujours le même corps $K(\tilde{C}) = K$. Alors $\tilde{C}$ est ouvert d'une courbe projective lisse C' (si $\tilde{C} = \bigcup U_i$ où U_i affine $\simeq \mathbf{A}^{n_i}$, on prend l'adhérence dans $\prod \mathbf{P}^{n_i}$, et on normalise à nouveau pour obtenir C').

Dans le cas où C est affine plane, il suffit de la compléter (prendre l'adhérence dans $\mathbf{P}^2$) puis de normaliser, ce qui se fait assez concrètement par éclatement comme ci-contre (voir [Fu]).

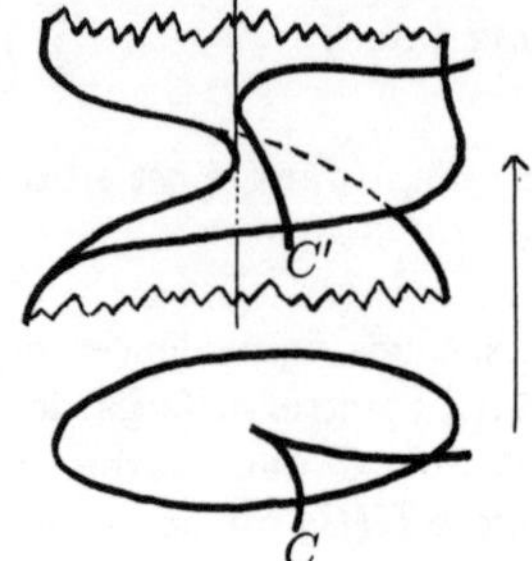

Il y a donc aussi équivalence de catégories entre corps de fonctions d'une variable et courbes projectives lisses (dans cette dernière catégorie, les morphismes sont les applications rationnelles non constantes, mais on montre que toute application rationnelle entre 2 courbes projectives lisses est régulière, c'est-à-dire est un morphisme de variétés).

§4 Formule du genre d'une courbe plane

Soit $P \in C[X,Y]$ irréductible de degré n, C_P la courbe plane qu'il définit. On cherche à calculer son genre, qui est par définition le genre de sa normalisée X_P (en fait de n'importe quelle courbe projective lisse ayant $\mathrm{Frac}(\mathbf{C}[X,Y]/(P))$ pour corps de fonctions rationnelles ; en effet deux telles courbes sont isomorphes comme variétés algébriques, d'après ce qui précède, c'est-à-dire aussi comme surfaces de Riemann.) Voici deux méthodes pour calculer le genre g, la première pour les courbes lisses, l'autre plus générale mais d'autant plus compliquée que la courbe est plus singulière.

a) Différentielles holomorphes sur une courbe lisse

On suppose ici que l'adhérence $\overline{C_P}$ de C_P dans $\mathbf{P}^2(\mathbf{C})$ est lisse, donc ensemblistement $\overline{C_P} = X_P$.

Proposition 7.1 - *Les différentielles* $\omega_{r,s} = \dfrac{x^r y^s}{P'_y(x,y)}dx$ $(r,s \geq 0 \ ; \ r+s \leq n-3)$ *forment une base des différentielles holomorphes sur* $\overline{C_P} = X_P$. *En particulier,* $g = \dfrac{(n-1)(n-2)}{2}$.

> **Preuve** – Le corps des fonctions sur X_P est engendré par x et y. Puisque le quotient de deux différentielles est une fonction, et que $\dfrac{dx}{P'_y(x,y)}$ est une différentielle, toute différentielle ω sur X_P s'écrit $\omega = h(x,y)\dfrac{dx}{P'_y(x,y)}$, où $h \in \mathbf{C}(X,Y)$. Cherchons les conditions sur le polynôme h pour que ω soit holomorphe sur $\overline{C_P}$, et pour commencer sur C_P.

En un point Q où la tangente n'est pas verticale (i.e. où $P'_y(x,y) \neq 0$), la fonction x est une carte locale (voir la construction du th.7.1), et ainsi $\operatorname{ord}_Q dx = 0$, et $\operatorname{ord}_Q P'_y(x,y) = 0$, donc ω est holomorphe en Q si et seulement si h est holomorphe en Q.

Par ailleurs, $\frac{dx}{P'_y} = -\frac{dy}{P'_x}$ (dériver $P(x,y) = 0$) donc $\omega = -h(x,y)\frac{dy}{P'_x}$ et donc en un point Q où $P'_x(x,y) \neq 0$ on a aussi ω holomorphe si et seulement si h holomorphe. Puisque par hypothèse C_P est lisse, tout point vérifie $P'_x \neq 0$ ou $P'_y \neq 0$. Donc ω est holomorphe sur C_P si et seulement si h l'est, c'est-à-dire si h est régulière sur C_P. Mais une fonction régulière sur une courbe affine est un polynôme (voir §3). Par suite, ω est holomorphe sur C_P si et seulement si $h \in \mathbf{C}[X,Y]$. Il reste à voir l'holomorphie à l'infini. Puisqu'on a supposé $\overline{C_P}$ lisse, $\frac{1}{x}$ ou $\frac{1}{y}$ est une carte locale ; supposons que $\frac{1}{x}$ l'est. Alors $dx = -x^2 d(\frac{1}{x})$ est d'ordre -2, et P'_y a un pôle d'ordre $n-1$, et h a un pôle d'ordre $\deg h$ donc ω est holomorphe à l'infini si et seulement si $-\deg h + (n-1) - 2 \geq 0$ soit $\deg h \leq n - 3$. Les différentielles holomorphes sont donc les $h(x,y)\frac{dx}{P'_y(x,y)}$ où h est un polynôme de degré $\leq n - 3$. L'espace de ces polynômes est engendré par les $\frac{(n-1)(n-2)}{2}$ monômes $x^r y^s$ $(r,s \geq 0 ; r + s \leq n - 3)$ qui sont linéairement indépendants modulo P (car de degré $< \deg P$). ∎

Remarque - Si on connait le genre *a priori* (par exemple par la méthode qui suit), il n'y a pas à utiliser le fait que "h régulière sur $C_P \implies h$ polynôme", car si on exhibe les g formes $\omega_{r,s}$ linéairement indépendantes, elles forment nécessairement une base.

b) Projections de C_P sur $\mathbf{P}^1(\mathbf{C})$

On applique la formule de Riemann-Hurwitz à une projection convenable de C_P, par exemple la fonction $f : (x,y) \longmapsto x$ en prenant des coordonnées assez générales pour que $\deg P = \deg_y P$. Ainsi f est un revêtement de $\mathbf{P}^1(\mathbf{C})$ de degré $n = \deg P$, donc $2g - 2 = -2n + \sum_{Q \in X_P}(e_Q - 1)$. Il reste à calculer $R = \sum_{Q \in X_P}(e_Q - 1)$, degré du diviseur de ramification (la somme est sur X_P car pour appliquer Riemann-Hurwitz il faut considérer f comme fonction sur la surface de Riemann X_P). Ce calcul est souvent simple dans un cas concret ; nous esquissons ici la méthode générale.

En un point où $P'_y \neq 0$ il n'y a pas ramification donc on va comparer R au "nombre" $C \cdot C'$ de points d'intersection de $C = \overline{C_P}$ et

$$C' = \text{complété de la courbe d'équation } \{P'_y = 0\}$$

(avec des coordonnées assez générales, C et C' ne se coupent pas à l'infini). Pour cela on définit d'abord $C \cdot C'$; en un point $Q \in C_P$, on définit le **degré d'intersection local** $(C \cdot C')_Q$ ainsi : si $Q_1 \in X_P$ est au-dessus de $f(Q)$ et si $\zeta \longmapsto (x(\zeta), y(\zeta))$ est la paramétrisation locale de X_P en Q_1, on note $(C \cdot C')_{Q_1} =$ ordre en $(\zeta = 0)$ de la fonction $P'_y(x(\zeta), y(\zeta))$, puis on pose

$$(C \cdot C')_Q = \sum_{\substack{Q_i \in X_P \\ \text{au-dessus de } f(Q)}} (C \cdot C')_{Q_i}.$$

(Il est vrai mais non évident que $(C \cdot C')_Q = (C' \cdot C)_Q$ pour $Q \in C \cup C'$).
On définit alors $C \cdot C' = \sum_{Q \in C}(C \cdot C')_Q$, qui peut se calculer grâce au

Théorème 7.3 (Bezout) - *Si C et C' sont deux courbes projectives planes de degrés n et n', alors $C \cdot C' = nn'$.*

> **Esquisse de preuve** – On vérifie d'abord facilement que si L est une droite, alors $L \cdot C' = n'$. On choisit alors n droites $L_1, \ldots, L_n$, et on note $H = \prod L_i$ (en notant encore L_i l'équation de la droite). Alors $\phi = P/H$ (où P est l'équation de C) est une fonction sur C' (car $\deg P = \deg H$). Le diviseur des zéros est de degré $C \cdot C'$ et le diviseur des pôles est de degré $H \cdot C' = \sum_1^n L_i \cdot C' = nn'$; comme ϕ est une fonction, on a $\deg(\phi) = 0$. ∎

Il ne reste plus qu'à comparer localement R et $C \cdot C'$, c'est-à-dire $e_Q - 1$ et $(C \cdot C')_Q$ pour $Q \in X_P$.

Les points où $P'_y = 0$ sont soit des points à tangente verticale, soit des points singuliers sur $\overline{C_P}$.

En un point Q à tangente verticale (quitte à prendre des coordonnées assez générales, on peut supposer qu'un tel point n'est pas singulier, ni d'inflexion), on a alors $e_Q - 1 = 1$ (une fibre voisine admet deux points près de Q) et $(C \cdot C')_Q = 1$ (car le point est régulier).

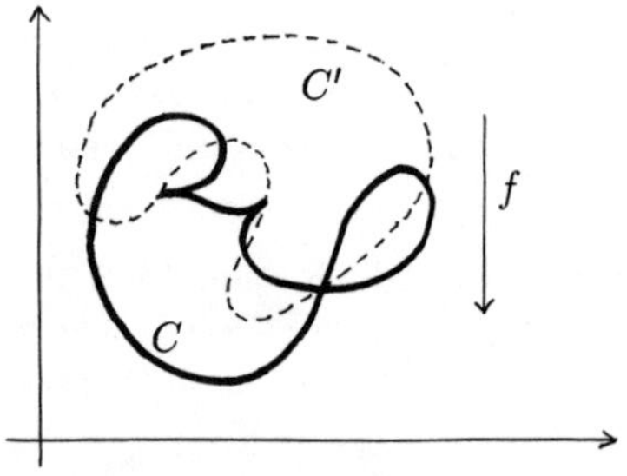

Donc $e_Q - 1 = (C \cdot C')_Q$. Dans le cas où la courbe $\overline{C_P}$ est lisse, on obtient donc $R = C \cdot C' = n(n-1)$ d'où $g = \frac{(n-1)(n-2)}{2}$.

En un point double ordinaire (localement on a $P(x,y) = xy + $degré supérieur) il y a 2 points Q_1 et Q_2 de X_P au-dessus de Q et pas de ramification en ces points (faire le calcul ou regarder la figure précédente sans oublier que sur X_P les 2 branches près du point singulier sont séparées), donc $(e_{Q_1} - 1) + (e_{Q_2} - 1) = 0$. Cependant $(C \cdot C')_Q = 2$, donc localement $R_Q - (C \cdot C')_Q = -2$.

En un point de rebroussement ordinaire (i.e. localement $P = y^2 - x^3 + $ degré ≥ 4) il y a un seul point correspondant sur X_P (car $y^2 = x^3$ irréd. dans $\mathbf{C}\{\{x\}\}[y]$), avec $e_Q - 1 = 1$ (car $y^2 \approx x^3$: 2 valeurs de y pour une valeur de x proche de 0). Par ailleurs $(C \cdot C')_Q = 3$ car la paramétrisation de X_P est $y = \zeta^3$, $x = \zeta^2 \times$unité, donc

$$P'_y(x,y) = 2y + \cdots = 2\zeta^3 + \cdots .$$

Donc ici encore $R_Q - (C \cdot C')_Q = -2$. D'où pour commencer sur C_P.

Corollaire - *Si $\overline{C_P}$ a r points doubles ordinaires, k rebroussements ordinaires et pas d'autre singularité, alors*

$$g = \frac{(n-1)(n-2)}{2} - r - k.$$

Et on peut continuer ainsi pour les singularités plus compliquées.

Remarque - On verra (chap. IX) que toute surface de Riemann compacte admet un plongement dans $\mathbf{P}^3(\mathbf{C})$. Il est donc naturel de chercher s'il y a un lien entre le degré d et le genre g d'une courbe lisse C de $\mathbf{P}^3(\mathbf{C})$. Gruson et Peskine ont montré que les possibilités sont les suivantes (Réf. : Hartshorne, Séminaire Bourbaki, 1982) :

a) Si C est plane, $g = \frac{1}{2}(d-1)(d-2)$, et pour tout d il existe une telle courbe.

b) Si C est contenue dans une quadrique, il existe deux entiers a, b tels que $d = a+b$ et $g = (a-1)(b-1)$; et pour tous $a, b > 0$ il existe une telle courbe.

c) Si C n'est pas dans un plan ou une quadrique, alors $0 \leq g \leq \frac{1}{6}d(d-3) + 1$, et tous les tels couples (g, d) sont possibles.

Chapitre VIII

Cohomologie des faisceaux

Il s'agit ici d'une introduction à la cohomologie des faisceaux, qui sera utilisée au chapitre suivant pour une démonstration de Riemann-Roch, indépendante du théorème d'existence du chapitre III. En conséquence, la théorie est traitée avec un *minimum* de généralité (sauf quelques remarques au début du §2 destinées à pouvoir se raccrocher avec la littérature sur le sujet), et certaines démonstrations sont omises pour ne pas cacher les principes essentiels de la théorie. On trouvera un peu plus de détails (très acessibles) dans [Fo], un exposé plus général dans [H] ou [G-H], et tout ce que vous avez voulu savoir ... dans Godement (topologie algébrique et théorie des faisceaux ; Hermann) et Dieudonné-Grothendieck (E.G.A. ; Springer Verlag et Pub. math. IHES).

§1 Faisceaux

X désigne ici une surface de Riemann (mais presque tout reste vrai sur un espace topologique quelconque). Les faisceaux sur X servent à étudier des problèmes globaux sur X, dont la résolution locale est connue ; le cas typique est le problème de Mittag-Leffler ou celui de Riemann-Roch : étudier les fonctions ou différentielles méromorphes sur X ayant des comportements locaux donnés (singularités, parties principales,...).

Deux choses sont donc importantes dans un faisceau (prenons pour exemple le faisceau $\mathcal{O}_X$ des fonctions holomorphes) :

$\boxed{1}$ Le point de vue global est représenté par l'ensemble des sections globales ; pour notre exemple, c'est $\mathcal{O}_X(X) = \{$fonctions holomorphes sur $X\}$.

$\boxed{2}$ Le point de vue local, représenté par les fibres aux points $P \in X$. Par exemple, la fibre $\mathcal{O}_{X,P}$ pour notre exemple est l'ensemble des germes de fonctions holomorphes en P ; elle s'identifie à $\mathbf{C}\{\{z\}\}$ (séries convergentes) où z est une carte en P.

Pour relier les deux, on étudie les sections sur des ouverts qui varient ; dans notre exemple, on étudie $\mathcal{O}_X(U) = \{$fonctions holomorphes sur $U\}$ où U est un ouvert de X.

Comment retrouver un germe de fonctions à partir de fonctions définies sur des ouverts ? Un germe (de fonction holomorphe) en $P \in X$ est la donnée d'une fonction holomorphe sur un voisinage **non précisé** de P, c'est-à-dire qu'on identifie deux telles fonctions si elles coïncident sur un voisinage de P. Autrement dit la fibre $\mathcal{O}_{X,P}$ est la limite inductive des ensembles $\mathcal{O}_X(U)$ pour les applications de restriction naturelles, quand U parcourt les voisinages de P.

On formalise maintenant ces notions pour les étendre à d'autres classes de fonctions :

Définition - *Un* **préfaisceau** $\mathcal{F}$ *de groupes sur X est la donnée de groupes $\mathcal{F}(U)$ pour tout ouvert U de X, et de morphismes (dits de "restriction") $\rho_U^V : \mathcal{F}(U) \to \mathcal{F}(V)$ si $V \subset U$ vérifiant*

$$\boxed{1} \;\; \mathcal{F}(\emptyset) = \{0\} \qquad \boxed{2} \;\; \rho_U^U = id \qquad \boxed{3} \;\; \rho_U^W = \rho_V^W \circ \rho_U^V.$$

(Ces conditions seront toujours triviales à vérifier en pratique).
On dit que le préfaisceau $\mathcal{F}$ est un **faisceau** *si de plus*
$\boxed{4}$ *Si $U = \bigcup_\alpha U_\alpha$ et $s_\alpha \in \mathcal{F}(U_\alpha)$ vérifient*

$$\rho_{U_\alpha}^{U_\alpha \cap U_\beta} s_\alpha = \rho_{U_\beta}^{U_\alpha \cap U_\beta} s_\beta,$$

alors il existe un unique $s \in \mathcal{F}(U)$ tel que $\forall \alpha \quad \rho_U^{U_\alpha} s = s_\alpha$. Autrement dit, la condition pour être dans $\mathcal{F}(U)$ est locale (cette condition devra être parfois soigneusement vérifiée sous peine de canulars).
Un $s \in \mathcal{F}(U)$ s'appelle une **section de $\mathcal{F}$ sur U**.
Un $s \in \mathcal{F}(X)$ s'appelle une **section globale de $\mathcal{F}$**.
Si $P \in X$, la **fibre** *de $\mathcal{F}$ en P est $\mathcal{F}_P = \varinjlim_{U \ni P} \mathcal{F}(U)$ (les* **"germes"** *de sections de $\mathcal{F}$ au voisinage de P). Il y a alors des morphismes naturels $\rho_U^P : \mathcal{F}(U) \to \mathcal{F}_P$ (pour $P \in U$) où ρ_U^P associe à chaque section son germe en P (par exemple à une fonction holomorphe on associe son développement de Taylor au point considéré).*

Exemples - $\boxed{1}$ (Pour fixer les notations). Si X est une surface de Riemann fixée, on note $\mathcal{O}$ le faisceau des fonctions holomorphes :

$$\mathcal{O}(U) = \{\text{fonctions holomorphes sur } U\}.$$

$\mathcal{E} = \mathcal{E}^{0,0}$ le faisceau des fonctions $\mathcal{C}^\infty$, et plus généralement:
$\mathcal{E}^{r,s}$ le faisceau des différentielles $\mathcal{C}^\infty$ de type (r,s), c'est-à-dire s'écrivant localement $f(z)(dz)^r \wedge (d\bar{z})^s$ avec $f \in \mathcal{C}^\infty$.
$\mathcal{E}^1 = \{1 - \text{formes } \mathcal{C}^\infty\}, \quad \mathcal{E}^2 = \mathcal{E}^{1,1} = \{2 - \text{formes } \mathcal{C}^\infty\}.$
$\mathcal{O}^* = $ fonctions holomorphes sans zéro : c'est le faisceau de groupes (multiplicatifs) défini par $\mathcal{O}^*(U) = \{\text{fonctions holomorphes sur } U, \text{ sans zéro sur } U\}$.
$\Omega = $ différentielles holomorphes.

$\boxed{2}$ Soit $D = \sum n_P.(P)$ un diviseur sur X (S.R. compacte). On note $\mathcal{O}_D$ le faisceau des fonctions méromorphes de diviseur $\geq -D$, soit

$$\mathcal{O}_D(U) = \{f \in \mathcal{M}(U) \;\; ; \;\; (f) + D \mid_U \geq 0\}.$$

Les sections globales de $\mathcal{O}_D$ forment bien entendu l'espace vectoriel $\mathcal{L}(D)$ (voir chap. V). Cherchons la fibre en P : on fixe une carte locale z ; une fonction f est représentée dans la fibre par son développement de Laurent en P et la condition locale en P pour que $f \in \mathcal{O}_D(U)$ est que $\text{ord}_P f \geq -n_P$. Ainsi la fibre est $\mathcal{O}_{D,P} \approx z^{-n_P}.\mathbf{C}\{\{z\}\}$ (comme module sur $\mathbf{C}\{\{z\}\} \approx \mathcal{O}_P$).
On définit de même le faisceau Ω_D des différentielles méromorphes de diviseur $\geq -D$.

$\boxed{3}$ **Faisceau gratte-ciel** en $P \in X$.

$$\mathcal{F}(U) = \begin{cases} \mathbf{C} & \text{si } P \in U \\ 0 & \text{sinon} \end{cases} \qquad \text{et} \qquad \rho_U^V = \begin{cases} id & \text{si } P \in V \\ 0 & \text{sinon} \end{cases}.$$

Cela définit bien un faisceau (exercice!), noté $\mathbf{C}_P$ (ne pas confondre avec la fibre en P du faisceau constant $\mathbf{C}$ défini plus loin). On peut remplacer $\mathbf{C}$ par n'importe quel groupe. Cherchons les fibres de ce faisceau : en $Q \neq P$, tout voisinage assez petit de Q ne contient pas P, donc une section y est toujours nulle, d'où $\mathcal{F}_Q = \{0\}$. Par contre tout voisinage de P contient P et la restriction ρ_U^V pour deux tels voisinages est l'identité, donc $\mathcal{F}_P = \mathbf{C}$. Donc $\mathcal{F}$ a une seule fibre non nulle, égale à $\mathbf{C}$, au point P.

$\boxed{4}$ **Faisceau constant.** Soit G un groupe abélien. Si on associe G à chaque ouvert non vide U (avec l'identité pour restrictions), on obtient un préfaisceau qui n'est pas un faisceau : c'est le préfaisceau des fonctions constantes à valeur dans G, et la propriété d'être constante n'est pas locale (à cause des ouverts non connexes). Par contre, la donnée de $\underline{G}(U) = \{\text{fonctions localement constantes } U \to G\}$ avec les restrictions naturelles, définit un faisceau noté $\underline{G}$ (ou abusivement G), appelé faisceau constant de groupe G. Toutes ses fibres sont isomorphes à G.

Définition - *Un* **morphisme** *de faisceaux* $\phi : \mathcal{F} \to \mathcal{G}$ *est la donnée de morphismes* $\phi_U : \mathcal{F}(U) \to \mathcal{G}(U)$ *commutant aux restrictions de* $\mathcal{F}$ *et* $\mathcal{G}$. *On obtient ainsi la catégorie des faisceaux. Un morphisme* $\phi : \mathcal{F} \to \mathcal{G}$ *est dit* **injectif** *(resp.* **surjectif***) si tous les morphismes* $\phi_P : \mathcal{F}_P \to \mathcal{G}_P$ *induits sur les fibres sont injectifs (resp. surjectifs).*

Attention - Cette dernière définition est locale ; c'est sans importance pour l'injectivité, mais essentiel pour la surjectivité (de là découlera toute la cohomologie). Autrement dit :

$\boxed{1}$ Les sous-groupes $\ker \phi_U$, avec les restrictions de $\mathcal{F}$, forment un faisceau $\ker \phi$, et on montre que ϕ est injectif si et seulement si $\ker \phi = 0$ ($\iff$ $\forall U, \phi_U$ est injective).

$\boxed{2}$ Par contre, les $\operatorname{Im} \phi_U$ avec les restrictions de $\mathcal{G}$ forment un préfaisceau $\mathcal{I}$ qui n'est pas un faisceau en général (**exercice** : montrer que c'en est un si ϕ est injectif). A tout préfaisceau on sait associer canoniquement un faisceau qui a les mêmes fibres (si on part déjà d'un faisceau, on ne change rien). Le faisceau associé à $\mathcal{I}$ se note $\operatorname{Im} \phi$, et on montre alors que ϕ est surjectif si et seulement si $\operatorname{Im} \phi \approx \mathcal{G}$: cela ne veut pas dire que ϕ_U est surjectif pour tout U (voir les exemples plus bas). Par définition des limites inductives, ϕ est surjectif si et seulement si pour tout U et tout $g \in \mathcal{G}(U)$, il y a un recouvrement $U = \bigcup V_\alpha$ et des $f_\alpha \in \mathcal{F}(V_\alpha)$ avec $\phi_{V_\alpha}(f_\alpha) = \rho_U^{V_\alpha} g$.
Par exemple, il suffit que ϕ_V soit surjectif pour V dans une base d'ouverts.

Définition - *On dit qu'une suite* $\mathcal{F} \xrightarrow{\phi} \mathcal{G} \xrightarrow{\psi} \mathcal{H}$ *est* **exacte** *si elle l'est sur les fibres :* *pour tout* P, *la suite* $\mathcal{F}_P \xrightarrow{\phi_P} \mathcal{G}_P \xrightarrow{\psi_P} \mathcal{H}_P$ *est exacte.* ($\iff$ $\ker \psi = \operatorname{Im} \phi$ *avec la définition précédente de* $\operatorname{Im} \phi$*).*

Puisque $(\operatorname{Im}\phi)(U) = \operatorname{Im}(\phi(U))$ si ϕ est injectif (exercice plus haut), on a

Proposition 8.1 - *Si la suite*

$$0 \to \mathcal{F} \xrightarrow{\phi} \mathcal{G} \xrightarrow{\psi} \mathcal{H} \to 0$$

est exacte, alors pour tout ouvert U,

$$0 \to \mathcal{F}(U) \xrightarrow{\phi_U} \mathcal{G}(U) \xrightarrow{\psi_U} \mathcal{H}(U)$$

est exacte (mais ψ_U n'est pas surjective en général).

Exemple 1 : l'exponentielle. On définit le morphisme $\phi = \exp : \mathcal{O}_X \to \mathcal{O}_X^*$ par $\phi_U(f) = \exp(2i\pi f)$ pour $f \in \mathcal{O}_X(U)$.

Sur un disque conforme épointé $U \approx D^*$, la fonction z (carte locale) ne s'annule pas mais n'a pas de logarithme uniforme, donc ϕ_U n'est pas surjective. Mais ϕ est surjectif car sur un ouvert simplement connexe toute fonction holomorphe sans zéro a un logarithme, et ces ouverts forment une base : un germe en P de fonction holomorphe non nulle a un représentant f non nul sur un voisinage simplement connexe de P, donc ce f a un logarithme et le germe de $(\log f)/2i\pi$ a pour image par ϕ le germe de départ.

Le noyau de ϕ est le faisceau constant $\underline{\mathbf{Z}}$ car une fonction holomorphe dans le noyau de ϕ_U est à valeurs dans $\mathbf{Z}$, et donc localement constante. On a ainsi une suite exacte

$$0 \longrightarrow \underline{\mathbf{Z}} \longrightarrow \mathcal{O}_X \xrightarrow{\exp} \mathcal{O}_X^* \to 0.$$

Exemple 2 : Le ∂, théorème de Dolbeault. Si $f \in \mathcal{E}_X(U)$, alors $\frac{\partial f}{\partial \bar{z}} d\bar{z}$ définit une forme différentielle de type $(0,1)$ sur U, qu'on note $\bar{\partial} f$. On obtient ainsi un morphisme $\mathcal{E}_X \xrightarrow{\bar{\partial}} \mathcal{E}_X^{0,1}$. On sait qu'une fonction C^∞ est holomorphe si et seulement si $\partial f/\partial \bar{z} = 0$, d'où une suite exacte $0 \to \mathcal{O}_X \to \mathcal{E}_X \xrightarrow{\bar{\partial}} \mathcal{E}_X^{0,1}$. La surjectivité de $\bar{\partial}$ est donnée par le théorème de Dolbeault :

Théorème 8.1 - $\boxed{1}$ *Soit $0 < r_1 < r_2 \leq +\infty$ et D_{r_1}, D_{r_2} les disques de centre 0 et rayons r_1, r_2 dans $\mathbf{C}$. Si $g \in \mathcal{E}_{\mathbf{C}}(D_{r_2})$, il existe $f \in \mathcal{E}_{\mathbf{C}}(D_{r_1})$ telle que $\partial f/\partial \bar{z} = g$ sur D_{r_1}.*

$\boxed{2}$ *En particulier, la suite* $\quad 0 \to \mathcal{O}_X \to \mathcal{E}_X \xrightarrow{\bar{\partial}} \mathcal{E}_X^{0,1} \to 0 \quad$ *est exacte.*

Preuve – (Détails dans [Fo]) $\boxed{1}$ Quitte à multiplier g par une fonction plateau C^∞, on peut supposer g nulle hors du compact

$$K = \{|z| \leq (r_1 + r_2)/2\}.$$

On définit

$$f(z) = \frac{1}{2i\pi} \iint_{\mathbf{C}} g(z + \zeta) \frac{d\zeta \wedge d\bar{\zeta}}{\zeta}.$$

En écrivant l'intégrale en coordonnées polaires, on voit que f est $\mathcal{C}^\infty$. De plus,

$$\frac{\partial f}{\partial \bar{z}} = \frac{1}{2i\pi} \iint \frac{\partial g(z+\zeta)}{\partial \bar{z}} \frac{d\zeta \wedge d\bar{\zeta}}{\zeta} = \lim_{\varepsilon \to 0} \frac{1}{2i\pi} \iint_{|\zeta| \geq \varepsilon} d\omega$$

où $\omega = -g(z+\zeta)\frac{d\zeta}{\zeta}$. On applique Stokes en remarquant que

$$\lim_{\varepsilon \to 0} \frac{1}{2i\pi} \int_{|\zeta|=\varepsilon} \omega = g(z)$$

d'où $\boxed{1}$.

$\boxed{2}$ Si un germe $u \in \mathcal{E}^{0,1}_{X,P}$, il s'écrit $g\,d\bar{z}$ où g est $\mathcal{C}^\infty$ sur un disque conforme autour de P. Sur un disque plus petit, on a $g\,d\bar{z} = \bar{\partial}f$ où f est $\mathcal{C}^\infty$ (par $\boxed{1}$), donc $\bar{\partial}$(germe de f) $= u$.   ■

Remarque - L'application $\omega \longmapsto d\omega$ induit un morphisme $\mathcal{E}^{1,0} \xrightarrow{\ d\ } \mathcal{E}^2$, dont le noyau est Ω (puisque $d(f\,dz) = \frac{\partial f}{\partial \bar{z}}dz\,d\bar{z}$), et le $\boxed{1}$ du théorème montre que $0 \to \Omega \to \mathcal{E}^{1,0} \xrightarrow{\ d\ } \mathcal{E}^2 \to 0$ est exacte.

Corollaire - *Le* $\boxed{1}$ *du théorème reste vrai avec $r_1 = r_2$ (donc si U est un disque conforme, $\bar{\partial}_U : \mathcal{E}(U) \to \mathcal{E}^{0,1}(U)$ est surjectif).*

Preuve – Soit $(D(n))$ une suite strictement croissante de disques (centrés en 0) de réunion D_{r_2}. Pour tout n, il y a une fonction f_n, de classe $\mathcal{C}^\infty$ sur $D(n)$ telle que $\partial f_n / \partial \bar{z} = g$ sur $D(n)$. Alors $f_n - f_{n-1}$ est holomorphe sur $D(n-1)$ (car sans $\bar{\partial}$). Quitte à modifier f_n par un polynôme (ce qui ne change pas son $\bar{\partial}$), on peut supposer $|f_n - f_{n-1}| < 2^{-n}$ sur $D(n-2)$ (car c'est relativement compact dans $D(n-1)$ et les polynômes sont denses). On pose alors $f = f_m + \sum_{n=m}^{\infty}(f_{n+1} - f_n)$ sur $D(m)$, ce qui définit bien une fonction f sur D telle que $\partial f / \partial \bar{z} = g$ puisque la somme est holomorphe.   ■

§2 Cohomologie

On se donne une suite exacte

$$0 \longrightarrow \mathcal{F} \xrightarrow{\ \phi\ } \mathcal{G} \xrightarrow{\ \psi\ } \mathcal{H} \longrightarrow 0$$

de faisceaux sur X, et on regarde la suite

$$0 \longrightarrow \mathcal{F}(X) \xrightarrow{\ \phi_X\ } \mathcal{G}(X) \xrightarrow{\ \psi_X\ } \mathcal{H}(X)$$

des sections globales ; on sait que ψ_X n'est pas toujours surjective (voir l'exponentielle) et on cherche son conoyau : on cherche donc à prolonger notre suite vers la droite en une suite exacte. C'est ce problème que résolvent les groupes de cohomologie.

Ces groupes ont plusieurs définitions. Voici d'abord quelques définitons et résultats généraux (valables sur tout espace topologique X) sans démonstration (voir [H] pour plus de détails), destinés à situer par rapport aux exposés de la littérature les résultats qui suivront sur la cohomologie de Čech.

a) Principes généraux

$\boxed{1}$ En utilisant les foncteurs dérivés (voir [H] ou les E.G.A.) ou la résolution canonique de Godement (voir le livre de Godement), on définit des foncteurs $H^p(X,.)$ de la catégorie des faisceaux de groupes abéliens (sur X) dans celle des groupes abéliens, tels que $H^0(X,\mathcal{F}) = \mathcal{F}(X)$ (les sections globales) et toute suite exacte $0 \longrightarrow \mathcal{F} \overset{\phi}{\longrightarrow} \mathcal{G} \overset{\psi}{\longrightarrow} \mathcal{H} \longrightarrow 0$ donne lieu naturellement à une suite exacte longue

$$0 \longrightarrow \mathcal{F}(X) \longrightarrow \mathcal{G}(X) \longrightarrow \mathcal{H}(X) \overset{\delta_1}{\longrightarrow} H^1(X,\mathcal{F}) \longrightarrow H^1(X,\mathcal{G}) \longrightarrow$$
$$\longrightarrow H^1(X,\mathcal{H}) \overset{\delta_2}{\longrightarrow} H^2(X,\mathcal{F}) \longrightarrow \cdots$$

$\boxed{2}$ Des théorèmes d'annulation assurent que certains groupes $H^p(X,\mathcal{F})$ sont nuls (par exemple si $p > \dim X$ où X est noethérien, ou bien si $\mathcal{F}$ vérifie certaines propriétés — voir plus loin les exemples de faisceaux "acycliques") ; cela permet d'avoir une suite longue **finie**.

$\boxed{3}$ Les groupes $H^p(X,\mathcal{F})$ (définis abstraitement) peuvent souvent être calculés par la recette suivante :
Soit
$$0 \to \mathcal{F} \to \mathcal{L}^0 \overset{d_0}{\to} \mathcal{L}^1 \overset{d_1}{\to} \mathcal{L}^2 \to \cdots$$

une résolution de $\mathcal{F}$ (c'est-à-dire une suite exacte commençant par $0 \to \mathcal{F} \to \cdots$) en faisceaux $\mathcal{L}^i$ acycliques (cf. plus bas). Alors

$$H^p(X,\mathcal{F}) \overset{\sim}{\longrightarrow} \ker\left(d_p : \mathcal{L}^p(X) \to \mathcal{L}^{p+1}(X)\right) / d_{p-1}(\mathcal{L}^{p-1}(X)).$$

Un faisceau $\mathcal{L}$ est dit **acyclique** si $\forall i > 0, H^i(X,\mathcal{L}) = \{0\}$.

Exemples de faisceaux acycliques

$\boxed{a}$ Si les restrictions ρ_X^V de $\mathcal{F}$ sont surjectives, $\mathcal{F}$ est dit **flasque** (par exemple un faisceau gratte-ciel). On peut montrer qu'un faisceau flasque est acyclique. (C'est ainsi qu'on montre que les H^p définis par foncteurs dérivés sont les mêmes que par la résolution de Godement, car c'est une résolution flasque).

$\boxed{b}$ Pour que $\mathcal{F}$ soit acyclique, il suffit qu'il soit **fin**, c'est-à-dire que pour tout recouvrement localement fini (U_α), il y ait une "partition de l'unité" associée, i.e. des $\eta_\alpha : \mathcal{F} \to \mathcal{F}$ à support $\subset U_\alpha$ avec $\sum_\alpha \eta_\alpha(f) = f$ pour tout germe $f \in \mathcal{F}_P$. Par exemple les faisceaux $\mathcal{E}^{r,s}$ sur une surface de Riemann sont fins (η_α est la multiplication par une fonction ψ_α, $\mathcal{C}^\infty$, nulle hors de U_α, telle que $\sum \psi_\alpha \equiv 1$).

$\boxed{c}$ La "résolution de Čech" est acyclique. Cela permet de montrer que les groupes de cohomologie de Čech, que l'on va définir maintenant, sont les mêmes que les autres.

b) Cohomologie de Čech

C'est une théorie assez explicite, et on donnera une bonne partie des démonstrations, indépendantes du a) qui précède. Pour plus de détails, voir [Fo]. On se place sur une surface de Riemann X, et on définira (et utilisera) seulement H^0 et H^1, ce qui simplifie l'écriture.

Soit $U = (U_i)$ un recouvrement ouvert de X, et $\mathcal{F}$ un faisceau sur X. On définit les groupes des **0- , 1- et 2-cochaînes** par

$$C^0(U, \mathcal{F}) = \prod_i \mathcal{F}(U_i)$$

$$C^1(U, \mathcal{F}) = \prod_{i,j} \mathcal{F}(U_i \cap U_j)$$

$$C^2(U, \mathcal{F}) = \prod_{i,j,k} \mathcal{F}(U_i \cap U_j \cap U_k)$$

et les opérateurs de cobord (notés abusivement de la même façon) :

$$\delta : \begin{array}{ccc} C^0 & \longrightarrow & C^1 \\ (f_i)_i & \longmapsto & (f_j - f_i)_{i,j} \end{array}$$

et

$$\delta : \begin{array}{ccc} C^1 & \longrightarrow & C^2 \\ (f_{ij})_{i,j} & \longmapsto & (f_{jk} - f_{ik} + f_{ij})_{i,j,k} \end{array} \cdot$$

L'image $B^1 = B^1(U, \mathcal{F})$ de $\delta : C^0 \to C^1$ est le groupe des **1-cobords**.
Le noyau $Z^1 = Z^1(U, \mathcal{F})$ de $\delta : C^1 \to C^2$ est le groupe des **1-cocycles**.

Exercice - *Si (f_{ij}) est un cocycle, alors $f_{ii} = 0$, et même $f_{ij} = -f_{ji}$.*

On a visiblement $\delta \circ \delta = 0$, donc $B^1 \subset Z^1$, et on pose

$$H^1(U, \mathcal{F}) = Z^1(U, \mathcal{F})/B^1(U, \mathcal{F}).$$

On va supprimer la dépendance en U par raffinements : soit $V = (V_j)$ un recouvrement plus fin que U (ce qu'on note $U < V$), c'est-à-dire qu'il existe $\tau : j \longmapsto \tau(j)$ telle que pour tout j, $V_j \subset U_{\tau(j)}$. L'application de raffinement τ et les restrictions de $\mathcal{F}$ définissent naturellement une application $Z^1(U, \mathcal{F}) \to Z^1(V, \mathcal{F})$ qui conserve les cobords, d'où une application $t_V^U : H^1(U, \mathcal{F}) \to H^1(V, \mathcal{F})$.

Lemme - *t_V^U est indépendante de τ, injective, et $t_W^U = t_W^V \circ t_V^U$ si $W < V < U$.*

> **Preuve** – Laissée au lecteur (ou voir [Fo] p.98).   ∎

Définition - *On pose $H^1(X,\mathcal{F}) = \varinjlim H^1(U,\mathcal{F})$ où on prend la limite inductive sur le système de tous les recouvrements ouverts de X, avec les applications t_V^U pour $V < U$. C'est le* **premier groupe de cohomologie de Čech de** X à **valeurs dans** $\mathcal{F}$.

Remarque - ⟨1⟩ Puisque les t_V^U sont injectives, on a des injections

$$H^1(U,\mathcal{F}) \longhookrightarrow H^1(X,\mathcal{F}).$$

En particulier, $H^1(X,\mathcal{F}) = 0 \iff \forall U,\ H^1(U,\mathcal{F}) = 0$.

⟨2⟩ Si $\mathcal{F}$ est un faisceau de **C**-espaces vectoriels (i.e. les $\mathcal{F}(U)$ sont des espaces vectoriels et les ρ_U^V sont **C**-linéaires) alors $H^1(X,\mathcal{F})$ est un **C**-espace vectoriel. On s'intéressera souvent à sa dimension.

Définition - *On note $B^0(U,\mathcal{F}) = \{0\}$ et $Z^0(U,\mathcal{F}) = \ker(\delta : C^0 \to C^1)$ (les 0-cobords et 0-cocycles). Soit $H^0(U,\mathcal{F}) = Z^0/B^0 \approx Z^0(U,\mathcal{F})$. Si $(f_i) \in Z^0(U,\mathcal{F})$, les f_i coïncident sur les intersections $U_i \cap U_j$, donc puisque $\mathcal{F}$ est un faisceau ils proviennent d'une relation globale. Ainsi $Z^0(U,\mathcal{F}) \approx \mathcal{F}(X)$ est indépendant de U, et il est naturel de poser $H^0(X,\mathcal{F}) = \mathcal{F}(X)$ (on n'a pas à prendre de limite).*

Soit $\phi : \mathcal{F} \to \mathcal{G}$ un morphisme de faisceaux. On sait qu'il induit

$$\phi^0 = \phi_X : H^0(X,\mathcal{F}) = \mathcal{F}(X) \to H^0(X,\mathcal{G}) = \mathcal{G}(X).$$

Par ailleurs, si U est un recouvrement de X et $(f_{ij}) \in C^1(U,X)$, on lui associe $\left(\phi_{U_i \cap U_j}(f_{ij})\right) \in C^1(U,\mathcal{G})$; cela conserve les cocylces et cobords, d'où un morphisme $\phi^{1,U} : H^1(U,\mathcal{F}) \to H^1(U,\mathcal{G})$ qui donne à la limite un morphisme $\phi^1 : H^1(X,\mathcal{F}) \to H^1(X,\mathcal{G})$.

Soit maintenant $0 \longrightarrow \mathcal{F} \xrightarrow{\phi} \mathcal{G} \xrightarrow{\psi} \mathcal{H} \longrightarrow 0$ une suite exacte de faisceaux. On construit un homomorphisme $\delta^* : H^0(X,\mathcal{H}) \to H^1(X,\mathcal{F})$ de la façon suivante : soit $h \in H^0(X,\mathcal{H}) = \mathcal{H}(X)$. Puisque ψ est surjectif (sur les fibres), il y a un recouvrement $U = (U_i)$ et une cochaîne $(g_i) \in C^0(U,\mathcal{G})$ telle que $\psi_{U_i}(g_i) = h$ sur U_i. Alors sur $U_i \cap U_j$, $g_i - g_j$ est dans $\ker \psi_{U_i \cap U_j} = \operatorname{Im} \phi_{U_i \cap U_j}$ d'où une cochaîne $(f_{ij} \in C^1(U,\mathcal{F})$ telle que $\phi(f_{ij}) = g_j - g_i$ sur $U_i \cap U_j$. On a alors $\phi(f_{jk} - f_{ik} + f_{ij}) = 0$, et comme ϕ est injective, (f_{ij}) est un cocycle dans $Z^1(U,\mathcal{F})$. Sa classe dans $H^1(X,\mathcal{F})$ ne dépend que de h, on la note $\delta^*(h)$.

Théorème 8.2 - *La suite*

$$0 \to \mathcal{F}(X) \xrightarrow{\phi^0} \mathcal{G}(X) \xrightarrow{\psi^0} \mathcal{H}(X) \xrightarrow{\delta^*} H^1(X,\mathcal{F}) \xrightarrow{\phi^1} H^1(X,\mathcal{G}) \xrightarrow{\psi^1} H^1(X,\mathcal{H})$$

est exacte.

> **Preuve** – On a déjà vu l'exactitude en $\mathcal{F}(X)$ et $\mathcal{G}(X)$. Il reste les 3 autres égalités à montrer, soit 6 inclusions. Montrons en une des 6 (les autres, du même type, sont laissées au lecteur, voir [Fo] p.123) :
>
> $\boxed{\ker \delta^* \subset \operatorname{Im} \psi^0}$: si $\delta^* h = 0$, (f_{ij}) est un cobord, i.e. $f_{ij} = f_j - f_i$ où $(f_i) \in C^0(U,\mathcal{F})$. On pose $g_i' = g_i - \phi^0(f_i)$. Alors $g_i' = g_j'$ sur $U_i \cap U_j$ (car $g_j - g_i = \phi(f_{ij})$) donc $g_i' = g|_{U_i}$ où $g \in \mathcal{G}(X)$, et alors $\psi^0(g) = \psi^0(g_i - \phi^0(f_i)) = \psi^0(g_i) = h$ sur U_i pour tout i. ∎

Corollaire - *Si de plus* $H^1(X,\mathcal{G}) = 0$, *alors* $H^1(X,\mathcal{F}) \approx H(X)/\psi^0(\mathcal{G}(X))$.

(Enoncé à rapprocher du calcul des H^p par résolution acyclique, voir §2a).

Voici quelques exemples de calcul de H^1 :

Proposition 8.2 - $H^1(X,\mathcal{E}) = 0$, *et de même pour* $\mathcal{E}^{r,s}$

(Enoncé à rapprocher de "faisceau fin" $\Longrightarrow$ "faisceau acyclique", §2a)

    Preuve – Soit $U = (U_i)$ un recouvrement ouvert de X. Puisque X a une base dénombrable, il y a une partition $\mathcal{C}^\infty$ de l'unité associée, i.e. des fonctions ψ_i de classe $\mathcal{C}^\infty$, avec $\operatorname{Supp}\psi_i \subset U_i$, chaque point de X ne rencontrant qu'un nombre fini de $\operatorname{Supp}\psi_i$, et $\sum \psi_i \equiv 1$. Alors si $(f_{ij}) \in Z^1(U,\mathcal{E})$, on étend $f_{ij}\psi_j$ à tout U_i par 0 hors de U_j, donc on le considère dans $\mathcal{E}(U_i)$. Soit $g_i = \sum \psi_j f_{ji}$ (somme localement finie), donc $g_i \in \mathcal{E}(U_i)$. Alors

$$g_i - g_k = \sum_j \psi_j(f_{ji} - f_{jk}) = \sum_j \psi_j f_{ki} = f_{ki},$$

donc (f_{ij}) est un cobord.   ∎

Corollaire 1 - $\boxed{1}$ $H^1(X,\mathcal{O}) \approx \mathcal{E}^{0,1}(X)/\bar{\partial}\mathcal{E}(X)$ et $H^1(X,\Omega) \approx \mathcal{E}^2(X)/d\mathcal{E}^{1,0}(X)$.
$\boxed{2}$ *En particulier, si D est un disque dans* $\mathbf{C}$ *(éventuellement égal à* $\mathbf{C}$*) alors* $H^1(D,\mathcal{O}) = 0$.

    Preuve – $\boxed{1}$ résulte de la suite exacte de Dolbeault

$$0 \to \mathcal{O} \to \mathcal{E} \to \mathcal{E}^{0,1} \to 0$$

(ainsi que $0 \to \Omega \to \mathcal{E}^{0,1} \to \mathcal{E}^2 \to 0$) et du cor. au th. 8.2.

    $\boxed{2}$ résulte alors du corollaire au th. 8.1 (version forte de Dolbeault).   ∎

Corollaire 2 - *Si X est simplement connexe, alors*
$\boxed{1}$ $H^1(X,\mathbf{C}) = 0$
$\boxed{2}$ $H^1(X,\mathbf{Z}) = 0$.

    Preuve – $\boxed{1}$ Si $(c_{ij}) \in Z^1(U,\mathbf{C})$, c'est une cochaîne $\mathcal{C}^\infty$, c'est-à-dire dans $B^1(U,\mathcal{E})$ d'après la prop 8.2, donc $c_{ij} = f_i - f_j$ où $(f_i) \in C^0(U,\mathcal{E})$. Mais c_{ij} est une constante, donc $df_i = df_j$ sur $U_i \cap U_j$, donc les df_i se recollent en une différentielle globale ω. Alors $d\omega = d^2 f_i = 0$ donc ω est fermée et par suite exacte (car localement, c'est comme dans $\mathbf{C}$, toute forme fermée est exacte ; et cela reste vrai globalement car X est simplement connexe). Donc $\omega = df$. Soit $c_i = f_i - f|_{U_i}$. Alors $dc_i = 0$ donc c_i est localement constant, soit $(c_i) \in C^0(U,\mathbf{C})$, et $c_{ij} = c_i - c_j$.

    $\boxed{2}$ Même preuve en remplaçant $\mathcal{E}$ par $\mathbf{C}$, et les constantes (noyau de d) par les entiers (noyau de "exp").   ∎

Proposition 8.3 - *Soit $\mathbf{C}_P$ le faisceau gratte-ciel de fibre $\mathbf{C}$ en P. Alors*

$$H^1(X, \mathbf{C}_P) = 0.$$

Preuve – Tout recouvrement U a un raffinement V tel que $P \in$ un seul V_j. Alors $Z^1(V, \mathbf{C}_P) = 0$, d'où $H^1(U, \mathbf{C}_P) = 0$. ∎

Le calcul direct d'un H^1 est difficile à cause de la limite inductive. Mais dans certains cas, on peut se limiter à un recouvrement fixé :

Théorème 8.3 (Leray) - *Soit $\mathcal{F}$ un faisceau sur X, et $U = (U_i)$ un recouvrement de X tel que $H^1(U_i, \mathcal{F}) = 0$ pour tout i. Alors $H^1(X, \mathcal{F}) = H^1(U, \mathcal{F})$. (On dit dans ce cas que U est un* **recouvrement de Leray.**)

Preuve – Si V est plus fin que U (i.e. $\forall \alpha$, $V_\alpha \subset U_{\tau(\alpha)}$), montrons que l'injection $t_V^U : H^1(U, \mathcal{F}) \hookrightarrow H^1(V, \mathcal{F})$ est surjective. Soit $(f_{\alpha\beta}) \in Z^1(V, \mathcal{F})$. Puisque $H^1(U_i \cap V, \mathcal{F}) = 0$ (où $U_i \cap V$ est la trace sur U_i du recouvrement V), il existe $g_{i\alpha} \in \mathcal{F}(U_i \cap V_\alpha)$ avec $f_{\alpha\beta} = g_{i\alpha} - g_{i\beta}$ sur $U_i \cap V_\alpha \cap V_\beta$. Donc $g_{i\alpha} - g_{j\alpha} = g_{i\beta} - g_{j\beta}$ et comme $\mathcal{F}$ est un faisceau, ça se recolle : $\exists F_{ij} \in \mathcal{F}(U_i \cap U_j)$ tel que $F_{ij} = g_{i\alpha} - g_{j\alpha}$ sur $U_i \cap U_j \cap V_\alpha$. Alors F_{ij} vérifie la relation de cocyle, et $F_{\tau(\alpha)\tau(\beta)} - f_{\alpha\beta} = g_{\tau(\beta)\beta} - g_{\tau(\alpha)\alpha}$ sur $V_\alpha \cap V_\beta$, donc c'est un cobord, d'où $t_V^U((F_{ij})) = (F_{\tau(\alpha)\tau(\beta)}) = (f_{\alpha\beta})$ dans H^1. ∎

Exemples

a $H^1(\mathbf{C}^*, \underline{\mathbf{C}}) = \mathbf{C}$ (et de même $H^1(\mathbf{C}^*, \underline{\mathbf{Z}}) = \mathbf{Z}$)

Preuve – Les ouverts $U_1 = \mathbf{C} \setminus \mathbf{R}_+$ et $U_2 = \mathbf{C} \setminus \mathbf{R}_-$ recouvrent $\mathbf{C}^*$ et sont simplement connexes, donc $H^1(U_i, \underline{\mathbf{C}}) = 0$ (cor. 2 plus haut). Pour ce recouvrement $U = (U_1, U_2)$, un cocycle (c_{ij}) est déterminé par c_{12} (par antisymétrie) donc $Z^1(U, \mathbf{C}) = \underline{\mathbf{C}}(U_1 \cap U_2) = \mathbf{C}^2$ (car $U_1 \cap U_2$ a 2 composantes connexes). De plus $C^0(U, \mathbf{C}) = \underline{\mathbf{C}}(U_1) \times \underline{\mathbf{C}}(U_2) = \mathbf{C}^2$, et le cobord δ est alors donné par $(c_1, c_2) \longmapsto (c_2 - c_1, c_2 - c_1)$ d'où $H^1(U, \underline{\mathbf{C}}) = \mathbf{C}$, et on conclut par Leray. ∎

b $H^1(\mathbf{P}^1(\mathbf{C}), \mathcal{O}) = 0$.

Preuve – On recouvre par $\mathbf{P}^1 \setminus \{0\} \approx \mathbf{C}$ et $\mathbf{P}^1 \setminus \{\infty\} \approx \mathbf{C}$: c'est un recouvrement de Leray (d'après cor. 1 2 plus haut). Pour ce recouvrement U, un cocycle (f_{ij}) est déterminé par $f_{12} =$ fonction holomorphe dans $\mathbf{C}^*$, soit $f_{12} = \sum_{-\infty}^{\infty} c_n z^n$, ce qui s'écrit $f_{12} = f_1 - f_2$, où $f_1 = \sum_{-\infty}^{0} c_n z^n$ et $f_2 = -\sum_{1}^{\infty} c_n z^n$ sont holomorphes respectivement sur $\mathbf{P}^1 \setminus \{0\}$ et $\mathbf{P}^1 \setminus \{\infty\}$, donc f_{12} est un cobord. ∎

c Si $U = (U_i)$ est un recouvrement de X par des disques conformes, alors

$$H^1(X, \mathcal{O}) = H^1(U, \mathcal{O})$$

(d'après le cor. 1 2 plus haut).

Chapitre IX

Finitude et Riemann-Roch

On donne ici une démonstration du théorème de Riemann-Roch indépendante du théorème d'existence de fonctions méromorphes (th. 3.2 à 3.4). Dans la suite du chapitre, X désigne une surface de Riemann compacte (sauf mention du contraire), $\mathcal{O}$ le faisceau des fonctions holomorphes sur X. Si $\mathcal{F}$ est un faisceau de **C**-espaces vectoriels sur X, on note $h^i(X, \mathcal{F}) = \dim_{\mathbf{C}} H^i(X, \mathcal{F})$.

§1 Théorème de finitude

Théorème 9.1 - *Si X est une surface de Riemann compacte,* $\quad h^1(X, \mathcal{O}) < \infty$.

> **Preuve** – Voici d'abord le principe : on met une norme L^2 sur les fonctions, donc sur les cochaines associées à un recouvrement $\underline{\mathcal{U}}$. On montre alors (lemme 2) qu'un cocycle ξ de norme $= M$ (relativement à $\underline{\mathcal{U}}$) se décompose en un cobord (donc nul dans H^1) et un cocycle ζ de norme $\leq M$ relativement à un recouvrement $\underline{\mathcal{V}}$ moins fin que $\underline{\mathcal{U}}$. Or, à un espace de dimension finie près on peut supposer que ζ est formé de fonctions ayant beaucoup de zéros, et le "lemme de Schwarz" (lemme 1) prouve qu'alors la norme L^2 de ζ relativement à $\underline{\mathcal{U}}$ est beaucoup plus petite que M. Il ne reste plus qu'à recommencer jusqu'à faire évanouir cette norme.
>
> Commençons par définir les normes L^2 : on choisit un recouvrement $\underline{\mathcal{U}} = (\mathcal{U}_i)$ fini, où $\mathcal{U}_i$ est un disque conforme $\{|z_i| < 2\}$ centré en P_i. On utilisera 3 raffinements de $\underline{\mathcal{U}}$: on note $\mathcal{U}_i^n$ le disque $\{|z_i| < 1/n\} \subset \mathcal{U}_i$, et on suppose que $\underline{\mathcal{U}}^1, \underline{\mathcal{U}}^2, \underline{\mathcal{U}}^3$ recouvrent encore X (chacun est relativement compact dans le précédent). On introduit une norme L^2 sur les cochaines holomorphes : si $\eta = (f_i) \in \mathcal{C}^0(\underline{\mathcal{U}}, \mathcal{O})$, on pose
>
> $$\|\eta\|_{\underline{\mathcal{U}}}^2 = \sum_i \iint_{\mathcal{U}_i} \|f_i \circ z_i^{-1}\|^2 dx\, dy$$
>
> si $\xi = (f_{i,j}) \in \mathcal{C}^1(\underline{\mathcal{U}}, \mathcal{O})$, on pose
>
> $$\|\xi\|_{\underline{\mathcal{U}}}^2 = \sum_{i,j} \iint_{\mathcal{U}_i \cap \mathcal{U}_j} \|f_{i,j} \circ z_i^{-1}\|^2 dx\, dy$$
>
> d'où des espaces de Hilbert $\mathcal{C}_{L^2}^q(\underline{\mathcal{U}}, \mathcal{O})$ des q-cochaines de norme finie. Les 1-cocycles forment un sous-espace vectoriel fermé $Z_{L^2}^1(\underline{\mathcal{U}}, \mathcal{O})$. Le lemme 1 montre que la norme dépend fortement du recouvrement :

Lemme 1 ("lemme de Schwarz") - *Soit A_n le sous-espace vectoriel (fermé) de $Z^1_{L^2}(\underline{\mathcal{U}}, \mathcal{O})$ des cocycles $(f_{i,j})$ tels que $f_{i,j}$ s'annule en P_i (centre de $\mathcal{U}_i$) à l'ordre au moins n ; A_n est de codimension finie, car on impose au plus n conditions sur chaque $f_{i,j}$. Alors si $\xi \in A_n$,*

$$\|\xi\|_{\underline{\mathcal{U}}^2} \le \frac{c_1}{2^n} \|\xi\|_{\underline{\mathcal{U}}^1}$$

où $c_1 = c_1(\underline{\mathcal{U}})$ est une constante ne dépendant que de $\underline{\mathcal{U}}$.

Preuve – Les recouvrements sont finis, donc on se ramène à étudier une seule fonction $f_{i,j}$ définie sur le disque unité $D(0,1)$ de $\mathbf{C}$. Sa série de Taylor n'a que des termes en z^p $(p \ge n)$, et un calcul direct montre que

$$\|z^p\|_{D(0,\frac{1}{2})} \le \frac{c}{2^p}\|z^p\|_{D(0,1)}.$$

$\blacksquare$

Lemme 2 - *Si $\xi_0 \in Z^1(\underline{\mathcal{U}}^2, \mathcal{O})$ est de norme $\|\xi_0\|_{\underline{\mathcal{U}}^2} \le M$, alors on peut décomposer ξ_0 en $\xi_0 = \delta\eta_0 + \zeta_0$ où δ est l'application cobord, $\eta_0 \in \mathcal{C}^0(\underline{\mathcal{U}}^3, \mathcal{O})$, $\zeta_0 \in Z^1(\underline{\mathcal{U}}^1, \mathcal{O})$ et*

$$\|\eta_0\|_{\underline{\mathcal{U}}^3} + \|\zeta_0\|_{\underline{\mathcal{U}}^1} \le c_2 M$$

où $c_2 = c_2(\underline{\mathcal{U}})$ est une constante ne dépendant que de $\underline{\mathcal{U}}$.

Preuve – Ecrivons $\xi_0 = (f_{i,j})$. Puisque $H^1(X, \mathcal{E}) = 0$ (d'après Dolbeault, voir chap. VIII), on a $f_{i,j} = g_j - g_i$ où g_i est une fonction $\mathcal{C}^\infty$ sur $\mathcal{U}_i^2$. Mais ξ_0 est holomorphe donc $\overline{\partial}g_i = \overline{\partial}g_j$: ces données se recollent en une différentielle $\mathcal{C}^\infty$ globale ω telle que $\omega = \overline{\partial}g_i$ sur $\mathcal{U}_i^2$. Par Dolbeault, on a $\omega = \overline{\partial}h_i$ sur $\mathcal{U}_i$ tout entier (où h_i est $\mathcal{C}^\infty$ sur $\mathcal{U}_i$) et donc la famille $(h_j - h_i)_{i,j}$ définit un cocycle $\zeta \in Z^1_{L^2}(\underline{\mathcal{U}}^1, \mathcal{O})$ (holomorphe car son $\overline{\partial}$ est nul, et dans $Z^1_{L^2}$ car $\underline{\mathcal{U}}^1$ est relativement compact dans $\underline{\mathcal{U}}$). De même, $\eta = (h_i - g_i) \in \mathcal{C}^0(\underline{\mathcal{U}}^2, \mathcal{O}) \subset \mathcal{C}^0_{L^2}(\underline{\mathcal{U}}^3, \mathcal{O})$, et $\xi_0 = \delta\eta + \zeta$. On a ainsi trouvé une solution, sauf peut-être pour l'inégalité sur les normes. Mais considérons alors dans l'espace de Hilbert $Z^1_{L^2}(\underline{\mathcal{U}}^1) \times Z^1_{L^2}(\underline{\mathcal{U}}^2) \times \mathcal{C}^0_{L^2}\underline{\mathcal{U}}^3)$ (on omet le $\mathcal{O}$) le sous espace fermé $F = \{(\zeta,\xi,\eta) \;\; ; \;\; \xi = \delta\eta + \zeta\}$. On vient de montrer que la projection

$$\pi_2 : \begin{array}{ccc} F & \longrightarrow & Z^1_{L_2}(\underline{\mathcal{U}}^2) \\ (\zeta,\xi,\eta) & \longmapsto & \xi \end{array}$$

(qui est linéaire et continue) est surjective. Elle est donc ouverte d'après le théorème de Banach (voir Bourbaki, EVT, I§3). Donc si

$$\mathcal{V} = \{x \in F \;\; ; \;\; \|x\| < 1\}$$

alors $\pi_2(\mathcal{V})$ contient une boule $\|\xi\|_{\underline{\mathcal{U}}^2} < \varepsilon$, et par homothétie

$$\pi_2(\|x\| < \frac{1}{\varepsilon}\|\xi_0\|_{\underline{\mathcal{U}}^2})$$

contient ξ_0, donc $c_2 = 1/\varepsilon$ convient.

$\blacksquare$

Fin de preuve du théorème – D'après le théorème de Leray (cf. exemple 3, chap. VIII), $H^1(X, \mathcal{O}) = H^1(\underline{\mathcal{U}}^1, \mathcal{O})$. Soit donc $\xi_0 \in Z^1(\underline{\mathcal{U}}^1, \mathcal{O})$. Comme $\underline{\mathcal{U}}^1$ est "relativement compact" dans $\underline{\mathcal{U}}^2$, on a $\xi_0 \in Z^1_{L^2}(\underline{\mathcal{U}}^2, \mathcal{O})$. Soit $M = \|\xi_0\|_{\underline{\mathcal{U}}^2}$. On fixe un entier n tel que $2^n > 2c_1 c_2$ et on note S_n un supplémentaire orthogonal de A_n (cf. lemme 1) dans $Z^1_{L^2}(\underline{\mathcal{U}}^1, \mathcal{O})$. Il est de dimension finie. D'après le lemme 2, on peut décomposer $\xi_0 = \delta\eta_0 + \zeta_0$ où $\|\eta_0\|_{\underline{\mathcal{U}}^3} \leq c_2 M$ et $\|\zeta_0\|_{\underline{\mathcal{U}}^1} \leq c_2 M$. On décompose alors $\zeta_0 = \xi_1 + s_0$ où $\xi_1 \in A_n$ et $s_0 \in S_n$, et donc d'après le lemme 1,

$$\|\xi_1\|_{\underline{\mathcal{U}}^2} \leq \frac{c_1 c_2 M}{2^n} \leq \frac{M}{2}.$$

On recommence : $\xi_1 = \delta\eta_1 + \zeta_1$ avec $\|\eta_1\|_{\underline{\mathcal{U}}^3} \leq c_2 \frac{M}{2}$ et $\zeta_1 = \xi_2 + s_1$ où $s_1 \in S_n$ et $\xi_2 \in A_n$ avec $\|\xi_2\|_{\underline{\mathcal{U}}^2} \leq \frac{M}{4}$, etc...
Finalement, $\xi_0 = \delta(\eta_0 + \eta_1 + \cdots) + (s_0 + s_1 + \cdots)$ où $\sum s_i \in S_n$ et $\sum \eta_i \in \mathcal{C}^0(\underline{\mathcal{U}}^3, \mathcal{O})$ (la somme converge car les normes tendent géométriquement vers 0). Donc $\xi_0 = \sum s_i$ dans $H^1(\underline{\mathcal{U}}^3, \mathcal{O})$, donc aussi dans $H^1(\underline{\mathcal{U}}^1, \mathcal{O})$ car $t^{\underline{\mathcal{U}}^1}_{\underline{\mathcal{U}}^3}$ est injective. Ainsi $H^1(\underline{\mathcal{U}}^1, \mathcal{O}) \subset S_n/\text{cobords}$, donc est de dimension finie. ∎

Comme application directe, montrons que $\mathcal{M}(X)$ sépare les points de X :

Théorème 9.2 - *Si $P \in X$, il existe une fonction $f \in \mathcal{M}(X)$ avec un unique pôle en P.*

Preuve – Soit z une carte en P, sur un voisinage $\mathcal{U}_1$, et $\mathcal{U}_2 = X \setminus \{P\}$. Les z^{-j} pour $j = 1, \ldots, h^1(X, \mathcal{O}) + 1$ sont holomorphes dans $\mathcal{U}_1 \cap \mathcal{U}_2$ donc représentent des cocycles dans $Z^1(\underline{\mathcal{U}}, \mathcal{O})$ (par antisymétrie), linéairement dépendants dans H^1 donc $\sum c_j z^{-j} = f_1 - f_2$ sur $\mathcal{U}_1 \cap \mathcal{U}_2$ où $f_i \in \mathcal{O}(\mathcal{U}_i)$. Il suffit de définir f par $f = f_2$ sur $\mathcal{U}_2$ et $f = f_1 - \sum c_j z^{-j}$ sur $\mathcal{U}_1$. ∎

Remarque - Lorsque X n'est pas supposée compacte, mais que $\underline{\mathcal{U}}, \underline{\mathcal{U}}^1, \underline{\mathcal{U}}^2, \underline{\mathcal{U}}^3$ sont des familles finies d'ouverts tels que $\mathcal{U}^3_i \subset\subset \mathcal{U}^2_i \subset\subset \mathcal{U}^1_i \subset\subset \mathcal{U}_i$ et $\mathcal{U}_i$ disque conforme de X, la preuve du théorème 9.1 montre encore que l'image $H^1(\underline{\mathcal{U}}^3, \mathcal{O})$ dans $H^1(\underline{\mathcal{U}}^1, \mathcal{O})$ est de dimension finie ; par le théorème de Leray, on obtient ainsi : si X est une surface de Riemann quelconque, et $Y_1 \subset\subset Y_2 \subset X$ sont des ouverts, l'image de la restriction $H^1(Y_2, \mathcal{O}) \to H^1(Y_1, \mathcal{O})$ est de dimension finie (en effet on peut trouver les $\mathcal{U}^j_i$ avec $Y_1 \subset \bigcup \mathcal{U}^3_i \subset\subset \bigcup \mathcal{U}^1_i \subset Y_2$).
Le théorème 9.2 s'étend également : pour tout point P de $Y_1 \subset\subset X$, il y a une fonction méromorphe sur Y_1 avec unique pôle en P.

Cette remarque nous sera utile au chap. XIII.

§2 Riemann-Roch

Soit $D = \sum n_Q(Q)$ un diviseur sur X, et $P \in X$. Soient $\mathcal{O}_D$ le faisceau associé à D (cf. chap. VIII §1) et $\mathbf{C}_P$ le faisceau gratte-ciel en P. On choisit une carte z en P. On définit alors un morphisme $\beta : \mathcal{O}_D \to \mathbf{C}_P$ ainsi : si $P \notin \mathcal{U}$ alors $\beta_{\mathcal{U}} \equiv 0$ et si $P \in \mathcal{U}$ et $f = \sum_{-n_P}^{\infty} c_n z^n \in \mathcal{O}_D(\mathcal{U})$, alors $\beta_{\mathcal{U}}(f) = c_{-n_P}$. Alors β est clairement surjectif. Le noyau est formé des fonctions qui sont en P d'ordre $\geq -n_P + 1$, et qui sont dans $\mathcal{O}_D$, d'où une suite exacte

$$(*) \qquad\qquad 0 \to \mathcal{O}_{D-(P)} \to \mathcal{O}_D \to \mathbf{C}_P \to 0$$

Théorème 9.3 (Riemann-Roch) - *On définit l'entier* $g = h^1(X, \mathcal{O})$ *(on verra au §4 que c'est le genre défini au chap. II). Alors* $h^0(X, \mathcal{O}_D) = \ell(D) < \infty$*, et*

$$h^0(X, \mathcal{O}_D) - h^1(X, \mathcal{O}_D) = \deg D + 1 - g.$$

Preuve – C'est vrai pour $D = 0$, donc par récurrence on peut supposer que c'est vrai pour $D - (P)$ ou D et le montrer pour l'autre. Or, la suite longue associée à $(*)$ est

$$0 \to H^0(\mathcal{O}_{D-(P)}) \to H^0(\mathcal{O}_D) \to \mathbf{C} \to H^1(\mathcal{O}_{D-(P)}) \to H^1(\mathcal{O}_D) \to 0$$

(le H^1 d'un gratte-ciel est nul, cf. prop 8.3), d'où

$$h^0(\mathcal{O}_D) - h^1(\mathcal{O}_D) = h^0(\mathcal{O}_{D-(P)}) - h^1(\mathcal{O}_{D-(P)}) + 1$$

(car par récurrence et le théorème 9.1, tous les termes sauf peut-être un sont finis), et

$$\deg D = \deg\big(D - (P)\big) + 1.$$

∎

Pour obtenir la forme de Riemann-Roch démontrée au chap. V, il reste à identifier $h^1(X, \mathcal{O}_D)$ à $\ell(K - D)$ où $K = (\omega)$ pour une différentielle méromorphe $\omega \neq 0$; remarquons que K dépend de ω, mais $\ell(K - D) = h^0(X, \mathcal{O}_{K-D})$ n'en dépend pas car $f \longmapsto f\omega$ fournit un isomorphisme de faisceaux $\mathcal{O}_{K-D} \xrightarrow{\sim} \Omega_{-D}$, où Ω_{-D} est le faisceau des différentielles de diviseur $\geq D$. (L'existence d'une différentielle $\omega \neq 0$ résulte du théorème 9.2 en prenant $\omega = df$). Il s'agit donc d'identifier $h^1(X, \mathcal{O}_D)$ à $h^0(X, \Omega_{-D})$ ce qui est l'objet du théorème de dualité du paragraphe suivant.

§3 Théorème de dualité de Serre

Il s'agit ici d'exhiber un isomorphisme naturel

$$i_D : H^0(\Omega_{-D}) \xrightarrow{\sim} H^1(\mathcal{O}_D)^*.$$

Pour commencer on remarque que la multiplication des différentielles par les fonctions induit une application bilinéaire

$$\begin{aligned} H^0(\Omega_{-D}) \times H^1(\mathcal{O}_D) &\longrightarrow H^1(\Omega) \\ \big(\omega, (f_i)_i\big) &\longmapsto (\omega f_i)_i \end{aligned}.$$

a) Définition du résidu Res : $H^1(\Omega) \to \mathbf{C}$

Soit $\mathcal{M}^{(1)}$ le faisceau des différentielles méromorphes. Soit $\underline{\mathcal{U}} = (\mathcal{U}_i)$ un recouvrement ouvert de X, et $\mu = (\omega_i) \in \mathcal{C}^0(\underline{\mathcal{U}}, \mathcal{M}^{(1)})$ tel que le cobord $\delta\mu = (\omega_j - \omega_i)$ soit holomorphe, c'est-à-dire dans $Z^1(\underline{\mathcal{U}}, \Omega)$: cela veut dire que les parties principales de ω_i et ω_j coïncident sur $\mathcal{U}_i \cap \mathcal{U}_j$, donc on peut définir $\mathrm{res}_P\, \mu = \mathrm{res}_P\, \omega_i$ pour $P \in \mathcal{U}_i$; si $[\delta\mu]$ est la classe de $\delta\mu$ dans $H^1(\Omega)$, on pose

$$\mathrm{Res}[\delta\mu] = \sum_{P \in X} \mathrm{res}_P\, \mu$$

(c'est bien défini car si $\mu \in \mathcal{C}^0(\underline{\mathcal{U}}, \Omega)$ alors $\forall P, \mathrm{res}_P\, \mu = 0$). On cherche à prolonger cette application Res à $H^1(\Omega)$ tout entier. Ecrivons pour cela $H^1(\Omega) = \mathcal{E}^2(X)/d\mathcal{E}^{1,0}(X)$ (voir corollaire 1 à la proposition 8.2).

Proposition 9.1 - *Si $\tau \in \mathcal{E}^2(X)$ est un représentant de $\xi = [\delta\mu] \in H^1(\Omega)$, alors*

$$\mathrm{Res}\, \xi = \frac{1}{2i\pi} \iint_X \tau.$$

Preuve – Explicitons comment on trouve un τ tel que $\delta^*\tau = \xi$, où $\delta^* : \mathcal{E}^2(X) \to H^1(\Omega)$ est l'homomorphisme associé à la suite

$$0 \to \Omega \to \mathcal{E}^{1,0} \to \mathcal{E}^2 \to 0.$$

On a $\xi \in Z^1(\Omega) \subset B^1(\mathcal{E}^{1,0})$ (car $\mathcal{E}^{1,0}$ est "fin", voir proposition 8.2), donc on peut écrire $\omega_i - \omega_j = \sigma_i - \sigma_j$ où $\sigma_i \in \mathcal{E}^{1,0}(\mathcal{U}_i)$. Les ω_i étant méromorphes, on a $d\sigma_i - d\sigma_j = d(\omega_i - \omega_j) = 0$ donc les $d\sigma_i$ se recollent en $\tau \in \mathcal{E}^2(X)$ tel que $\tau = d\sigma_i$ sur $\mathcal{U}_i$. On va utiliser cette écriture explicite de τ. Soient (a_k) les pôles de μ ; sur $X' = X \setminus \bigcup\{a_k\}$, les formes $\sigma_i - \omega_i$ se recollent en une forme $\zeta \in \mathcal{E}^{1,0}(X')$, et $d\zeta = \tau$ sur X' (car $d\omega_i = 0$). Soit f_k une fonction $\mathcal{C}^\infty$ sur X, égale à 1 au voisinage de a_k, et à 0 hors d'un voisinage un peu plus grand. On pose $f = \sum f_k$ et $g = 1 - f$, de sorte que $\tau = d(f\zeta) + d(g\zeta)$. Alors près de a_k, $g\zeta \equiv 0$ donc $g\zeta$ se prolonge à X entier, et $\iint_X d(g\zeta) = 0$ par Stokes. De même si on choisit $i = i(k)$ tel que $a_k \in \mathcal{U}_i$, alors près de a_k, on a $d(f\zeta) = d\zeta = d(\sigma_i - \omega_i) = d\sigma_i$, donc la 2-forme $d(f\zeta)$ se prolonge à X entier : $d(f\zeta) \in \mathcal{E}^2(X)$, et

$$\iint_X \tau = \iint_X \sum_k \underbrace{d\big(f_k\sigma_{i(k)}\big)}_{\iint = 0 \text{ par Stokes}} - d\big(f_k\omega_{i(k)}\big) = -\sum_k \iint_{|z-a_k|>\varepsilon} d\big(f_k\omega_{i(k)}\big)$$

$$= +\sum_k \int_{|z-a_k|=\varepsilon} \omega_{i(k)} = 2i\pi \sum_X \mathrm{res}_P\, \mu$$

∎

Cette proposition permet donc d'étendre la notion de résidu à $H^1(\Omega)$ entier : si $\xi \in H^1(\Omega)$, on définit $\operatorname{Res}\xi = \frac{1}{2i\pi}\iint_X \tau$ où $\tau \in \mathcal{E}^2(X)$ est un représentant de $\xi \in \mathcal{E}^2(X)/d\mathcal{E}^{1,0}(X)$. (C'est bien défini car si $\omega \in \mathcal{E}^{1,0}(X)$, $\iint_X d\omega = 0$ d'après Stokes).

b) L'isomorphise de dualité

D'après ce qui précède, il y a une application bilinéaire

$$H^0(\Omega_{-D}) \times H^1(\mathcal{O}_D) \longrightarrow H^1(\Omega) \xrightarrow{\operatorname{Res}} \mathbf{C}$$

qui induit une application

$$i_D : H^0(\Omega_{-D}) \longrightarrow H^1(\mathcal{O}_D)^*.$$

Théorème 9.4 - *L'application* $i_D : H^0(\Omega_{-D}) \longrightarrow H^1(\mathcal{O}_D)^*$ *est un isomorphisme.*

Preuve – Pour plus de détails, voir [Fo]).

a) **Injectivité.** Soit $\omega \in \Omega_{-D}(X)$ et P un point où ω et D n'ont "ni zéro ni pôle". On peut écrire $\omega = f(z)dz$ sur un voisinage $\mathcal{U}_1$ de P. On pose $g_1 = 1/(z - f(z))$ sur $\mathcal{U}_1$, $g_2 = 0$ sur $\mathcal{U}_2 = X \setminus \{P\}$, ce qui définit un cocycle η tel que

$$i_D(\omega)(\delta\eta) = \operatorname{Res}[\delta\omega\eta] = \operatorname{res}_P\left(\frac{dz}{z}\right) = 1.$$

b) **Surjectivité.** Soit $\lambda \in H^1(\mathcal{O}_D)^*$, $\lambda \neq 0$. On va montrer que pour n assez grand, quitte à multiplier λ par un élément ψ de $H^0(\mathcal{O}_{n(P)}) = \mathcal{L}(n(P))$ (P fixé), il tombe dans l'image, c'est-à-dire $\psi\lambda = i_{D_n}(\omega)$ où $D_n = D - n(P)$ et $\omega \in \Omega_{-D_n}(X)$. Cela sera suffisant car on montre facilement qu'alors $\frac{1}{\psi}\omega \in \Omega_{-D}(X)$ et $\lambda = i_D\left(\frac{1}{\psi}\omega\right)$.

La suite exacte

$$0 \longrightarrow \mathcal{O}_{D_n} \xrightarrow{\times\psi} \mathcal{O}_D \longrightarrow \text{gratte-ciel} \longrightarrow 0$$

(où $\psi \in H^0(\mathcal{O}_{n(P)})$, non nul) fournit une surjection $H^1(\mathcal{O}_{D_n}) \longrightarrow H^1(\mathcal{O}_D)$ (car un gratte-ciel n'a pas de H^1) d'où une injection

$$\begin{array}{ccc} H^1(\mathcal{O}_D)^* & \lhook\joinrel\longrightarrow & H^1(\mathcal{O}_{D_n})^* \\ \lambda & \longmapsto & \psi\lambda \end{array}.$$

Autrement dit, si $\lambda \neq 0$, l'application

$$\times\lambda : \begin{array}{ccc} H^0(\mathcal{O}_{n(P)}) & \longrightarrow & H^1(\mathcal{O}_{D-n(P)})^* \\ \psi & \longmapsto & \psi\lambda \end{array}$$

est injective, donc son image est de dimension $\geq n+$constante (si $n \to \infty$) d'après le théorème 9.3. L'image de i_{D_n} est aussi de dimension $\geq n+$

constante car i_{D_n} est injectif et que Ω_{-D_n} est isomorphe à $\mathcal{O}_{K-D_n}$ pour $K =$diviseur d'une forme différentielle ω (l'isomorphisme est $f \longmapsto f\omega$ de $\mathcal{O}_{K-D_n}$ dans Ω_{-D_n}), et que $\mathcal{O}_{K-D_n}$ est de dimension $\geq n+$constante par le théorème 9.3.

Donc ces deux images ont une intersection non vide puisque $H^1(\mathcal{O}_{D_n})^*$ a pour dimension

$$h^1(\mathcal{O}_{D_n}) = n - \deg D + g - 1 = n + \text{constante}$$

(d'après le théorème 9.3 et le fait que $h^0(\mathcal{O}_{D_n}) = 0$ puisque $\deg D_n < 0$ pour n grand).   ■

Remarques - $\boxed{1}$ Si on admet le théorème de Riemann-Roch démontré au chap. V et si on sait que le genre topologique est aussi $h^1(X, \mathcal{O})$, le théorème 9.3 montre alors que $h^1(\mathcal{O}_D) = h^0(\mathcal{O}_{K-D})$ et donc la surjectivité de i_D découle de l'injectivité.

$\boxed{2}$ Sinon, les théorèmes 9.3 et 9.4 redonnent le théorème de Riemann-Roch sous la forme

$$\ell(D) - \ell(K - D) = \deg D + 1 - g$$

mais où cette fois $g = h^1(X, \mathcal{O})$.

Exercice - Comparer les deux démonstrations de Riemann-Roch :
• Existence de fonctions (pas $\boxed{1}$ de la première preuve) *versus* théorème de finitude.
• Etude de $\ell(D + (P)) - \ell(D)$ (et aussi avec $K - D$; pas $\boxed{2}$ et $\boxed{3}$) *versus* la suite longue associée à

$$0 \to \mathcal{O}_{D-(P)} \to \mathcal{O}_D \to \mathbf{C}_P \to 0.$$

• Application à D et à $K - D$ d'une inégalité (pas $\boxed{5}$) *versus* théorème de dualité.

Corollaire du th. 9.4 - $H^0(\mathcal{O}_D) \simeq H^1(\Omega_D)^*$.

Preuve – La multiplication par une forme différentielle ω de diviseur K donne des isomorphismes $\mathcal{O}_{-D} \xrightarrow{\sim} \Omega_{-K-D}$ et $\Omega_D \xrightarrow{\sim} \mathcal{O}_{K+D}$.   ■

c) Une autre vue de l'isomorphisme de dualité (esquisse)

$\boxed{1}$ **Le cas $D = 0$.** On écrit cette fois $H^1(X, \mathcal{O}) = \mathcal{E}^{0,1}(X)/\overline{\partial}\mathcal{E}(X)$ par Dolbeault (cf. chap. VIII), et on cherche $i : H^0(X, \mathcal{O}) \xrightarrow{\sim} H^1(X, \mathcal{O})^*$. Si $\omega \in \Omega(X)$, elle définit par intégration une distribution (forme linéaire continue) T_ω sur $\mathcal{E}^{0,1}(X)$. Comme ω est holomorphe, $\overline{\partial}T_\omega = 0$, c'est-à-dire T_ω s'annule sur $\overline{\partial}\mathcal{E}(X)$, donc définit une forme linéaire continue $i(\omega)$ sur le quotient $H^1(X, \mathcal{O})$.

Réciproquement, soit ϕ une forme linéaire sur $H^1(X, \mathcal{O})$ (continue par finitude) ; d'après le théorème de finitude et la continuité de $\overline{\partial}$, on montre que $\overline{\partial}\mathcal{E}(X)$ est fermé dans $\mathcal{E}^{0,1}(X)$, donc ϕ se relève en une distribution T sur $\mathcal{E}^{0,1}(X)$, nulle sur

$\overline{\partial}\mathcal{E}(X)$ c'est-à-dire telle que $\overline{\partial}T = 0$. Or, une distribution de $\overline{\partial}$ nul est donnée par une vraie fonction (ou plutôt une différentielle) holomorphe ω (lemme de Weyl ; voir une version sur $\mathbf{C}$ dans [Fo] p.194) et alors $\phi = i(\omega)$.

$\boxed{2}$ **Le cas général.** Le raisonnement est le même ; on commence par tensoriser la suite exacte de Dolbeault par $\mathcal{O}_D$ (on peut définir le produit tensoriel, et la suite reste exacte car $\mathcal{O}_D$ est "localement libre"), ce qui permet d'écrire $H^1(X, \mathcal{O}_D)$ sous forme d'un quotient comme dans le cas $D = 0$.

§4 Applications de Riemann-Roch

Remarque sur le diviseur K - Dans le théorème de Riemann-Roch apparaît le diviseur K d'une forme différentielle ω, mais le résultat est indépendant de ω, ce qui peut s'expliquer ainsi : si f est une fonction méromorphe et D un diviseur, on a un isomorphisme $\mathcal{O}_D \xrightarrow{\times f} \mathcal{O}_{D-(f)}$; on dira que deux diviseurs D et D' sont **linéairement équivalents** (on note $D \sim D'$) si $D - D'$ est le diviseur d'une fonction, et on a alors $\mathcal{O}_D \simeq \mathcal{O}_{D'}$. Ainsi $\mathcal{O}_D$ ne dépend à isomorphisme près que de la **classe** du diviseur D (donc $\ell(D)$ aussi). Puisque deux différentielles ω_1 et ω_2 sont toujours linéairement dépendantes sur $\mathcal{M}(X)$, leurs diviseurs K_1 et K_2 sont linéairement équivalents ; donc la classe de diviseurs K est bien définie ; on l'appelle la **classe canonique**. Les termes $\ell(D)$ et $\ell(K - D)$ dans Riemann-Roch peuvent alors être vus comme dépendant des classes de D et $K - D$ qui sont bien définies.

a) Le genre topologique est égal à $h^1(X, \mathcal{O})$.

Preuve – Notons toujours $g = h^1(X, \mathcal{O})$. Il est clair que $\ell(0) = 1$ (principe du maximum) donc $\ell(K) = g$ d'après Riemann-Roch avec $D = 0$ et par suite $\deg K = 2g - 2$ d'après Riemann-Roch avec $D = K$. On déduit de là la formule de Riemann-Hurwitz : si $f : X \to Y$ est un morphisme, alors

$$2g_X - 1 = n(2g_Y - 2) + \sum_X \big(e_x(f) - 1\big)$$

où n est le degré de f et $e_x(f)$ la ramification en x. En effet, si ω est une forme différentielle sur Y, et $\eta = f^*\omega$ (définie dans des cartes z et t par $\eta = g(t^e)\,e\,t^{e-1}\,dt$ si $\omega = g(z)\,dz$ et $z \circ f = t^e$) on a $2g_X - 2 = \deg \eta$ que l'on calcule en fonction de $\deg \omega = 2g_Y - 2$ ($\operatorname{ord}_x \eta = e - 1 + e \operatorname{ord}_{f(x)} \omega$) ce qui donne la formule.

Ainsi la formule de Riemann-Hurwitz est valable avec les deux définitions du genre (voir théorème 5.2) En l'appliquant à un morphisme $f : X \to \mathbf{P}^1$ et en utilisant le fait que $g(\mathbf{P}^1) = 0$ pour les deux définitions (cf. chap. VIII) on en déduit "$g_X = g_X$". $\blacksquare$

b) Fonctions méromorphes

Proposition 9.2 - *Si $P \in X$, il existe $f \in \mathcal{M}(X)$ non constante ayant un unique pôle en P, d'ordre $\leq g + 1$. En particulier X est revêtement de $\mathbf{P}^1$ à au plus $g + 1$ feuillets (on peut en fait montrer que $\left[\frac{g+3}{2}\right]$ feuillets suffisent, et c'est optimal, voir [G-H]).*

Preuve – $h^0\big((g+1)(P)\big) \geq (g+1)+1-g = 2$ donc $H^0\big((g+1)(P)\big) \neq \mathbf{C}$.

∎

Corollaire - *Si $g = 0$, alors $X \simeq \mathbf{P}^1$ (on l'a déja vu en utilisant le théorème d'uniformisation).*

Preuve – Un revêtement à 1 feuillet est une bijection donc un isomorphisme.

∎

Remarque - Si $n > 2$, on ne sait pas s'il n'existe qu'une seule structure analytique sur l'espace topologique $\mathbf{P}^n(\mathbf{C})$ (c'est vrai si on impose une structure kählerienne et que n est impair). Pour $n = 2$, Yau a montré l'unicité de la structure analytique sur $\mathbf{P}^2(\mathbf{C})$. (Voir Sundararaman : moduli, deformations and classifications of complex manifolds ; Pitman).

c) Résidus de formes différentielles

On sait que la somme des résidus d'une forme différentielle méromorphe sur X est nulle. Montrons que c'est la seule relation générale imposée à ses parties principales :

Proposition 9.3 - *Soient $P_1, \ldots, P_k \in X$, z_i une carte en P_i, et*
$$\mu_i = \frac{a_{i,-1}}{z_i} + \cdots + \frac{a_{i,-n_i}}{z_i^{n_i}}$$

une partie principale en P_i. Si $\sum_{i=1}^{k} a_{i,-1} = 0$ il existe une forme différentielle ω méromorphe sur X, holomorphe hors des P_i, et telle que $\omega - \mu_i \, dz_i$ soit holomorphe en P_i pour tout i.

Preuve – Soit $D = \sum n_i (P_i)$. Toute forme $\omega \in \Omega_D(x)$ s'écrit localement
$$\omega = \sum_{j=-n_i}^{\infty} b_{i,j} z_i^j dz_i$$

au voisinage de P_i. On a alors un morphisme
$$\begin{array}{ccc}
\Omega_D(X) & \longrightarrow & \mathbf{C}^{\Sigma n_i} \\
\omega & \longmapsto & (b_{i,j})_{\substack{j<0 \\ i=1,\ldots,k}}
\end{array}$$

L'image est contenue dans l'hyperplan $H \simeq \mathbf{C}^{\Sigma n_i - 1}$ d'équation $\sum_i b_{i,-1} = 0$. Le noyau est $\Omega(X)$, d'où une suite exacte $0 \to \Omega(X) \to \Omega_D(X) \to H$. La dernière flèche est donc surjective puisque $\dim \Omega(X) = g$, $\dim H = \sum n_i - 1$, et
$$\dim \Omega_D(X) = \dim \mathcal{O}_{-D}(X) + \deg D + g - 1 = 0 + \sum n_i + g - 1.$$

∎

Corollaire - *Soient $P_1, P_2 \in X$ et $n \geq 2$. Il existe une différentielle ω avec unique pôle en P_1, d'ordre exact n. Il existe une différentielle ω' avec pôles simples en P_1 et P_2, résidus -1 et $+1$, et holomorphe ailleurs.*

d) Plongements projectifs.

Définition - *Un **plongement** (holomorphe) de X dans $\mathbf{P}^N(\mathbf{C})$ est une application holomorphe injective dont l'application tangente ne s'annule jamais (i.e. est de rang maximal $= \dim X = 1$) ; autrement dit c'est donné sur un ouvert U de X par $P \longmapsto \big(\phi_0(P), \ldots, \phi_N(P)\big)$ où les ϕ_i sont des fonctions holomorphes $U \to \mathbf{C}$, telles que $\forall P, \quad \big(\phi_i(P)\big)_i \neq \underline{0}$ et $\big(d\phi_i(P)\big)_i \neq \underline{0}$.*

Théorème 9.5 - *Soit D un diviseur sur X de degré $\geq 2g+1$, et $(f_0, \ldots, f_N)$ une base de $\mathcal{L}(D) = H^0(X, \mathcal{O}_D)$ (on a $N = \deg D - g$ d'après R.R.). Alors l'application $\phi : P \longmapsto \big(f_0(P), \ldots, f_N(P)\big) \in \mathbf{P}^N(\mathbf{C})$, bien définie hors des zéros et pôles des f_i, se prolonge en un plongement $\phi : X \hookrightarrow \mathbf{P}^N(\mathbf{C})$.*

Preuve – Pour $P \in X$, soit z_P une carte en P, et $g_{i,P} = z_P^{k_P} f_i$ où $k_P = \min_i \operatorname{ord}_P f_i$. Alors au voisinage de P on a évidemment

$$\phi(Q) = \big(g_{0,P}(Q), \ldots, g_{N,P}(Q)\big)$$

pour $Q \neq P$; et par définition de k_P les $g_{i,P}$ ne s'annulent pas simultanément en P donc on peut encore définir

$$\phi(P) = \big(g_{0,P}(P), \ldots, g_{N,P}(P)\big)$$

et on a bien une application holomorphe $X \to \mathbf{P}^N(\mathbf{C})$. Il reste à voir l'injectivité, et que ϕ est une immersion (i.e. $d\phi$ n'est jamais nulle). Notons pour commencer le fait suivant :

$(*)$ si Δ est un diviseur de degré $\geq 2g$ et $Q \in X$, alors $\exists f \in \mathcal{L}(\Delta) \backslash \mathcal{L}(\Delta - (Q))$
En effet $\deg(K - \Delta)$ et $\deg\big(K - \Delta + (P)\big)$ sont < 0 donc $\ell(\Delta) = \deg \Delta + 1 - g = 1 + \ell(\Delta - (Q))$.
En appliquant $(*)$ à $\Delta = D = \sum n_P(P)$ et $Q = P$, on voit que $k_P = -n_P$ car $\min_i \operatorname{ord}_P f_i = \min\{\operatorname{ord}_P f \quad ; \quad f \in \mathcal{L}(D)\}$.
Injectivité : Si $P_1 \neq P_2$ soit $f \in \mathcal{L}(D - (P_2)) \backslash \mathcal{L}(D - (P_1) - (P_2))$ (on utilise $(*)$) de sorte que $\operatorname{ord}_{P_1}(f) = -n_{P_1}$ et $\operatorname{ord}_{P_2}(f) > -n_{P_2}$. Ecrivons $f = \sum_0^N \lambda_i f_i$. Alors

$$\Big(\sum \lambda_i g_{i,P_1}\Big)(P_1) = \big(z_{P_1}^{n_{P_1}} f\big)(P_1) \neq 0,$$

donc $\phi(P_1)$ n'appartient pas à l'hyperplan $\sum \lambda_i X_i = 0$, alors que

$$\Big(\sum \lambda_i g_{i,P_2}\Big)(P_2) = \big(z_{P_2}^{n_{P_2}} f\big)(P_2) = 0,$$

donc $\phi(P_2)$ est dans cet hyperplan d'où $\phi(P_1) \neq \phi(P_2)$.
Immersion : soit $P \in X$ et $f \in \mathcal{L}(D - (P)) \backslash \mathcal{L}(D - 2(P))$ (par $(*)$), donc $\operatorname{ord}_P(f) = -n_P + 1$; si on écrit $f = \sum \lambda_i f_i$ on a donc $\operatorname{ord}_P(\sum \lambda_i g_{i,P}) = 1$ et ainsi l'une au moins des $dg_{i,P}$ est non nulle en P. $\blacksquare$

Remarques - $\boxed{1}$ Ce résultat est particulier à la dimension 1. La surface de Hopf, quotient de $\mathbf{C}^2 \setminus \{0\}$ par l'automorphisme $z \longmapsto 2z$ est une surface (de dimension complexe 2) compacte qui n'admet aucun plongement projectif.

$\boxed{2}$ L'application ϕ dépend de la base $(f_0, \ldots, f_N)$. De manière intrinsèque, on a un plongement $X \hookrightarrow \mathbf{P}\big(\mathcal{L}(D)\big)^*$.

$\boxed{3}$ Certains plongements projectifs de X sont plus jolis que d'autres. Nous allons en étudier deux : un plongement dans $\mathbf{P}^3$, obtenu par projection à partir d'un plongement dans $\mathbf{P}^N$, et le plongement canonique (qui n'en est pas toujours un !) obtenu à partir de $\mathcal{L}(K) \simeq \Omega(X)$:

Corollaire - *Toute surface de Riemann compacte X admet un plongement dans $\mathbf{P}^3(\mathbf{C})$, ainsi qu'une immersion dans $\mathbf{P}^2(\mathbf{C})$ comme courbe à points doubles ordinaires (i.e. $\phi : X \to \mathbf{P}^2(\mathbf{C})$ avec $d\phi$ partout $\neq 0$, et ϕ injective sauf en un nombre fini de points où la fibre a 2 éléments, et les tangentes en ces points doubles sont distinctes).*

Esquisse de preuve – On part d'un plongement $X \hookrightarrow \mathbf{P}^N$ (donné par le théorème) et on montre qu'une projection "assez générale" $\pi : \mathbf{P}^N \to \mathbf{P}^{N-1}$ donne encore un plongement de X si $N > 3$ et une immersion à points doubles ordinaires si $N = 2$.

Soit p le centre de la projection. Si p n'est pas dans l'ensemble B des bisécantes à X, alors π est injective. Or, B est une "variété de dimension ≤ 3"(2 paramètres P_i sur la courbe X, et un sur la droite $P_1 P_2$). Donc on peut trouver un tel p si $N > 3$. Si $p \notin \{\text{tangentes}\}$, alors la différentielle $d\pi$ ne s'annule pas sur X ; or, les tangentes forment une variété de dimension ≤ 2 (1 pour le point de contact et 1 pour déterminer un point sur la tangente), donc un tel p existe si $N > 2$, d'où le plongement dans $\mathbf{P}^3$.

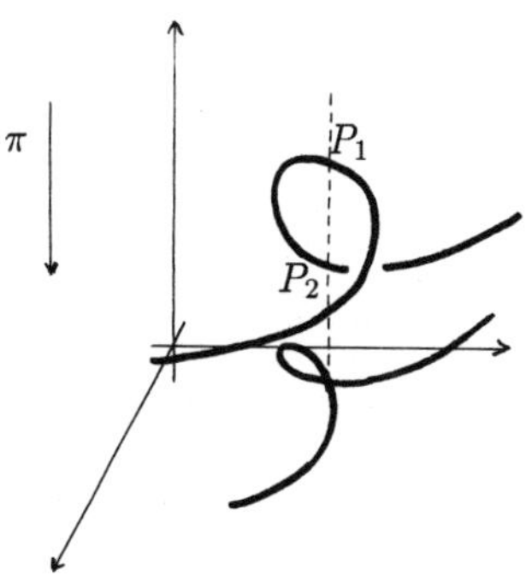

Enfin si $N > 2$ on peut encore supposer que $p \notin \{\text{trisécantes}\}$ (qui est une variété de dimension ≤ 2 ; c'est ici le point délicat de la preuve, cf. [H] p.311) donc les points multiples sont doubles, et on peut aussi supposer $p \notin \{\text{bisécantes dont les points d'intersection avec } X \text{ sont à tangentes coplanaires}\}$ et donc les tangentes aux points doubles sont distinctes. $\blacksquare$

Remarque - Ce résultat montre l'intérêt de la formule du genre pour les courbes planes à points doubles ordinaires, et de l'étude des courbes lisses de $\mathbf{P}^3$ (voir chap. VII,§4 et chap. IX,§4d)

Etudions maintenant l'application canonique. On suppose que X est de genre $g \geq 1$.

Lemme - *Les différentielles holomorphes n'ont pas de zéro commun.*

Preuve – Si toutes s'annulaient en P, on aurait $\Omega(X) = \Omega_{-P}(X)$, donc $\ell(P) = h^0\big(\Omega(X)\big) + \deg(P) + 1 - g = 2$ d'où une fonction non constante avec un unique pôle simple en P, c'est-à-dire un revêtement de degré 1 de $\mathbf{P}^1$, donc $X \simeq \mathbf{P}^1$ ce qu'on a exclu. ∎

Certaines courbes vont jouer un rôle particulier vis-à-vis de l'application canonique :

Définition - *Une surface de Riemann compacte X est dite* **hyperelliptique** *s'il y a sur X une fonction ayant deux pôles (en comptant la multiplicité), c'est-à-dire si X est un revêtement de $\mathbf{P}^1$ à deux feuillets (on verra que c'est très contraignant si $g > 2$).*

Théorème 9.6 - *Soit $(\omega_1, \ldots, \omega_g)$ une base de l'espace $\Omega(X)$ des différentielles holomorphes sur X. L'application*

$$\phi_K : \begin{array}{ccc} X & \longrightarrow & \mathbf{P}^{g-1}(\mathbf{C}) \\ P & \longmapsto & \big(\omega_1(P), \ldots, \omega_g(P)\big) \end{array}$$

(bien définie si $g \geq 1$) est un plongement si et seulement si X n'est pas hyperelliptique.

Remarque - Le sens à donner à $\big(\omega_1(P), \ldots, \omega_g(P)\big)$ est le suivant : on choisit en P une carte z et on écrit localement $\omega_i = f_i(z)dz$. Alors $\big(f_1(0), \ldots, f_g(0)\big)$ est un point de $\mathbf{P}^{g-1}(\mathbf{C})$ (d'après le lemme), qui est indépendant de la carte choisie (un changement de carte multiplie toutes les coordonnées par un même nombre). C'est ce point que l'on note $\big(\omega_1(P), \ldots, \omega_g(P)\big)$.

Une autre façon de le voir est de choisir une différentielle méromorphe ω et de poser $f_i = \omega_i/\omega$ (c'est une fonction). Si $K = (\omega)$ la condition ω_i holomorphe équivaut à $f_i \in \mathcal{L}(K)$. Alors ϕ_K est l'application ϕ du théorème 9.5 associée au diviseur K. Mais ce théorème ne s'applique pas car $\deg K = 2g - 2$.

Preuve du théorème – Dire que ϕ_K est injective revient à dire que pour $P \neq Q$ il y a une $\omega \in \Omega(X)$ nulle en P et non en Q, et de même ϕ_K est une immersion si et seulement si pour tout P il y a une ω d'ordre exact 1 en P. Donc ϕ_K est un plongement si et seulement si pour $P, Q \in X$ (éventuellement égaux), $h^0\big(\Omega_{-(P)-(Q)}\big) < h^0\big(\Omega_{-(P)}\big)$, qui équivaut par Riemann-Roch à $\ell\big((P) + (Q)\big) < 1 + \ell\big((P)\big) = 2$, i.e. X n'est pas hyperelliptique. ∎

Remarques - $\boxed{1}$ ϕ_K s'appelle **l'application canonique** associée à X. Pour être vraiment canonique (indépendante de la base $\omega_1, \ldots, \omega_g$), il faut regarder l'application

$$\phi_K : \begin{array}{ccc} X & \longrightarrow & \mathbf{P}\big(\Omega(X)\big)^* \\ P & \longmapsto & \big(\omega \mapsto \omega(P)\big) \end{array} \cdot$$

$\boxed{2}$ L'image $\phi_K(X)$ est une courbe lisse de degré $2g - 2$, non dégénérée dans $\mathbf{P}^{g-1}(\mathbf{C})$ (i.e. non contenue dans un hyperplan (avec multiplicité).

Preuve – ϕ_K est non dégénérée car les ω_i sont $\mathbf{C}$-linéairement indépendantes. Le nombre de points d'intersection de $\phi_K(X)$ avec l'hyperplan $\sum a_i X_i = 0$ est le nombre de zéros de $\omega = \sum a_i \omega_i$. Puisque ω n'a pas de pôle, ce nombre de zéros est $\deg(\omega) = 2g - 2$. ∎

Chapitre X

Exemples

§1 Courbes elliptiques

Définition - *Une* **courbe elliptique** *(sur* $\mathbf{C}$*) est une surface de Riemann compacte X de genre 1, avec le choix d'un point $P \in X$.*

Remarque - On sait que les tores $\mathbf{C}/\Lambda$ sont des courbes elliptiques. On verra que toute courbe elliptique X est isomorphe à un tore : le choix de P est le choix de l'image de $0 \in \mathbf{C}/\Lambda$ par un tel isomorphisme, c'est-à-dire de l'élément neutre de X pour la structure de groupe induite par $\mathbf{C}/\Lambda$.

a) Plongement projectif comme cubique plane.

On va préciser le plongement projectif donné par une base de $\mathcal{L}(3(P))$ (plongement car $\deg(3(P)) = 3 \geq 2g + 1$, voir chap. précédent). D'après Riemann-Roch, $\ell(n(P)) = n$ dès que $n > 0$ (car $\deg(K - n(P)) = -n < 0$). Il existe donc des fonctions $x \in \mathcal{L}(2(P)) \setminus \mathcal{L}((P))$ et $y \in \mathcal{L}(3(P)) \setminus \mathcal{L}(2(P))$. Comme revêtement ramifié de $\mathbf{P}^1$, x est de degré 2 (unique pôle double), donc $[\mathcal{M}(X) : \mathbf{C}(x)] = 2$ et puisque $y \notin \mathbf{C}(x)$ (pôle d'ordre impair), $\mathcal{M}(X) = \mathbf{C}(x,y)$.
Pour trouver l'équation liant x et y, on remarque que 1, x, y, x^2, xy, x^3, y^2 sont dans $\mathcal{L}(6(P))$ de dimension 6, d'où une relation linéaire (x^3 et y^2 apparaissent effectivement car les ordres en P sont distincts sauf pour x^3 et y^2). En changeant y en $y + ax + b$, on enlève les termes en xy et y, puis celui en x^2 en changeant x en $x + c$, et par homothétie sur x et y on peut finalement supposer notre relation sous la forme

$$y^2 = 4x^3 - g_2 x - g_3 \qquad g_i \in \mathbf{C}.$$

Ainsi X est réalisée comme cubique de $\mathbf{P}^2(\mathbf{C})$. Cette cubique est non singulière (car $\mathcal{L}(3(P))$ donne un plongement d'après le chap. IX ; on peut aussi voir que s'il y a un point singulier, par exemple à distance finie, alors $y^2 = 4(x - \alpha)^2(x - \beta)$ et alors $y/(x - \alpha)$ a un unique pôle simple en P donc est revêtement de $\mathbf{P}^1$ de degré 1, c'est-à-dire un isomorphisme $X \simeq \mathbf{P}^1$ ce qui est absurde). On en déduit $\Delta = g_2^3 - 27 g_3^2 \neq 0$.
On a donc un plongement de X comme cubique plane lisse :

$$\begin{array}{ccc} X & \hookrightarrow & \mathbf{P}^2(\mathbf{C}) \\ P & \longmapsto & (0, 1, 0) \\ Q & \longmapsto & (x(Q), y(Q), 1) \end{array}.$$

Réciproquement, la formule du genre (prop. 7.1) montre que toute cubique plane lisse est de genre 1.

b) Structure de groupe.

Une courbe elliptique admet une structure de groupe naturelle : c'est en fait celle de sa jacobienne (cf. chap. XII) que l'on peut construire soit à partir des diviseurs sur X, soit à partir des périodes de différentielles (on verra — th. 12.1 — que c'est équivalent). On étudie ici les diviseurs :

Notations - $\mathrm{Div}(X)$ est le groupe des diviseurs sur X.

$\mathrm{Div}_0(X)$ est le groupe des diviseurs de degré 0 sur X.

On dit que deux diviseurs D, D' sont **linéairement équivalents** si la différence $D - D'$ est un diviseur **principal**, c'est-à-dire le diviseur d'une fonction méromorphe sur X. On note alors $D \sim D'$.

$\mathrm{Pic}(X) = \mathrm{Div}(X)/\sim$ est le **groupe de Picard** de X.

Puisqu'une fonction a un diviseur de degré nul, on peut encore définir $\mathrm{Pic}_0(X) = \mathrm{Div}_0(X)/\sim$.

L'application

$$\phi : \begin{array}{ccc} X & \longrightarrow & \mathrm{Pic}_0(X) \\ Q & \longmapsto & (Q) - (P) \end{array}$$

permet alors de relever à X la structure de groupe de $\mathrm{Pic}_0(X)$:

Proposition 10.1 - *Si $P_1, P_2 \in X$, il existe un unique point $P_3 \in X$ tel que $(P_1) + (P_2) + (P_3) - 3(P)$ soit principal. On note alors $P = 0$ et $P_1 + P_2 + P_3 = 0$, ce qui définit une structure de groupe sur X, telle que*

$$\phi : \begin{array}{ccc} X & \longrightarrow & \mathrm{Pic}_0(X) \\ Q & \longmapsto & (Q) - (P) \end{array}$$

soit un morphisme. Le point $P_1 + P_2$ est l'unique point tel que $(P_1 + P_2) \sim (P_1) + (P_2) - (P)$. Dans le plongement $X \hookrightarrow \mathbf{P}^1(\mathbf{C})$ donné au §1a), on a

$$P_1 + P_2 + P_3 = 0 \iff P_1, P_2, P_3 \quad \text{sont alignés}.$$

Preuve – **Unicité** : si $(f) = (P_1) + (P_2) + (P_3) - 3(P)$ et $(g) = (P_1) + (P_2) + (P_4) - 3(P)$, alors $(f/g) = (P_3) - (P_4)$: si $P_3 \neq P_4$, f/g est donc un isomorphisme de X sur $\mathbf{P}^1$ (car rev. ramifié de degré 1), ce qui est absurde. **Existence** : soient x, y les fonctions donnant le plongement de X dans $\mathbf{P}^2(\mathbf{C})$ par $Q \longmapsto (x(Q), y(Q), 1)$. Soit $aU + bV + cW = 0$ la droite de $\mathbf{P}^2$ passant par P_1 et $P_2 \in X \subset \mathbf{P}^2(\mathbf{C})$ (la tangente à X si $P_1 = P_2$), et $f = ax + by + c$. Alors f s'annule en P_1 et P_2. Supposons $b \neq 0$. Alors f est de degré 3 (unique pôle, triple, en P) donc f a un troisième zéro P_3, sur la droite $\overline{P_1 P_2}$, qui convient. On raisonne de même si $b = 0$: f n'a plus que les deux zéros P_1 et P_2, et on prend $P_3 = P$ qui est bien sur la droite $aU + cW = 0$. Le reste des assertions est immédiat.   ∎

Exercice - Si g_2, $g_3 \in \mathbf{R}$, vérifier que les points réels de la cubique X d'équation $y^2 = 4x^3 - g_2 x - g_3$ ont l'allure ci-contre. Choisir pour P le point à l'infini (les droites passant par P sont les verticales). Pour Q donné, construire les points $-Q$, $2Q$, $3Q$. Vérifier que Q est un point d'inflexion si et seulement si $3Q = 0$. Dans le cas de la courbe $y^2 = x^3 + 1$, choisir $Q = (2,3)$ et montrer graphiquement que $6Q = 0$. Vérifier en calculant les coordonnées de $6Q$; pour cela on montrera que sur une courbe elliptique $X : y^2 = 4x^3 - g_2 x - g_3$ avec P à l'infini, si

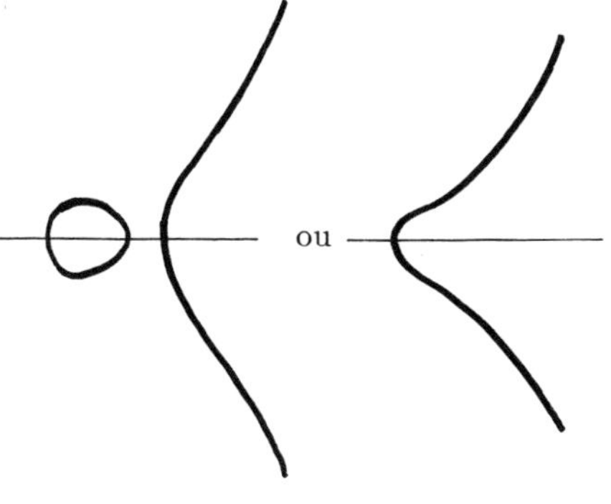

$$P_1 = (x_1, y_1), \quad P_2 = (x_2, y_2), \quad S = (x,y) = P_1 + P_2,$$

alors

$$x = -x_1 - x_2 + \frac{1}{4}\left(\frac{y_1 - y_2}{x_1 - x_2}\right)^2 \qquad \text{et} \qquad y = \frac{x(y_1 - y_2) + x_1 y_2 - x_2 y_1}{x_2 - x_1}.$$

c) Jacobienne

On va voir ici que X est isomorphe à un tore $\mathbf{C}/L$. Puisque $\dim \Omega(X) = g = 1$, il y a une différentielle holomorphe $\omega \neq 0$ (unique à $\mathbf{C}^*$ près), et sans zéro (car $\deg(\omega) = 2g - 2 = 0$). Du point de vue courbe algébrique, si on voit X comme cubique lisse de $\mathbf{P}^2$ d'équation $y^2 = 4x^3 - g_2 x - g_3$, on a déjà vu que $\omega = \frac{dx}{y}$ est une base des différentielles (prop. 7.1).

On note toujours P le point choisi sur X. Si γ est un chemin de P à Q sur X, on définit $I(\gamma) = \int_\gamma \omega \in \mathbf{C}$. Changer γ par un cycle transforme $I(\gamma)$ par un élément du groupe des périodes $L = \left\{ \int_\gamma \omega \;\; ; \;\; \gamma \in H_1(X) \approx \mathbf{Z}^2 \right\}$, donc on a une application bien définie

$$I : \begin{array}{ccc} X & \longrightarrow & \mathbf{C}/L \\ Q & \longmapsto & \int_P^Q \omega \end{array}.$$

C'est analytique au sens suivant : si γ_0 est un chemin fixé de P à Q_0, et U un voisinage simplement connexe de Q_0, alors

$$I : \begin{array}{ccc} U & \longrightarrow & \mathbf{C} \\ Q & \longmapsto & \int_{\gamma_0} \omega + \int_{Q_0}^Q \omega \end{array}$$

est bien définie et analytique (le chemin de Q_0 à Q restant dans U).

Lemme - *L est un réseau de $\mathbf{C}$.*

Preuve – L est engendré par les 2 périodes $\omega_j = \int_{\gamma_j} \omega$ où γ_1, γ_2 est une base de $H_1(X)$. Supposons par l'absurde qu'elles sont $\mathbf{R}$-linéairement dépendantes. Quitte à faire une homothétie sur ω, on peut supposer $\omega_1, \omega_2 \in i\mathbf{R}$. Alors $\Re\left(\int_P^Q \omega\right)$ est une fonction $X \to \mathbf{R}$ bien définie, et harmonique (car I est analytique), donc constante. Donc sur un ouvert simplement connexe, $I(Q)$ est analytique de partie réelle constante, donc est constante, d'où $\omega \equiv 0$ ce qui est absurde. $\blacksquare$

Définition - *Le quotient $\mathbf{C}/L$ est donc un tore, appelé* **jacobienne** *de X. C'est encore une surface de Riemann de genre 1.*

Proposition 10.2 - *L'application*

$$I : \begin{array}{ccc} X & \longrightarrow & \mathbf{C}/L \\ Q & \longmapsto & \int_P^Q \omega \end{array}$$

est un isomorphisme de surfaces de Riemann.

Preuve – C'est visiblement un morphisme de surfaces de Riemann, non constant (car $\omega \neq 0$) donc surjectif. L'injectivité est un résultat général sur les courbes (théorème d'Abel, voir chap. XII) mais que l'on peut montrer ici directement :
I est un revêtement étale de $\mathbf{C}/L$ (car l'application tangente $dI = \omega$ ne s'annule pas, ou bien grâce à la formule de Hurwitz qui s'écrit ici $0 = 0 + \sum(e_x - 1)$). Par suite on peut voir X, à isomorphisme près, comme quotient de $\mathbf{C}$ (le revêtement universel de $\mathbf{C}/L$) par un sous-groupe L' de L :

$$I : \begin{array}{ccccccc} \tilde{X} & \xrightarrow{\sim} & & \mathbf{C} & \to & \mathbf{C} \\ \downarrow & & \gamma \longmapsto I(\gamma) \downarrow & & & \downarrow \\ X & \xrightarrow{\sim} & & \mathbf{C}/L' & \to & \mathbf{C}/L \end{array}$$

On veut montrer que $L \subset L'$; or, si $w = \int_\gamma \omega \in L$ où γ est un cycle, on peut l'écrire $\gamma = \gamma_1 - \gamma_2$ avec γ_1 et γ_2 deux chemins de P au même point $Q \in X$, donc $I(\gamma_1)$ et $I(\gamma_2)$ sont au-dessus du même point q de $\mathbf{C}/L'$, c'est-à-dire $w = I(\gamma_1) - I(\gamma_2) \in L'$, d'où $L \subset L'$. $\blacksquare$

L'isomorphisme précédent induit donc une structure de groupe sur $\mathbf{C}/L$. On verra (chap. XII) que c'est la même que celle donnée par la prop. 10.1. On en déduit par exemple qu'une cubique plane non singulière admet neuf points d'inflexion (car sur le modèle $\mathbf{C}/L$, il y a visiblement 9 points de 3-torsion, et d'après l'exercice du §1b) ces points sont les points d'inflexion).

d) Tores complexes

Lorsqu'on part d'une courbe elliptique vue comme tore $\mathbf{C}/L$, on peut reconstruire la cubique plus explicitement qu'au a) car on peut expliciter les fonctions méromorphes ; par définition, ce sont les fonctions méromorphes sur $\mathbf{C}$ qui sont

L-périodiques. Un exemple explicite est donné par la fonction $\wp$ de Weirestrass et ses dérivées :

$$\wp(z) = \frac{1}{z^2} + \sum_{L-\{0\}} \left\{ \frac{1}{(z+\omega)^2} - \frac{1}{\omega^2} \right\} \quad , \quad \wp'(z) = \sum_L \frac{-2}{(z+\omega)^3}.$$

Exercice - Vérifier que ces séries convergent normalement sur tout compact disjoint de L en montrant que $\sum |\omega|^{-3}$ converge.

Ainsi $\wp$ et $\wp'$ sont méromorphes ; $\wp'$ est visiblement périodique, donc

$$\wp(z+\omega) = \wp(z) + \text{constante}$$

et la constante est nulle par parité de $\wp$ (choisir $z = \omega/2$ où $\omega \in L \setminus 2L$). Donc $\wp$ et $\wp'$ sont méromorphes sur $X = \mathbf{C}/L$, avec un unique pôle double (resp. triple) en 0. On en déduit comme au a) que $\mathcal{M}(X) = \mathbf{C}(\wp, \wp')$. On peut trouver l'équation liant $\wp$ et $\wp'$:

Proposition 10.3 - *Si on définit* $\quad g_2 = 60\,G_4(L) \quad$ *et* $\quad g_3 = 140\,G_6(L)$ *où* $G_k(L) = \sum_{L-\{0\}} \omega^{-k}$, *alors*

$$\wp'^2(z) = 4\wp^3(z) - g_2\wp(z) - g_3.$$

> **Preuve** – On calcule les développements de Laurent de $\wp$ et $\wp'$ en 0 (c'est explicite en fonction des $G_k(L)$). On s'aperçoit alors que $\wp'^2 - 4\wp^3 + g_2\wp + g_3$ n'a pas de partie polaire (les termes en $z^{-6}, z^{-5}, \ldots, z^{-1}$ se détruisent) ni de terme constant. C'est donc une fonction holomorphe sur X (donc constante par principe du maximum), nulle en 0, donc partout. ∎

§2 Surfaces de Riemann (ou courbes) hyperelliptiques

Une surface de Riemann compacte X est dite hyperelliptique si elle admet une fonction méromorphe f ayant 2 pôles, en comptant la multiplicité. Cela équivaut à dire qu'il existe un diviseur D effectif de degré 2 tel que $\ell(D) \geq 2$.

> **Preuve** – $\Longrightarrow$ Si $D = (f)_\infty$ est le diviseur des pôles de f, alors 1, $f \in \mathcal{L}(D)$. $\Longleftarrow$ Soit $f \in \mathcal{L}(D) \setminus \mathbf{C}$; elle a au plus deux pôles. Si elle n'en a qu'un, alors f^2 convient. ∎

Remarque - La fonction $f : X \to \mathbf{P}^1$ étant un revêtement double de $\mathbf{P}^1$, les degrés de ramification ne peuvent valoir que 1 (point non ramifié) ou 2 (point ramifié). La formule de Hurwitz montre alors que le nombre de points de ramification de f est $\sum(e_x - 1) = 2g + 2$.

Exemple - Toute surface de Riemann de genre ≤ 2 est hyperelliptique.

Preuve – Si $g = 0$ (resp. 1) on peut prendre $f = z^2$ (resp. $f = \wp$). Si $g = 2$, soit K le diviseur d'une différentielle holomorphe ; il est > 0, de degré $2g - 2 = 2$, et $\ell(K) = g = 2$.   ∎

Remarque - Dans le cas $g = 2$ on peut un peu expliciter f : si (ω_1, ω_2) est une base de $\Omega(X)$, alors $f = \omega_1/\omega_2$ a un diviseur $\geq -(\omega_2) = -(P)-(Q)$ donc convient.

Equation plane des courbes hyperelliptiques

Théorème 10.1 - *Soit $f : X \to \mathbf{P}^1(\mathbf{C})$ un revêtement ramifié de degré 2, et $z_1,\ldots,z_{2g+2}$ les points de ramification (vus sur $\mathbf{P}^1$). Alors X est la surface de Riemann associée à la courbe plane d'équation*

$$y^2 = \prod_{1}^{2g+2} (x - z_i)$$

(seulement $2g+1$ termes si un z_i vaut ∞). Réciproquement, la surface de Riemann associée à une courbe d'équation $y^2 = \prod_1^n(x - z_i)$ ($z_i \in \mathbf{C}$ distincts) est hyperelliptique de genre $\left[\frac{n-1}{2}\right]$. En particulier, il existe des courbes hyperelliptiques de chaque genre.

Remarque - Si $g \geq 3$ on montre qu'il y a des surfaces de Riemann non hyperelliptiques de genre g ; il y en a même plus que des hyperelliptiques. L'idée intuitive de preuve est la suivante : les surfaces de Riemann de genre g sont paramétrées par un espace de dimension $3g - 3$; or une surface de Riemann hyperelliptique est déterminée par seulement $2g - 1$ paramètres (les $2g + 2$ nombres z_i, parmi lesquels on peut fixer trois par homographie).

> **Preuve du théorème** – Soit $h \in \mathcal{M}(X) \backslash \mathbf{C}(f)$. Puisque $[\mathcal{M}(X) : \mathbf{C}(f)] = 2$, on a $\mathcal{M}(X) = \mathbf{C}(f,h)$. Une équation de X est donnée par un polynôme liant f et h (cf. chap. VII). Il y a naturellement une équation du type $a(f)h^2 + b(f)h + c(f) = 0$; en remplaçant h par $a(f).h$ (ce qui ramène à $a(f) = 1$) puis par $\frac{1}{2}b(f) + h$ (qui ramène à $b(f) = 0$) on peut ainsi supposer $h^2 = \prod_{j=1}^n(f - t_j)$, $t_j \in \mathbf{C}$ distincts (on rentre les facteurs carrés dans h). Les nombres t_j sont les valeurs de f correspondant à une seule valeur de h (i.e. un seul point $Q \in X$ tel que $f(Q) = t_j$ puisque $\mathcal{M}(X)$ sépare les points de X) : ce sont donc les points de ramification de f (au moins hors de ∞).
> Réciproquement, sur la courbe $y^2 = \prod(x - z_i)$ la fonction x est de degré 2, ramifiée aux z_i et peut-être à l'infini. La formule de Hurwitz entraîne que le nombre de points de ramification est pair, ce qui permet de savoir si c'est ou non ramifié à l'infini. Cette formule donne aussi le genre $g = \left[\frac{n-1}{2}\right]$.   ∎

Corollaire 1 - *Si X est hyperelliptique de genre $g \geq 2$, l'application canonique $\phi_K : X \to \mathbf{P}^{g-1}$ est de degré 2 sur son image, qui est la courbe rationnelle normale de degré $g - 1$: on a la factorisation*

$$X \xrightarrow{\quad\quad} \mathbf{P}^{g-1} \ni (1,t,\ldots,t^{g-1})$$
$$x \searrow \qquad \nearrow$$
$$\mathbf{P}^1 \ni (1,t)$$

où x est une fonction de degré 2.

Preuve – On regarde X comme courbe plane $y^2 = \prod(x - z_i)$. Pour qu'une différentielle $h(x,y)\frac{dx}{y}$, avec $h \in \mathbf{C}(x,y)$, soit holomorphe sur X sauf à l'infini, il faut et il suffit que $h \in \mathbf{C}[x,y]$ (cf. chap. VII, car X est lisse hors de ∞). A l'infini, h est encore holomorphe pourvu que $\deg_y h = 0$ et $\deg_x h \leq g-1$, d'où une base de $\Omega(X)$:

$$\frac{dx}{y}, x\frac{dx}{y}, \ldots, x^{g-1}\frac{dx}{y},$$

et l'application canonique ϕ_K est donc donnée par $\left(1, x, x^2, \ldots, x^{g-1}\right) \in \mathbf{P}^{g-1}$. ∎

Corollaire 2 - *Le morphisme $f : X \to \mathbf{P}^1$ de degré 2 est unique à automorphisme de $\mathbf{P}^1$ près si $g \geq 2$. En particulier, ses points de ramification (sur X) sont bien définis (on en verra une signification intrinsèque au chap. XI).*

Preuve – L'application ϕ_K est bien définie à partir d'une base de $\Omega(X)$, donc ne dépend que de X à automorphisme de $\mathbf{P}^{g-1}$ près. Si on a deux fonctions f et f', on a alors 2 factorisations :

$$
\begin{array}{ccccc}
 & & & \phi_K & \\
 & \nearrow & & & \searrow \\
X & \xrightarrow{\ f\ } & \mathbf{P}^1 & \xrightarrow{(1,\ldots,t^{g-1})} & \mathbf{P}^{g-1} \\
\| & & & & \downarrow \wr \\
X & \xrightarrow{\ f'\ } & \mathbf{P}^1 & \xrightarrow{(1,\ldots,t^{g-1})} & \mathbf{P}^{g-1} \\
 & \searrow & & & \nearrow \\
 & & & \phi'_K &
\end{array}
$$

Ce diagramme commute, donc l'automorphisme de $\mathbf{P}^{g-1}$ se remonte en un automorphisme de $\mathbf{P}^1$. ∎

Théorème 10.2 - *Une surface de Riemann X est hyperelliptique si et seulement s'il existe une involution conforme J sur X (automorphisme d'ordre 2) fixant $2g+2$ points exactement.*

Preuve – $\Longrightarrow$ Sur la courbe $y^2 = \prod(x - z_i)$, l'involution $J : (x,y) \longmapsto (x,-y)$ convient. On peut encore encore la définir sans équation : on choisit $f : X \to \mathbf{P}^1$ de degré 2, et J est l'échange de feuillets (qui à un point Q non ramifié associe l'autre point de la fibre) ; en un point non ramifié, c'est un isomorphisme local (il s'écrit $f^{-1} \circ f$), et en P ramifié, c'est $z \longmapsto -z$ en termes de la carte locale $z = \sqrt{f - f(P)}$.

$\Longleftarrow$ Soit J l'involution donnée, et π la projection $X \xrightarrow{\pi} X/\langle J \rangle$. On met sur le quotient $X/\langle J \rangle$ une structure de surface de Riemann : si $\pi^{-1}(P) = \{Q_1, Q_2\}$ non ramifiés, alors π est un homéomorphisme d'un voisinage de Q_1 sur un voisinage de P : une carte en P est définie par $z \circ \pi^{-1}$ où z est une carte en Q_1. Si P est fixe ($Q_1 = Q_2$) on choisit une carte z en Q ($= Q_1 = Q_2$) telle que l'action de J soit donnée par $z \longmapsto -z$, et $z^2 \circ \pi^{-1}$ définit une carte en P sur $X/\langle J \rangle$.

Avec cette structure, π définit un morphisme de degré 2, avec $2g + 2$ points de ramification (les points fixes). Donc si $\tilde{g} = \text{genre}(X/\langle J \rangle)$, la formule de Hurwitz donne $2g-2 = 2(2\tilde{g}-2)+2g+2$, d'où $\tilde{g} = 0$ donc π est un morphisme $X \to \mathbf{P}^1$ de degré 2. ∎

Définition - *L'involution J s'appelle* **involution hyperelliptique**.

Remarque - Si $g \geq 2$, le cor.2 plus haut entraîne que l'involution hyperelliptique est unique (voir cor.2 à la prop.11.4) ; on l'appelle encore l'échange de feuillets. Mais il peut y avoir d'autres involutions sur X (qui ont alors au plus 4 points fixes, cf. chap. XI). De même, il peut y avoir des involutions (avec moins de $2g+2$ points fixes) sans que la courbe soit hyperelliptique. Par exemple pour $N \geq 2$, la courbe modulaire $X_0(N)$ (voir §3) admet une involution w_N dite d'Atkin-Lehner, mais en général $X_0(N)$ n'est pas hyperelliptique. Pour $N = 37$, $X_0(37)$ est hyperelliptique mais w_{37} n'est pas l'involution hyperelliptique : le quotient $X_0(37)/\langle w_{37} \rangle$ est de genre 1 et non 0.

§3 Courbes modulaires

On étudie ici les quotient $\Gamma \backslash \mathcal{H}$ où Γ est un sous-groupe discret de $SL_2(\mathbf{R}) = \text{Aut}\,\mathcal{H}$. Une motivation est l'étude de $SL_2(\mathbf{Z}) \backslash \mathcal{H}$ qui est l'espace des modules des courbes elliptiques (voir chap. IV). Une autre est le fait que toute surface de Riemann (sauf $\mathbf{P}^1, \mathbf{C}, \mathbf{C}^*$ et les tores $\mathbf{C}/\Lambda$) s'écrit $\Gamma \backslash \mathcal{H}$ où Γ agit discrètement sans point fixe sur $\mathcal{H}$. Malheureusement (ou heureusement ?) beaucoup de sous-groupes discrets explicites de $SL_2(\mathbf{R})$ agissent avec des points fixes. Pour des détails, voir [Sh].

Exemples - On s'intéressera surtout à des sous-groupes de $SL_2(\mathbf{Z})$, en particulier, pour $N \in \mathbf{N}^*$:

$$\Gamma(N) = \{\gamma \equiv id \bmod N\} \qquad \subset SL_2(\mathbf{Z})$$

$$\Gamma_0(N) = \{\gamma \equiv \begin{pmatrix} 1 & * \\ 0 & 1 \end{pmatrix} \bmod N\} \quad \subset SL_2(\mathbf{Z})$$

$$\Gamma_1(N) = \{\gamma \equiv \begin{pmatrix} * & * \\ 0 & * \end{pmatrix} \bmod N\} \quad \subset SL_2(\mathbf{Z})$$

Les ordres de certaines algèbres de quaternions fournissent aussi des sous-groupes discrets intéressants de $SL_2(\mathbf{R})$ (on construit ainsi les courbes de Shimura).

Comme $SL_2(\mathbf{Z})$, les groupes $\Gamma_0(N)$ et $\Gamma_1(N)$ sont liés aux courbes elliptiques : les quotients correspondants de $\mathcal{H}$ paramètrent les courbes elliptiques munies d'un sous-groupe d'ordre N (resp. d'un point d'ordre N). Le groupe $\Gamma(N)$ renseigne aussi sur la torsion des courbes elliptiques, et a l'avantage d'être distingué dans $SL_2(\mathbf{Z})$ (d'où de bonnes propriétés galoisiennes pour le corps de fonctions correspondant).

A tout sous-groupe discret Γ de $SL_2(\mathbf{R})$, on associe une surface de Riemann $X(\Gamma) = \Gamma \backslash \mathcal{H}^*$; voici en bref sa construction (détails dans [Sh]) et l'explication de cette notation.

Lemme - $\Gamma \backslash \mathcal{H}$ *est séparé.*

> **Preuve** – Si $x \not\equiv y \ (\bmod\,\Gamma)$, soient X, Y des voisinages compacts de x, y. Alors $F = \{\gamma \in \Gamma \ ; \ \gamma X \cap Y \neq \emptyset\}$ est discret et compact donc fini (la compacité, pas tout à fait immédiate, provient de la continuité de $\gamma \longmapsto \gamma.x$). Or si $\gamma \in F$, on peut rétrécir X et Y pour que $Y \cap \gamma X = \emptyset$ (car $y \neq \gamma x$), donc $F = \emptyset$ après un nombre fini de pas. ∎

Les ennuis dans la suite de la construction viennent des points fixes :

Définition - *Un nombre $z \in \mathbf{C} \cup \{\infty\}$ est une* **pointe** *(resp. un* **point elliptique***) pour Γ si c'est l'unique point fixe dans $\mathbf{R} \cup \{\infty\}$ (resp. dans $\mathcal{H}$) d'un $\gamma \in \Gamma$.*

On montre facilement que s'il y a des pointes, $\Gamma \backslash \mathcal{H}$ n'est pas compact (car il y a une suite z_n convergeant vers une pointe z, sans point limite dans $\Gamma \backslash \mathcal{H}$). Or, beaucoup de groupes intéressants ont des pointes (les $\Gamma_i(N)$) et il est utile d'avoir la compacité (pour obtenir des courbes algébriques), donc on ajoute les pointes : On note $\mathcal{H}^* = \mathcal{H} \cup \{\text{pointes}\}$. Remarquons que $\mathcal{H}^*$ **dépend** de Γ (voir cependant la proposition 10.4).

On définit une topologie sur $\mathcal{H}^*$ en prenant la topologie usuelle sur $\mathcal{H}$, et en prenant les "demi-plans" $\{\infty\} \cup \{\Im m\, z > n\}$ ($n \in \mathbf{N}$) comme base de voisinages de ∞ si $\infty \in \mathcal{H}$, et les "disques" $\{s\} \cup \{|z - s - \frac{i}{n}| < \frac{1}{n}\}$ ($n \in \mathbf{N}^*, i = \sqrt{-1}$) comme base de voisinages d'une pointe $s \in \mathbf{R}$.

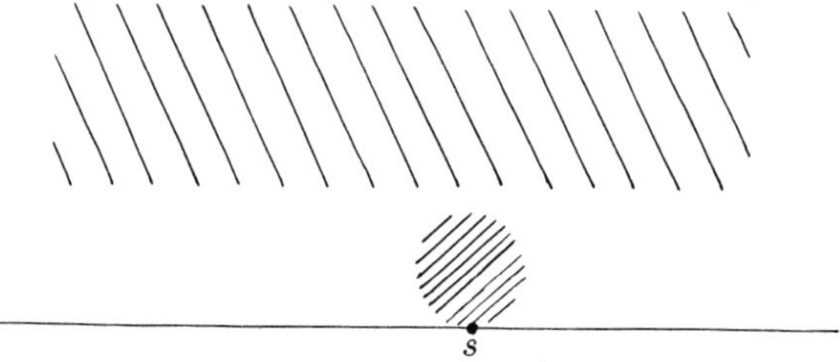

Notation - Si G est un sous-groupe de $SL_2(\mathbf{R})$, on notera $\overline{G}$ son image dans $PSL_2(\mathbf{R}) = SL_2(\mathbf{R})/\pm 1$, qui a l'avantage d'agir fidèlement.

Remarque - Si ∞ est une pointe pour Γ, son fixateur Γ_∞ apparaîtra souvent dans la suite. Montrons que

$$\overline{\Gamma_\infty} = \left\{ \begin{pmatrix} 1 & nh \\ 0 & 1 \end{pmatrix} \quad ; \quad n \in \mathbf{Z} \right\} \qquad \text{où} \qquad h \in \mathbf{R}.$$

En effet, si γ admet l'infini pour unique point fixe, alors $\gamma(z) = z + b$, et les b possibles sont deux à deux commensurables donc sont les multiples d'un réel $h > 0$ (car Γ est discret). Si $\gamma' \in \Gamma_\infty$, alors $\gamma'(z) = \lambda z + \mu$ (avec $\lambda \geq 1$ quitte à inverser γ'). Alors $\gamma'^{-1}\gamma\gamma'(z) = z + h/\lambda$, d'où $\lambda = 1$, et $h \mid \mu$.

Théorème 10.3 - $\boxed{1}$ *$\Gamma \backslash \mathcal{H}^*$ est séparé.*

$\boxed{2}$ *Si $z \in \mathcal{H}^*$, il existe un voisinage $\mathcal{U}_z$ de z tel que*

$$\left\{ \gamma \in \Gamma \quad ; \quad \gamma \mathcal{U}_z \cap \mathcal{U}_z \neq \emptyset \right\} = \Gamma_z$$

(le fixateur de z).

$\boxed{3}$ *On peut mettre sur $\Gamma \backslash \mathcal{H}^*$ une structure naturelle de surface de Riemann, prolongeant la structure du quotient $\Gamma \backslash \mathcal{H}$.*

Preuve – $\boxed{1}$ D'après le lemme, il suffit de séparer une pointe s_0 du reste. Par conjugaison de Γ dans $SL_2(\mathbf{R})$, on suppose $s_0 = \infty$. Séparer ∞ d'un point z revient à majorer uniformément (en γ) les $\Im m\, \gamma \mathcal{V}$ où $\gamma \in \Gamma$, et $\mathcal{V}$ est un voisinage fixé de z. Or, si $\gamma = \left(\begin{smallmatrix} a & b \\ c & d \end{smallmatrix}\right)$ avec $c \neq 0$, on a

$$\Im m\, \gamma(z) = \frac{\Im m\, z}{|cz + d|^2} \leq \frac{\Im m\, z}{\big(\Im m(cz + d)\big)^2} = c^{-2}\, \Im m(z)^{-1}.$$

Dans le cas $c = 0$, on a nécessairement $\gamma = \pm\left(\begin{smallmatrix} 1 & nh \\ 0 & 1 \end{smallmatrix}\right)$ (voir remarque) d'où $\Im m\, \gamma(z) = \Im m\, z$ dans ce cas. On cherche donc à minorer les $c \neq 0$. Lorsque $\Gamma \subset SL_2(\mathbf{Z})$ (c'est le cas qui nous intéressera plus loin) alors $|c| \geq 1$ dès que $c \neq 0$. Dans le cas général, on montre que $c = c(\gamma)$ ne dépend que de $\Gamma_\infty \gamma \Gamma_\infty$ et qu'il n'y a qu'un nombre fini de telles classes avec $|c(\gamma)| \leq M$ donné, d'où un plus petit $c_\Gamma \geq 0$ tel que $\forall \gamma \in \Gamma \setminus \Gamma_\infty, \quad |c(\gamma)| \geq c_\Gamma$. Ainsi :

(∗)   Si $z \in \mathcal{H}$ et si K est un voisinage compact de z, alors $\Im m\, \gamma(K)$ est uniformément borné (trivial si $\gamma \in \Gamma_\infty$) donc $\gamma(K)$ est disjoint d'un voisinage fixe de ∞.

Il reste à séparer ∞ d'une autre pointe s. On écrit

$$\overline{\Gamma_\infty} = \left\{ \begin{pmatrix} 1 & nh \\ 0 & 1 \end{pmatrix} \;\; ; \;\; n \in \mathbf{Z} \right\}.$$

Soit $\mathcal{U} = \left\{ \Im m\, z > M \right\}$ un voisinage de ∞, et

$$K = \left\{ \Im m\, z = M \text{ et } 0 \leq \Re e\, z \leq k \right\}$$

(c'est un compact). Soit V un voisinage de s tel que $\forall \gamma, K \cap \gamma V = \emptyset$ (il existe d'après (∗) quitte à amener s sur ∞ par conjugaison). On peut choisir pour V un "disque" $\{s\} \cup \left\{ |z - s - \frac{i}{n}| < \frac{1}{n} \right\}$.

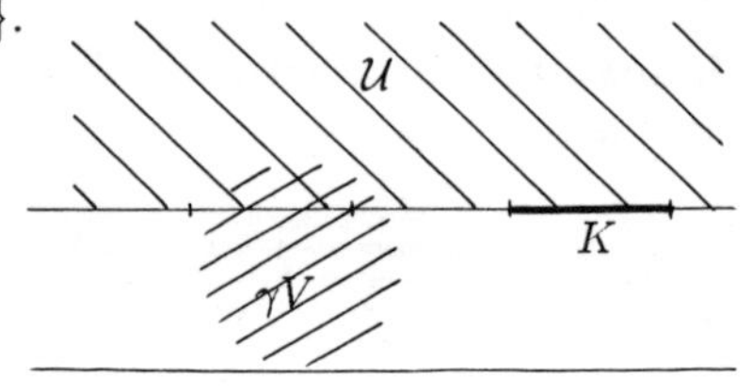

Alors $\forall \gamma, \mathcal{U} \cap \gamma V = \emptyset$: sinon ils se coupent sur $\Im m\, z = M$ (par connexité de V, voir figure) donc sur un translaté $\gamma_1 K$ de K, où $\gamma_1 \in \Gamma_\infty$ (car par définiton de K, ces translatés couvrent la droite $\Im m\, z = M$) d'où $\boxed{1}$.

$\boxed{2}$ Si $z \in \mathcal{H}$ c'est la démonstration du lemme précédent (puisque cette fois $x = y$ on arrive seulement à réduire F jusqu'à Γ_z et pas jusqu'à $\emptyset$). Si z est une pointe (qu'on suppose égale à ∞ par conjugaison), on prend $\mathcal{U}_z = \left\{ \Im m\, z > c_\Gamma^{-1} \right\}$.

$\boxed{3}$ $\Gamma_z \backslash \mathcal{U}_z$ est un voisinage de z dans $\Gamma \backslash \mathcal{H}^*$ d'après $\boxed{2}$. Alors

a) Si $z \in \mathcal{H}$ on montre que $\overline{\Gamma_z}$ est cyclique fini (par conjugaison on suppose $z = i$ donc $\Gamma_i = SO_2(\mathbf{R}) \cap \Gamma$ est discret dans $SO_2(\mathbf{R}) \simeq S^1$) d'où un isomorphisme $\lambda : \mathcal{H} \xrightarrow{\sim} D = D(0,1)$ envoyant z sur 0 et induisant un isomorphisme $\Gamma_z \backslash \mathcal{H} \xrightarrow{\lambda} \langle e^{2i\pi/n} \rangle \backslash D$. On choisit alors comme carte sur $\Gamma_z \backslash \mathcal{U}_z$ la composée

$$\Gamma_z \backslash \mathcal{U}_z \xrightarrow{\sim} \langle e^{2i\pi/n} \rangle \backslash D \longrightarrow \mathbf{C}$$
$$t \longmapsto t^n \, .$$

b) Si z est une pointe, on peut supposer que $z = \infty$ (par conjugaison) et que $\overline{\Gamma_\infty} = \left\{ \begin{pmatrix} 1 & nh \\ 0 & 1 \end{pmatrix} \;;\; n \in \mathbf{Z} \right\}$, et on prend alors $z \longmapsto e^{2i\pi z}$ comme carte à l'infini.

On vérifie qu'on obtient bien ainsi une structure de surface de Riemann sur $\Gamma \backslash \mathcal{H}^*$. ∎

Définition - *On dit que Γ est un* **groupe fuchsien de première espèce** *si la surface de Riemann $X(\Gamma) = \Gamma \backslash \mathcal{H}^*$ est compacte.*

On notera $X(N)$, $X_0(N)$, $X_1(N)$ la surface de Riemann $X(\Gamma)$ lorsque Γ vaut $\Gamma(N)$, $\Gamma_0(N)$, $\Gamma_1(N)$. En particulier, $SL_2(\mathbf{Z}) \backslash \mathcal{H}^* = X(1) = X_0(1) = X_1(1)$.

Proposition 10.4 - *Si Γ et Γ' sont commensurables (c'est-à-dire $\Gamma \cap \Gamma'$ est d'indice fini dans chacun), alors ils ont les mêmes pointes ($\mathcal{H}^{*'} = \mathcal{H}^*$), et $\Gamma \backslash \mathcal{H}^*$ est compact si et seulement si $\Gamma' \backslash \mathcal{H}^*$ l'est.*

Preuve – On peut évidemment supposer $\Gamma' \subset \Gamma$ (et donc $\mathcal{H}^{*'} \subset \mathcal{H}^*$). Si s est une pointe pour Γ, point fixe de σ, alors $\sigma^e \in \Gamma'$ si $e = (\Gamma : \Gamma')$, et s est le seul point fixe de σ^e, donc $s \in \mathcal{H}^{*'}$, d'où $\mathcal{H}^{*'} = \mathcal{H}^*$. Si $X(\Gamma')$ est compacte, $X(\Gamma)$ aussi car la projection $\Gamma' \backslash \mathcal{H}^* \longrightarrow \Gamma \backslash \mathcal{H}^*$ est continue. Réciproquement, si $z \in \mathcal{H}^*$, soit $\mathcal{V}_z \subset \mathcal{H}^*$ un voisinage compact de z : il existe trivialement si $z \in \mathcal{H}$; et si $z = \infty$, on prend

$$\{\infty\} \bigcup \{0 \leq \Re e\, \zeta \leq |h| \quad \text{et} \quad \Im m\, \zeta > 1\}$$

où h est défini par $\overline{\Gamma_\infty} = \begin{pmatrix} 1 & \mathbf{Z}h \\ 0 & 1 \end{pmatrix}$. Alors si $X(\Gamma)$ est compacte, on a un recouvrement fini $X(\Gamma) = \bigcup_1^n \phi(\mathcal{V}_{z_i})$ où $\phi : \mathcal{H}^* \longrightarrow \Gamma \backslash \mathcal{H}^*$. Puisqu'on peut écrire $\Gamma = \bigcup_1^p \Gamma' \gamma_j$, on a $X(\Gamma') = \bigcup_{i,j} \phi'(\gamma_j \mathcal{V}_{z_i})$ où $\phi' : \mathcal{H}^* \longrightarrow \Gamma' \backslash \mathcal{H}^*$; c'est donc un compact. ∎

Remarque - si $X(\Gamma)$ est compacte, il n'y a qu'un nombre fini de points elliptiques et de pointes : d'après le $\boxed{2}$ du théorème, $X(\Gamma)$ est recouverte par un nombre fini d'ouverts ne contenant qu'un point fixe au plus chacun.

Problème - Calculer le genre de $X(\Gamma)$. C'est difficile en général, mais si $\Gamma' \subset \Gamma$ d'indice fini et si on connait le genre de $X(\Gamma)$, on peut calculer celui de $X(\Gamma')$ par la formule de Hurwitz appliquée au morphisme non constant $f : \Gamma' \backslash \mathcal{H}^* \longrightarrow \Gamma \backslash \mathcal{H}^*$ (exercice : f est bien analytique) :

Proposition 10.5 - *Soit Γ un groupe fuchsien de première espèce, $\Gamma' \subset \Gamma$ d'indice fini, et $f : X(\Gamma') \longrightarrow X(\Gamma)$ la projection. Alors*

$$\deg f = (\overline{\Gamma} : \overline{\Gamma}'), \quad \text{et} \quad e_z(f) = (\overline{\Gamma}_z : \overline{\Gamma}'_z)$$

(degré de ramification au point $\phi'(z) = z \,(\mathrm{mod}\,\Gamma')$).

Preuve – On a le diagramme commutatif suivant :

$$
\begin{array}{ccc}
 & \mathcal{H}^* & \\
{\scriptstyle \phi'}\swarrow & & \searrow{\scriptstyle \phi} \\
\Gamma'\backslash\mathcal{H}^* & \xrightarrow{\ \ f\ \ } & \Gamma\backslash\mathcal{H}^*
\end{array}
$$

Si $z \in \mathcal{H}^*$, la fibre de f au-dessus de $\phi(z)$ est

$$
f^{-1}\big(\phi(z)\big) = \{\phi'(\gamma z) \quad ; \quad \gamma \in \Gamma\} .
$$

Or, $\phi'(\gamma_1 z) = \phi'(\gamma_2 z) \iff \exists \gamma' \in \Gamma'$ tel que $\gamma_1 \in \Gamma'\gamma_2\Gamma_z$. En particulier, si z n'est pas un point fixe (i.e. $\overline{\Gamma}_z = 1$), alors $\#f^{-1}(\phi(z)) = (\overline{\Gamma} : \overline{\Gamma}')$ (car $\overline{\Gamma}$ agit fidèlement), d'où le degré.

Un voisinage de $z \in \mathcal{H}^*$ dans $X(\Gamma)$ (resp. $X(\Gamma')$) est $\overline{\Gamma}_z\backslash\mathcal{U}_z$ (resp. $\overline{\Gamma}'_z\backslash\mathcal{U}_z$ où $\mathcal{U}_z$ est donné au théorème 10.3 $\boxed{2}$. Le degré de ramification en $\phi'(z)$ est le nombre de points dans $\overline{\Gamma}'_z\backslash U_z$ au-dessus d'un point $(\neq \phi(z))$ de $\overline{\Gamma}\backslash\mathcal{U}_z$ donc vaut $(\overline{\Gamma}_z : \overline{\Gamma}'_z)$.   ∎

On appliquera ce résultat au cas où $\Gamma = SL_2(\mathbf{Z})$, qu'on étudie maintenant.

Théorème 10.4 - $F = \left\{|\Re e\, z| < \frac{1}{2}\, , \ |z| > 1\right\}$ *est un* **domaine fondamental** *pour* $\Gamma = SL_2(\mathbf{Z})$ *(i.e. c'est un ouvert ne contenant pas deux éléments conjugués, et* $\mathcal{H}^* = \bigcup_\gamma \gamma\overline{F}$*). Les pointes sont* $\mathbf{Q} \cup \{\infty\}$*, toutes équivalentes. Les points elliptiques sont, à conjugaison près,* i *et* $\rho = e^{i\pi/3}$ *respectivement d'ordre* 2 *et* 3 *(i.e.* $\#\overline{\Gamma}_i = 2, \quad \#\overline{\Gamma}_\rho = 3$*).*

Preuve – Soient $\sigma = \left(\begin{smallmatrix} 0 & 1 \\ -1 & 0 \end{smallmatrix}\right)$ et $\tau = \left(\begin{smallmatrix} 1 & 1 \\ 0 & 1 \end{smallmatrix}\right)$ $(\sigma(z) = -1/z, \quad \tau(z) = z+1)$. Si $z \in \mathcal{H}$, soit $\gamma = \left(\begin{smallmatrix} a & b \\ c & d \end{smallmatrix}\right) \in \Gamma$ avec $|cz + d|$ minimal (il existe car les $cz + d$ sont des points non nuls du réseau $\langle 1, z \rangle$) c'est-à-dire $\Im m\, \gamma(z)$ maximal. Quitte à changer γ en $\tau^n\gamma$, on peut supposer $|\Re e\, \gamma(z)| \leq 1/2$. Alors $\Im m\, \sigma\gamma(z) = \frac{\Im m\, \gamma(z)}{|\gamma(z)|}$ donc $|\gamma(z)| \geq 1$ par maximalité, donc $\gamma(z) \in \overline{F}$.

Cherchons les pointes : ∞ est l'unique point fixe de τ, et $\left(\begin{smallmatrix} a & b \\ c & d \end{smallmatrix}\right)\infty = \frac{a}{c}$ donc $\mathbf{Q} \cup \{\infty\} \subset \{\text{pointes}\}$. Réciproquement, une pointe finie s est l'unique racine d'une équation $\frac{as+b}{cs+d} = s$, donc est racine double rationnelle.

Ainsi toute pointe est conjuguée de $\infty \in \overline{F}$, d'où finalement $\mathcal{H}^* = \bigcup \gamma\overline{F}$. Supposons par l'absurde que F contienne deux points équivalents z et $z' = \gamma(z)$. On peut (par symétrie) supposer $\Im m\, z \leq \Im m\, z' = \frac{\Im m\, z}{|cz+d|^2}$, donc $c\,\Im m\, z \leq |cz + d| \leq 1$. Si $c = 0$ alors $\gamma = \pm\tau^n$ (car $\det\gamma = 1$), soit $z' = z + n$ $(n \in \mathbf{Z})$, ce qui contredit le fait que F est de largeur 1. Donc $c = 1$ (car $\Im m\, z \geq \frac{\sqrt{3}}{2}$ dans F), d'où $|z \pm d| \leq 1$, donc $d = 0$ et $|z| \leq 1$ d'où la contradiction.

Il reste à trouver les points elliptiques. Notons F' le domaine fondamental "semi-ouvert" (voir figure), de sorte que $\mathcal{H}^* = \bigcup \gamma F'$.

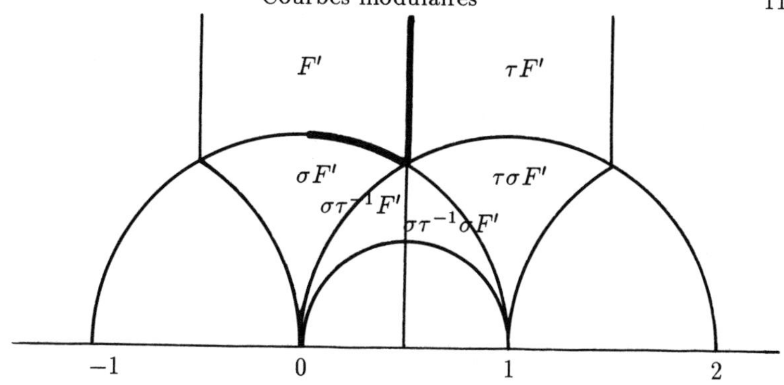

Si $\gamma z = z$ où $z \in F'$, alors $\gamma F'$ rencontre F', donc (voir figure)

$$\gamma \in \pm\left\{id, \tau, \sigma, \tau\sigma, \sigma\tau^{-1}, \sigma\tau^{-1}\sigma\right\}.$$

Or, τ fixe ∞, σ fixe i, $\tau\sigma$ et $\sigma\tau^{-1}$ fixent ρ, et $\sigma\tau^{-1}\sigma$ ne fixe rien (dans F'). Par suite, i et ρ sont les seuls points elliptiques, et

$$\overline{\Gamma}_i = \{1, \sigma\}, \quad \overline{\Gamma}_\rho = \{1, \tau\sigma, (\tau\sigma)^2\}.$$

$\blacksquare$

Corollaire - $X(1)$ *est de genre 0. En particulier,* $SL_2(\mathbf{Z})\backslash\mathcal{H} \simeq \mathbf{C}$ *comme surface de Riemann.*

Preuve – Sur σF, on voit que X s'obtient en recollant les côtés du polygone ci-contre dans le sens indiqué, donc est homéomorphe à S^2. Par suite, $g(X) = 0$, donc $X \simeq \mathbf{P}^1(\mathbf{C})$ comme surface de Riemann et en enlevant la pointe il reste $SL_2(\mathbf{Z})\backslash\mathcal{H} \simeq \mathbf{C}$.

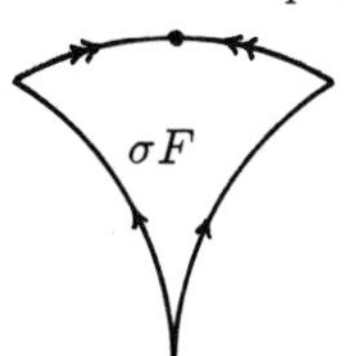

$\blacksquare$

Remarque - On construira plus loin explicitement un isomorphisme

$$j : X(1) \overset{\sim}{\longrightarrow} \mathbf{P}^1(\mathbf{C}).$$

On peut maintenant appliquer la formule de Hurwitz à un sous-groupe d'indice fini de $SL_2(\mathbf{Z})$:

Théorème 10.5 - *Soit* $\Gamma \subset SL_2(\mathbf{Z})$ *d'indice fini, et* g *le genre de* $X(\Gamma)$. *Alors la projection naturelle* $f : X(\Gamma) \longrightarrow X(1)$ *n'est ramifiée (au plus) qu'au-dessus des 3 points* i, ρ, ∞ *de* $X(1)$, *et*

$$g = 1 + \frac{\mu}{12} - \frac{\nu_2}{4} - \frac{\nu_3}{3} - \frac{\nu_\infty}{2},$$

où $\mu = [PSL_2(\mathbf{Z}) : \overline{\Gamma}]$, ν_∞ *est le nombre de pointes pour* Γ, *et* ν_2 *(resp.* ν_3*) est le nombre de points elliptiques d'ordre 2 (resp. 3) pour* Γ, *qui sont encore les points elliptiques au-dessus de* $i \in X(1)$ *(resp.* ρ*).*

Preuve – Comme $\overline{\Gamma}_z$ est un sous-groupe de $\overline{\Gamma(1)}_z$, les points elliptiques pour Γ ne peuvent avoir pour image que des points elliptiques pour $\Gamma(1)$, c'est-à-dire i ou ρ, et un tel point z est d'ordre 2 (resp. 3) si et seulement si $\#\overline{\Gamma}_z = 2$ (resp. 3), ou encore z est au-dessus de i (resp. ρ) et $e_z = 1$ où e_z est le degré de ramification de f en z (prop. 10.5).

Par la formule de Hurwitz et la proposition 10.5, on a

$$2g - 2 = -2\mu + \sum (e_z - 1)$$

avec $e_z = \left[\overline{\Gamma(1)}_z : \overline{\Gamma}_z\right]$. Pour $x \in X(1)$, on sait que $\sum_{f(z)=x} e_z = \mu$; ainsi si $x = i \in X(1)$, il y a ν_2 points z avec $e_z = 1$ (par définition de ν_2) et $\frac{\mu-\nu_2}{2}$ pour lesquels $e_z = 2$ (en effet $e_z = 1$ ou 2 car $\#\overline{\Gamma(1)}_i = 2$). Donc $e_z - 1$ vaut ν_2 fois 0, et $\frac{\mu-\nu_2}{2}$ fois 1.

De même, pour les z au-dessus de ρ, $e_z = 1$ ou 3 suivant que z est point elliptique ou non, donc $e_z - 1$ vaut ν_3 fois 0 et $\frac{\mu-\nu_3}{3}$ fois 2. Les seuls autres points de ramification possibles (i.e. tels que $\overline{\Gamma(1)}_z \neq \{id\}$) sont les pointes, et

$$\sum_{f(z)=\infty} (e_z - 1) = \left(\sum e_z\right) - \sum 1 = \mu - \nu_\infty.$$

La formule de Hurwitz donne donc

$$2g - 2 = -2\mu + \frac{\mu - \nu_2}{2} + 2\frac{\mu - \nu_3}{3} + \mu - \nu_\infty.$$

∎

Remarques - $\boxed{1}$ On peut montrer (th. de Bely) que les courbes algébriques $X(\Gamma)$ où Γ est d'indice fini dans $SL_2(\mathbf{Z})$ sont définies sur $\overline{\mathbf{Q}}$ (i.e. admettent un plongement projectif avec des équations à coefficients algébriques), et qu'on obtient ainsi toutes les courbes définies sur $\overline{\mathbf{Q}}$.

Schéma de preuve – a) pour Γ donné, $f : X(\Gamma) \to X(1) \simeq \mathbf{P}^1$ est un revêtement de $\mathbf{P}^1$ ramifié en trois points de $\mathbf{P}^1$. Par conjugaison, on obtient un revêtement du même degré, ramifié aux mêmes points : il n'y en a qu'un nombre fini, donc $X(\Gamma)$ est définie sur $\overline{\mathbf{Q}}$.

b) Si X est une courbe $/\overline{\mathbf{Q}}$, on choisit un revêtement $f : X \to \mathbf{P}^1$ "défini sur $\overline{\mathbf{Q}}$", à ramifications $\subset S \subset \mathbf{P}^1(\overline{\mathbf{Q}})$. On compose par $\phi : \mathbf{P}^1 \to \mathbf{P}^1$ envoyant S sur $0, 1, \infty$, lisse hors de $0, 1, \infty$, d'où un revêtement étale

$$\phi \circ f : X \setminus (\phi \circ f)^{-1}\{0, 1, \infty\} \longrightarrow \mathbf{P}^1 \setminus \{0, 1, \infty\}$$

qui est donc un quotient du revêtement universel $\mathcal{H} \longrightarrow \mathbf{P}^1 \setminus \{0, 1, \infty\}$ par un sous-groupe Γ de $\pi_1(\mathbf{P}^1 \setminus \{0, 1, \infty\})$. On retrouve X entier en ajoutant les pointes. ∎

$\boxed{2}$ Ce théorème est à relier à une conjecture de Weil disant que toute courbe elliptique E définie sur $\mathbf{Q}$ est de la forme $X(\Gamma)$ pour un Γ contenant un $\Gamma(N)$ avec indice fini (la conjecture précise même quel est le N attendu : c'est le conducteur de E), c'est-à-dire E est quotient de $X(N)$. Certains cas de la conjecture sont connus (par exemple si E a "multiplication complexe").

Exemple 1 : la courbe $X(N)$ associée à $\Gamma = \Gamma(N)$. - On vérifie facilement que la suite

$$0 \to \Gamma(N) \to SL_2(\mathbf{Z}) \to SL_2(\mathbf{Z}/N\mathbf{Z}) \to 0$$

est exacte, et que

$$|SL_2(\mathbf{Z}/N\mathbf{Z})| = \prod_{p^n \| N} |SL_2(\mathbf{Z}/p^n\mathbf{Z})| = N^3 \prod_{p|N} \left(1 - \frac{1}{p^2}\right) = N\phi(N)\psi(N)$$

où $\phi(N) = N \prod_{p|N}\left(1 - \frac{1}{p}\right)$ est la fonction d'Euler, et $\psi(N) = N \prod_{p|N}\left(1 + \frac{1}{p}\right)$. Donc le degré de la projection $f : X(N) \to X(1)$ est

$$\mu(N) = [\overline{\Gamma(1)} : \overline{\Gamma(N)}] = \#PSL_2(\mathbf{Z}/N\mathbf{Z}),$$

soit

$$\mu(N) = \begin{cases} \frac{1}{2}N\phi(N)\psi(N) & \text{si } N > 2 \ (\text{car } -id \notin \Gamma(N)) \\ 6 & \text{si } N = 2 \ (\text{car } -id \in \Gamma(2)) \end{cases}.$$

De plus, si $N > 1$, $\Gamma(N)$ n'a pas de point elliptique, et $\nu_\infty = \mu(N)/N$.

    Preuve – $\boxed{1}$ Si z est fixé par un $\gamma \in \Gamma(N)$, un conjugué γ_1 de γ dans $SL_2(\mathbf{Z})$ doit fixer i ou ρ, donc $\gamma_1 \in \pm\{id, \sigma, \tau, \tau\sigma, \sigma\tau^{-1}, \sigma\tau^{-1}\sigma\}$. Mais $\gamma_1 \in \Gamma(N)$ car $\Gamma(N)$ est normal dans $SL_2(\mathbf{Z})$ (c'est le noyau de $SL_2(\mathbf{Z}) \to SL_2(\mathbf{Z}/N\mathbf{Z})$ or aucun des éléments précédents, sauf $\pm id$, n'est dans $\Gamma(N)$.

    $\boxed{2}$ Puisque $\Gamma(N)$ est normal, les degrés de ramification en toutes les pointes sont égaux, donc $\nu_\infty = \frac{\mu(N)}{e_{\phi(\infty)}}$ où $\phi : \mathcal{H}^* \to \Gamma(N)\backslash\mathcal{H}^*$. Or,

$$e_{\phi(\infty)} = \left(\overline{\Gamma(1)_\infty} : \overline{\Gamma(N)_\infty}\right) = \left(\left\langle \begin{pmatrix} 1 & 1 \\ 0 & 1 \end{pmatrix} \right\rangle : \left\langle \begin{pmatrix} 1 & N \\ 0 & 1 \end{pmatrix} \right\rangle\right) = N.$$

$\blacksquare$

On déduit donc de ce qui précède que

$$g\big(X(N)\big) = 1 + \frac{N-6}{12N}\mu(N) = 1 + \frac{N-6}{24}\phi(N)\psi(N)$$

si $N > 2$. Par exemple :

$$
\begin{array}{llcccccccccccccccccc}
N & = & 2 & 3 & 4 & 5 & 6 & 7 & 8 & 9 & 10 & 11 & 12 & 13 & 14 & 15 & 16 & 17 & 18 & 19 & 20 \\
g\big(X(N)\big) & = & 0 & 0 & 0 & 0 & 1 & 3 & 5 & 10 & 13 & 26 & 25 & 50 & 49 & 73 & 81 & 133 & 109 & 196 & 169
\end{array}
$$

Exemple 2 : la courbe $X_0(N)$ associé à $\gamma = \Gamma_0(N)$ - Le calcul du nombre de pointes et points elliptiques est plus compliqué que pour $\Gamma(N)$. On obtient cette fois le résultat suivant (voir [Sh]) :
Le degré de $f : X_0(1) \to X(1)$ est $\mu = \psi(N)$.

$$\nu_2 \ (\text{resp. } \nu_3) = \begin{cases} 0 & \text{si } 4 \mid N \ (\text{resp. } 9 \mid N) \text{ ou si } N \text{ a un facteur} \\ & \text{premier} \equiv -1(\mathrm{mod}\,4) \ (\text{resp. } -1(\mathrm{mod}\,3)) \\ 2^n & \text{sinon, où } n = \text{nombre de facteurs premiers} \\ & \text{distincts} \equiv 1 \bmod 4 \ (\text{resp. } \mathrm{mod}\,3) \end{cases}$$

$$\nu_\infty = \sum_{\substack{d|N \\ d>0}} \phi\big(\mathrm{pgcd}(d, N/d)\big).$$

Attention - Une erreur s'est glissée à plusieurs endroits dans la littérature sur la représentation des pointes (mais pas sur le nombre) ; on peut prendre comme système de représentants des pointes pour $X_0(N)$ les nombres b_N/d où $d \mid N$ ($d > 0$) et b_N parcourt un système de représentants <u>premiers à d</u> des $\phi(e)$ classes de $(\mathbf{Z}/e\mathbf{Z})^*$, où $e = \mathrm{pgcd}(d, N/d)$ (mais on n'a pas le droit de réduire les b_N modulo e).

Les formules précédentes donnent, avec le théorème 10.5, le genre de $X_0(N)$. Par exemple voici les valeurs de N pour lesquelles $g \leq 2$:

$g = 0$ pour $2 \leq N \leq 10$ et $N = 12, 13, 16, 18, 25.$

$g = 1$ pour $N = 11, 14, 15, 17, 19, 20, 21, 24, 27, 32, 36, 49.$

$g = 2$ pour $N = 22, 23, 26, 28, 29, 31, 37, 50.$

$g = 3$ pour $N = 30, 33, 34, 35, 39, 40, 41, 43, 45, 48, 64.$

$g = 4$ pour $N = 38, 44, 47, 53, 54, 61, 81.$

$g = 5$ pour $N = 42, 46, 51, 52, 55, 56, 57, 59, 63, 65, 67, 72, 73, 75.$

$g = 6$ pour $N = 58, 71, 79, 121.$

On peut calculer explicitement le corps des fonctions de $X_0(N)$ et $X(N)$ (par exemple trouver un générateur de $\mathcal{M}\big(X(1)\big) \simeq \mathbf{C}(z)$) :

Définition - *Soit Γ un groupe fuchsien de première espèce. Une* **forme automorphe de poids** $2k$ $(k \in \mathbf{N})$ **pour** Γ *est une fonction f méromorphe sur $\mathcal{H}$, telle que $f \circ \gamma(\tau) = (c\tau + d)^{2k} f(\tau)$ pour $\gamma = \left(\begin{smallmatrix} a & b \\ c & d \end{smallmatrix}\right) \in \Gamma$, et méromorphe aux pointes au sens suivant : par conjugaison dans $SL_2(\mathbf{R})$, on suppose que ∞ est une pointe,*

donc $f(\tau + h) = f(\tau)$ où $\overline{\Gamma_\infty} = \begin{pmatrix} 1 & h\mathbf{Z} \\ 0 & 1 \end{pmatrix}$ d'où un développement de Fourier

$f(\tau) = \Phi(q)$ $(q = e^{2i\pi\tau/h})$, et on dit que f est méromorphe à l'infini si Φ est méromorphe en 0.

Une forme automorphe pour $\Gamma(N)$ s'appelle **forme modulaire de niveau** N. *Une forme automorphe de poids 0 s'appelle* **fonction automorphe** : *c'est encore une fonction méromorphe sur $X(\Gamma)$. Les formes automorphes de poids $2k$ correspondent aux "différentielles de degré k" sur $X(\Gamma)$ par l'application $f \longmapsto f(z)(dz)^k$. Par exemple, les formes de poids 2 holomorphes sur $\mathcal{H}^*$ et nulles aux pointes (on les appelle* **paraboliques** *ou* **cuspidales***) correspondent aux différentielles holomorphes sur $X(\Gamma)$, donc forment un $\mathbf{C}$-espace vectoriel de dimension $g\big(X(\Gamma)\big)$.*

Exemples (où l'on voit le lien avec les courbes elliptiques) - Pour $\tau \in \mathcal{H}$, soit L_τ le réseau $\mathbf{Z} + \tau\mathbf{Z}$, et $G_{2k}(\tau) = \sum_{L_\tau - \{0\}} \omega^{-2k}$ pour $k \geq 2$. En dérivant la relation classique

$$\sum_{n \in \mathbf{Z}} (\tau + n)^{-1} = \pi \cot(\pi\tau) = i\pi \frac{q + 1}{q - 1}$$

où $q = e^{2i\pi\tau}$, on en déduit

$$G_{2k}(\tau) = 2\zeta(2k) + 2\frac{(2i\pi)^k}{(2k - 1)!} \sum_{1}^{\infty} \sigma_{2k-1}(n) q^n$$

où $\sigma_j(n) = \sum_{d \mid n} d^j$.

Puisque $SL_2(\mathbf{Z})$ agit sur les bases de L_τ, on obtient finalement : G_{2k} est une forme modulaire holomorphe (y compris aux pointes) de poids $2k$ pour $SL_2(\mathbf{Z})$.

On pose alors

$$g_2 = 60\, G_4, \quad g_3 = 140\, G_6, \quad \Delta = g_2^3 - 27 g_3^2, \quad j = 12^3 \frac{g_2^3}{\Delta}.$$

Ce sont des formes modulaires de poids 4, 6, 12, 0 respectivement ; ainsi j est une fonction sur $X(1)$. De plus, Δ ne s'annule pas sur $\mathcal{H}$ (sinon $\frac{\wp'}{\wp - e_1}$ a un unique pôle simple sur $E : y^2 = 4x^3 - g_2 x - g_3$; cf. chap. X§1a) et d)) donc j est holomorphe sur $\mathcal{H}$, et le q–développement des G_{2k} montre que $j = q^{-1}\big(1 + \sum c_n q^n\big)$ où $c_n \in \mathbf{Z}$ (exercice : montrer que c_n est bien entier en utilisant $5d^3 + 7d^2 \equiv 0 \bmod 12$). Ainsi j a un unique pôle simple sur $X(1)$, donc est un isomorphisme de $X(1)$ sur $\mathbf{P}^1(\mathbf{C})$, d'où $\mathcal{M}\big(X(1)\big) = \mathbf{C}(j)$.

On déduit de là assez facilement que

$$\mathcal{M}\big(X_0(N)\big) = \mathbf{C}\big(j(\tau), j(N\tau)\big)$$

Plus généralement, si $\Gamma = SL_2(\mathbf{Z}) \cap \alpha^{-1} SL_2(\mathbf{Z})\alpha$ où $\alpha \in GL_2^+(\mathbf{Q})$, alors

$$\mathcal{M}\big(X(\Gamma)\big) = \mathbf{C}(j, j \circ \alpha).$$

(Référence : [Sh], p. 34. Le cas $\Gamma_0(N)$ est donné par $\alpha = \left(\begin{smallmatrix} N & 0 \\ 0 & 1 \end{smallmatrix}\right)$).
En travaillant un peu plus, on obtient les fonctions de $X(N)$:

$$\mathcal{M}(X(N)) = \mathbf{C}\left(j(\tau), \frac{g_2(\tau)g_3(\tau)}{\Delta(\tau)} \wp\big(\frac{a\tau + b}{N}; \tau\big)\right)_{(a,b) \in \mathbf{Z}^2 / N\mathbf{Z}^2}$$

où $\wp(z; \tau)$ est la fonction $\wp$ de Weierstrass associée à L_τ.

Pour finir, voici queques raisons d'intérêt des courbes modulaires (autres que le théorème de Bely cité plus haut). Les courbes $X(N), X_0(N), X_1(N)$ forment des familles infinies de courbes algébriques assez explictes, ce qui permet de tester certaines conjectures ; par exemple la conjecture de Mordell (voir chap. I) avait été montrée par Mazur pour les $X(N)$, avant la preuve générale de Faltings. Rohrlich a étudié la répartition des points de Weierstrass sur les courbes $X_0(N)$...
Mais surtout ces courbes contiennent de très nombreux renseignements arithmétiques ; citons en quelques-uns :
a) Elles permettent de construire explicitement des extensions abéliennes de corps quadratiques (surtout imaginaires), via la fonction $j(\tau)$.
b) Elles sont utilisées pour décrire l'action de Galois sur la p–partie du groupe des classes de $\mathbf{Q}(\mu_p)$ (Herbrand-Ribet) ou de $\mathbf{Q}(\mu_{p^n})$ (Mazur-Wiles).
c) Le lien avec les courbes elliptiques (un point $y \in X_1(N)(\mathbf{Q})$ correspond à une courbe elliptique E avec un point P_N d'ordre N définis sur $\mathbf{Q}$) a été utilisé par Mazur pour borner la torsion des courbes elliptiques : si E est une courbe elliptique définie sur $\mathbf{Q}$, alors $\#E(\mathbf{Q})_{tors} \leq 16$.
d) Citons enfin les résultats de Gross et Zagier sur les points de Heegner : si E est une **courbe elliptique de Weil**, c'est-à-dire avec un morphisme $X_0(N) \xrightarrow{\pi} E$, et si $L(E,s)$ est la fonction L attachée à E, alors la dérivée $L'(E,1)$ peut s'exprimer en fonction de la hauteur d'un point de Heegner sur E (image par π d'un point très particulier de $X_0(N)$). Ce résultat permet de résoudre de manière effective le problème du nombre de classes pour les corps quadratiques imaginaires : minorer h_K en fonction du discriminant d_K de K ; voir [Oe].

Chapitre XI

Points de Weierstrass, automorphismes

§1 Semi-groupes et points de Weierstrass

On note X une surface de Riemann compacte de genre g. On a vu que si $P \in X$ et $n \geq 2$, il existe une différentielle ω ayant un pôle d'ordre n en P et holomorphe ailleurs. Y-a-t-il un analogue pour les fonctions ?

Si $n = 1$, on voit qu'on cherche $f : X \to \mathbf{P}^1$ avec un unique pôle simple, c'est donc un revêtement de degré 1, et donc ce n'est possible que si $X \simeq \mathbf{P}^1$.

On suppose maintenant que X est de genre $g \geq 1$.

Si $n = 2$, on veut $f : X \to \mathbf{P}^1$ avec unique pôle, double, et par suite X est hyperelliptique (ce qui est une contrainte sur X si $g \geq 3$).

On veut étudier ce qui se passe en général.

Définition - *Si $P \in X$ on appelle* **semi-groupe associé à** *P l'ensemble*

$$\Gamma_P = \left\{ n \in \mathbf{N}^* \ ; \ \exists f \in \mathcal{L}(n(P)) \setminus \mathcal{L}((n-1)(P)) \right\}$$

des ordres du pôle en P de fonctions holomorphes hors de P. C'est un semi-groupe (i.e. stable par addition, car $\operatorname{ord}_P(fg) = \operatorname{ord}_P f + \operatorname{ord}_P g$*).*

Proposition 11.1 - *Il y a équivalence entre*

$\boxed{1}$ $\quad n \in \Gamma_P$

$\boxed{2}$ $\quad \ell(n(P)) = \ell((n-1)(P)) + 1$

$\boxed{3}$ $\quad$ *Il n'existe pas de différentielle holomorphe sur X d'ordre exact $n - 1$ en P.*

> **Preuve** – La suite longue associée à la suite
>
> $$0 \to \mathcal{O}_{(n-1)(P)} \to \mathcal{O}_{n(P)} \to \mathbf{C}_P \to 0$$
>
> montre d'une part que
>
> $$0 \leq \ell(n(P)) - \ell((n-1)(P)) \leq 1$$
>
> (d'où $\boxed{1}$ $\iff$ $\boxed{2}$) et d'autre part que
>
> $$\ell(n(P)) - \ell((n-1)(P)) - 1 = h^0(\Omega_{-(n-1)(P)}) - h^0(\Omega_{-n(P)})$$
>
> (car $h^1(\mathcal{O}_D) = h^0(\Omega_{-D})$ par dualité), d'où $\boxed{2}$ $\iff$ $\boxed{3}$. ∎

Définition - *Les éléments de* $\mathbf{N}^* \setminus \Gamma_P$ *s'appellent les* **trous** *ou* **lacunes** *de Weierstrass au point* P.

Proposition 11.2 - *Il y a exactement* g *trous en* P, *soit* $n_1, \ldots, n_g$; *ils vérifient*

$$1 = n_1 < n_2 < \cdots < n_g \leq 2g - 1.$$

Preuve –   En effet, $\ell(0) = \ell\big((P)\big) = 1$ (donc $n_1 = 1$) et $\ell\big(n(P)\big) = n + 1 - g$ dès que $n \geq 2g - 1$ (d'après Riemann-Roch puisqu'alors $\deg\big(K - n(P)\big) < 0$). En particulier, $\ell\big((2g - 1)(P)\big) = g$; puisque la suite $\ell\big(n(P)\big)$ croît de 0 ou 1 à chaque pas, il y a bien g trous entre 0 et $2g - 1$. ∎

Définition - *On dit que* P *est un* **point de Weierstrass** *si* $n_i \neq i$ *pour au moins un* $i \in \{1, \ldots, g\}$, *autrement dit si* $1, \ldots, g$ *ne sont pas tous des trous, ou encore s'il existe une fonction* f *avec un unique pôle en* P, *d'ordre* $\leq g$. *D'après la prop. 11.1, cela revient à dire qu'il existe une différentielle holomorphe d'ordre* $n_g - 1 \geq g$ *en* P.

On appelle **poids** *d'un point* $P \in X$ *le nombre* $w(P) = \sum_{i=1}^g (n_i - i)$, *où* $n_1, \ldots, n_g$ *sont les trous au point* P. *Il est clair que* $w(P) \geq 0$, *et que les points de Weierstrass sont les points de poids* $w(P) > 0$.

Exemples - ⎡1⎤   On dit que P est un point de Weierstrass **normal** si

$$\mathbf{N}^* \setminus \Gamma_P = \{1, 2, \ldots, g - 1, g + 1\},$$

c'est-à-dire si $w(P) = 1$. On peut montrer que sur une surface de Riemann "générale" (au sens des modules) tous les points de Weierstrass sont normaux (cf. [G-H] p.277, et Harris-Eisenbud dans Invent. Math 1983).

⎡2⎤   On dit que P est un point de Weierstrass **hyperelliptique** (on note hpe) si $2 \in \Gamma_P$. Dans ce cas, $\mathbf{N}^* \setminus \Gamma_P = \{1, 3, 5, \ldots, 2g - 1\}$ (car les trous sont g entiers impairs compris entre 1 et $2g$), et par suite

$$w(P) = \sum_1^g (2i - 1 - i) = g(g - 1)/2.$$

Cette égalité caractérise le cas hyperelliptique d'après le corollaire à la proposition 11.3 ; pour la terminologie, voir le début de ce paragraphe et la prop. 11.4.

On va étudier le nombre de points de Weierstrass sur X en utilisant quelques propriétés élémentaires des semi-groupes. On fixe provisoirement P et on note $\ell_n = \ell\big(n(P)\big)$

Lemme - $w(P) = \sum\limits_{n=1}^{2g-2} \ell_n - \frac{g(g+1)}{2} + 1.$

Preuve – En effet,

$$\sum_{1}^{2g-2} \ell_n = \sum_{1}^{2g-2} (n+1) - \sum_{1}^{2g-2} (\text{nb de trous} \leq n).$$

Dans la dernière somme, le i-ième trou intervient $2g - 1 - n_i$ fois, donc

$$\sum_{n=1}^{2g-2} \ell_n = \sum_{n=1}^{2g-2} (n+1) - \sum_{i=1}^{g}(2g - 1) + \sum_{i=1}^{g} n_i.$$

∎

Proposition 11.3 - $\ell_n \leq 1 + [n/2]$ pour $n \leq 2g$ (avec égalité si P est hyperelliptique).

Preuve – Soit n un entier tel que $\ell_n > 1 + [\frac{n}{2}]$. Il suffit de voir que tous les trous sont $\leq n$, car on aura alors $n + 1 = g + \ell_n > g + 1 + [\frac{n}{2}]$ d'où $n > 2g$. Or, si $m = n + 1$ est un trou, alors pour $i \leq [\frac{m}{2}]$, ou bien i ou bien $m - i$ est un trou (car $m = i + (m - i)$), donc il y a au moins $[\frac{m}{2}]$ trous $\leq m - 1$, d'où $\ell_n \leq [\frac{n}{2}] + 1$, absurde. Donc $n + 1$ n'est pas un trou et $\ell_{n+1} = \ell_n + 1 > 1 + [\frac{n+1}{2}]$; en continuant cette récurrence, on voit qu'il n'y a plus de trou au-delà de $n + 1$. ∎

Exercice - Si P n'est pas hyperelliptique, on a même $\ell_{2k} \leq k$ pour $1 \leq k \leq g - 2$.

Corollaire - *Si P n'est pas hyperelliptique, alors $w(P) < \frac{g(g-1)}{2}$.*

Preuve – Puisque P n'est pas hyperelliptique, $\ell_2 = 1$ donc une des inégalités de la proposition est stricte. D'après le lemme on en déduit donc

$$w(P) < w(\text{point hpe}) = \frac{g(g - 1)}{2}$$

(voir exemple $\boxed{2}$ plus haut). ∎

Voici maintenant le résultat fondamental sur les points de Weierstrass.

Théorème 11.1 - *Les différents poids sont liés par la relation*

$$\sum_{P \in X} w(P) = g(g^2 - 1).$$

En particulier, le nombre N de points de Weierstrass est fini et vérifie

$$2g + 2 < N \leq g(g^2 - 1)$$

(d'après le corollaire précédent) si X n'est pas hyperelliptique.

Exercice - En utilisant l'exercice précédent, montrer $N \geq 2g + 6$ si X n'est pas hyperelliptique.

Preuve du théorème – On va interpréter $\sum w(P)$ comme le nombre de zéros d'une "forme différentielle de degré supérieur". Si $q \geq 1$, on définit une forme différentielle holomorphe η de degré q comme la donnée d'expressions locales $f(z)(dz)^q$ où z est une carte et les fonctions holomorphes f se transforment par $(dz/dt)^q$ par changement de carte $z \mapsto t$ (par exemple, $\eta = \omega^q$ où $\omega \in \Omega(X)$). Si $\eta \neq 0$, on peut définir l'ordre $\mathrm{ord}_P \, \eta = \mathrm{ord}_P f$ si $\eta = f(z)(dz)^q$ au voisinage de P, et le diviseur $(\eta) = \sum_{P \in X} \mathrm{ord}_P(\eta)\cdot(P) \in \mathrm{Div}(X)$. Le degré de ce diviseur vaut $q(2g-2)$: c'est clair si $\eta = \omega^q$ où $\omega \in \Omega(X)$, et en général on remarque que η/ω^q est une fonction donc $\deg(\eta) = \deg(\omega^q) + \deg(\eta/\omega^q) = q(2g-2)$.

Pour démontrer le théorème, il suffit donc de construire une forme différentielle W de degré $q = g(g+1)/2$ et de diviseur égal à $\sum_X w(P) \cdot (P)$.

Pour $P \in X$, notons $n_{i,P}$ les trous en P, et soit $\omega_{i,P} \in \Omega(X)$ d'ordre exact $n_{i,P} - 1$ en P (existent par prop. 11.1). Fixons une carte z ; on peut écrire $\omega_{i,P} = f_i(z)dz$. On considère alors le wronskien

$$\mathcal{W}_P(f)(z) = \det\bigl(f_i^{(j)}(z)\bigr)_{\substack{1 \leq i \leq g \\ 0 \leq j \leq g-1}}$$

où $f = (f_1, \dots, f_g)$. Etudions son comportement par changement de carte $z \longmapsto t$: on écrit $\omega_{i,P} = h_i(t)dt$ où $h_i(t) = f_i \circ z(t)\, z'(t)$. D'après Leibniz, $h_i^{(j)}(t) = (f_i \circ z)^{(j)}(t)\, z'(t) +$ termes en $(f_i \circ z)^{(k)}$ (où $k < j$) à coefficients indépendants de i.

Le déterminant étant une forme alternée, on en déduit

$$\mathcal{W}_P(h) = \det\bigl((f_i \circ z)^{(j)} z'\bigr)$$

(on tue les autres termes en ajoutant une combinaison linéaire des lignes supérieures). De même $(f_i \circ z)^{(j)} = f_i^{(j)} \circ z\, z'^j +$ termes en $f_i^{(k)} \circ z$ (avec $k < j$) à coefficients indépendants de i, d'où

$$\mathcal{W}_P(h) = \det\bigl(f_i^{(j)}(z)\, z'^{j+1}\bigr) = z'^q\, \mathcal{W}_P(f)$$

avec $q = g(g+1)/2$. Donc $\mathcal{W}_P(f)(z)$ définit bien une forme W_P de degré q (qui est non nulle car les $n_{i,P}$ étant distincts, les fonctions f_i sont **C**-linéairement indépendantes donc le wronskien est non nul). Il reste à calculer le diviseur de W_P et à montrer que $\mathrm{ord}_Q W_P = w(Q)$.

$\boxed{\text{Ordre en } P}$: on peut écrire (à une constante près)

$$f_i(z) = z^{n_i - 1} + \text{termes de plus haut degré} \qquad (n_i = n_{i,P})$$

donc

$$\mathcal{W}_P(f)(z) = \det\bigl((z^{n_i-1})^{(j)}\bigr) + \text{termes supérieurs}$$
$$= \sum_{\sigma \in S_g} c_\sigma \prod_i z^{n_i - \sigma(i)} + \cdots$$
$$= c\, z^{\Sigma_i (n_i - i)} + \cdots$$

où c est une constante, non nulle car les $z^{n_i - 1}$ sont linéairement indépendants donc leur wronskien est non nul. Ainsi $\mathrm{ord}_P W_P = \sum(n_i - i) = w(P)$.

$\boxed{\text{Ordre en } Q \neq P}$: La fonction $(\omega_1, \dots, \omega_g) \longmapsto W(\omega_1, \dots, \omega_g)$ sur $\Omega(X)^g$ construite comme W_P est alternée, donc se factorise par $\bigwedge^g \Omega(X) \simeq \mathbf{C}$; ainsi W_P et W_Q sont **C**-colinéaires, d'où $\mathrm{ord}_Q W_P = \mathrm{ord}_Q W_Q = w(Q)$. ∎

Etudions maintenant les points de Weierstrass sur une courbe hyperelliptique.

Proposition 11.4 - *Si $f : X \to \mathbf{P}^1$ est de degré 2, et X de genre $g \geq 2$, les points de Weierstrass sur X sont les $2g + 2$ points de ramification de f (ce sont encore les points de ramification de l'application canonique ϕ_K, voir cor.1 au th.10.1) ; ils sont tous hyperelliptiques.*

> **Preuve** – On sait qu'il y a une fonction h telle que $h^2 = \prod_1^{2g+2}(f - f(P_i))$ où les P_i sont les points de ramification. En P_i, h est une carte locale (voir construction du th. 7.1) donc $1/\big(f - f(P_i)\big)$ a un unique pôle double en P_i. Les P_i sont donc $2g + 2$ points de Weierstrass hyperelliptiques, donc de poids total $(2g + 2)\frac{g(g-1)}{2} = g(g^2 - 1)$: il n'y en a pas d'autre. ∎

Ce résultat permet de retrouver "l'unicité" de f (voir cor.2 au th.10.1) :

Corollaire 1 - *Si X est hyperelliptique de genre ≥ 2, le morphisme $f : X \to \mathbf{P}^1$ de degré 2 est unique à $\mathrm{Aut}(\mathbf{P}^1)$ près.*

> **Preuve** – Soit P un point de Weierstrass (donc de ramification pour deux tels morphismes f, f'). Alors $1/\big(f - f(P)\big)$ (qui vaut f par convention si $f(P) = \infty$) ainsi que $1/\big(f' - f'(P)\big)$ et 1 sont dans $\mathcal{L}\big(2(P)\big)$, qui est de $\dim \leq 2$, donc f' est transformée de f par homographie. ∎

Corollaire 2 - *Sur une surface de Riemann hyperelliptique de genre ≥ 2, il y a un unique automorphisme $\phi \neq id$ fixant au moins 5 points : c'est l'involution hyperelliptique (qui est donc unique).*

> **Preuve** – Soit $f : X \to \mathbf{P}^1$ de degré 2 donc $f \circ \phi$ aussi et par suite $f \circ \phi = A \circ f$ où A est une homographie. Donc A fixe les $f(P_j)$, les P_j étant les points fixes de ϕ, en nombre $\geq 5/\deg f > 2$ donc $A = id$, et $f \circ \phi = f$. Par suite, ϕ ne peut être que l'échange de feuillets associé à f (c'est vrai en au moins un point non ramifié car $\phi \neq id$, donc aussi au voisinage par continuité, et partout par prolongement analytique). ∎

Remarque - Ce corollaire permet de trouver des courbes non hyperelliptiques. Par exemple sur la courbe modulaire $X_0(N)$, il y a une involution w_N induite par la transformation $z \longmapsto -1/Nz$ dans $\mathcal{H}$. Si N est sans facteur carré alors le genre g vérifie $2g + 2 \gg N$ (la constante impliquée est absolue). Or le nombre de points fixes de w_N est à peu près $h(-4N)$ (nombre de classes de $\mathbf{Q}\big(\sqrt{-4N}\big)$) qui est lui-même de l'ordre de $\sqrt{N} \log N$ (Siegel). Donc pour N assez grand,

$$4 < \text{nombre de points fixes} < 2g + 2$$

et donc $X_0(N)$ n'est pas hyperelliptique. (Réf [Lar]).

On étudie au paragraphe suivant les automorphismes des surfaces de Riemann compactes de genre ≥ 2 générales.

§2 Automorphismes

Dans ce paragraphe, X est de genre ≥ 2.

Proposition 11.5 - *Un automorphisme ϕ de X différent de l'identité a au plus $2g + 2$ points fixes.*

Preuve – Soit P non fixé par ϕ, et $f \in \mathcal{L}\big((g + 1)(P)\big) \setminus \mathbf{C}$ (existe d'après Riemann-Roch ; voir prop. 9.2). Comme le diviseur des pôles de $h = f - f \circ \phi$ est $(h)_\infty = (g + 1)\big\{(P) + \big(\phi^{-1}(P)\big)\big\}$, la fonction h a $2g + 2$ zéros ; or tout point fixe de ϕ est zéro de h. ∎

Théorème 11.2 - $\mathrm{Aut}(X)$ *est fini (Schwarz), de cardinal* $\leq 84(g - 1)$ *(Hurwitz).*

Remarque - On peut montrer réciproquement que tout groupe fini est un $\mathrm{Aut}(X)$.

Preuve du théorème – **Schwarz :** Un automorphisme conserve les ordres des pôles, donc agit sur les points de Weierstrass, d'où un morphisme

$$\mathrm{Aut}(X) \to S_W$$

où S_W est le groupe des permutations des points de Weierstrass.

Si X n'est pas hyperelliptique, le noyau est formé d'automorphismes fixant au moins $2g + 3$ points (d'après le théorème 11.1) donc est réduit à l'identité vu la proposition précédente.

Si X est hyperelliptique, le noyau est formé d'automorphismes fixant au moins $2g + 2 \geq 6$ points (proposition 11.4) donc est réduit à $\{id, J\}$ d'après le corollaire 2 ci-dessus.

Dans les deux cas, le noyau est fini (d'ordre ≤ 2) donc $\mathrm{Aut}(X)$ est aussi fini (et d'ordre $\leq 2\big(g(g^2 - 1)\big)!$).

Hurwitz - 1er pas : structure de surface de Riemann sur X/G où $G = \mathrm{Aut}(X)$.

La topologie quotient est séparée (car G est fini). Montrons que si $P \in X$, son fixateur G_P est cyclique : en effet, *via* une carte en P on peut supposer $G_P = \{\phi_1, \ldots, \phi_t\}$ où les ϕ_i sont des fonctions holomorphes inversibles au voisinage de 0, donc ϕ_i transforme un disque suffisamment petit D_ε en un convexe C_i (exercice !). Alors $C = \cap C_i$ est convexe donc simplement connexe donc isomorphe au disque unité D ; par ailleurs, si $\phi \in G_P$ alors

$$\phi(C) = \bigcap_{i=1}^t \phi \circ \phi_i(D_\varepsilon) = \bigcap_{k=1}^t \phi_k(D_\varepsilon) = C$$

(car G_P est un groupe), donc on peut supposer que G_P laisse stable D et fixe 0 : c'est un groupe de rotations donc il est cyclique.

Soit alors $z : \mathcal{U} \to \mathbf{C}$ une carte en P transformant G_P en les rotations $\{z \longmapsto e^{2ik\pi/n}z \;\; ; \;\; k \in \mathbf{Z}\}$. On choisit alors z^n comme carte en $\pi(P)$, où π est la projection $X \to X/G$. On obtient ainsi une structure de surface de Riemann compacte sur X/G. On note γ son genre.

Hurwitz - 2ème pas : Application de la formule de Hurwitz à $\pi : X \to X/G$

La formule s'écrit

$$2g - 2 = N(2\gamma - 2) + \sum_X \big(e_P(\pi) - 1\big).$$

Le degré N est l'ordre $|G|$ de G ; le degré de ramification $e_P(\pi)$ est l'ordre $|G_P|$ du fixateur de P. Les points de la fibre $\pi^{-1}\big(\pi(P)\big)$ sont les $\phi(P)$ où $\phi \in G$; puisque $G_{\phi(P)} = \phi \circ G_P \circ \phi^{-1} \simeq G_P$, on voit qu'il y a donc $|G|/|G_P|$ points dans la fibre, d'où

$$\sum_X \big(e_P(\pi) - 1\big) = \sum_{i=1}^{k} \frac{N}{\nu_i}(\nu_i - 1)$$

où on somme sur les fibres ayant de la ramification, et $\nu_i = |G_{P_i}|$. On obtient finalement :

$$2(g - 1) = |\operatorname{Aut}(X)| . \left\{ 2\gamma - 2 + \sum_{1}^{k} \left(1 - \frac{1}{\nu_i}\right) \right\} .$$

Hurwitz - 3ème pas : Si des entiers $\gamma \geq 1$ et ν_i vérifient

$$t = 2\gamma - 2 + \sum_{1}^{k} \left(1 - \frac{1}{\nu_i}\right) > 0,$$

alors $t \geq \frac{1}{42}$.

En effet, si $\gamma \geq 1$ alors ou bien $k = 0$ (qui entraîne $t \geq 2$) ou bien $k \geq 1$ (qui entraîne $t \geq \frac{1}{2}$).

On suppose maintenant $\gamma = 0$.

Si $k \geq 5$ alors $t \geq -2 + \frac{5}{2} > \frac{1}{42}$.

Si $k = 4$ et $(\nu_i)_i = \begin{cases} (2,2,2,2) & \text{alors } t = 0 \\ \text{autre} & \text{alors } t \geq -2 + 3.\frac{1}{2} + \frac{2}{3} > \frac{1}{42}. \end{cases}$

Si $k = 3$ et

$$\begin{cases} (\nu_i) = (2,2,\nu_3) & \text{alors } t < 0. \\ (\nu_i) = (2,3,\nu_3) & \text{alors } \begin{cases} t \leq 0 \text{ si } \nu_3 \leq 6. \\ t = -2 + \frac{1}{2} + \frac{2}{3} + \frac{6}{7} = \frac{1}{42} \text{ si } \nu_3 = 7. \\ t > \frac{1}{42} \text{ si } \nu_3 > 7. \end{cases} \\ (\nu_i) = (2,4,4) & \text{alors } t = 0. \\ \nu_1 \geq 2, \nu_2 \geq 4, \nu_3 \geq 5 & \text{alors } t \geq -2 + \frac{1}{2} + \frac{3}{4} + \frac{4}{5} > \frac{1}{42} \end{cases}$$

Si $k \leq 2$ alors $t \leq 0$. ∎

Exemples : courbes modulaires $X(N)$ - Puisque $\Gamma(N)$ est distingué dans $SL_2(\mathbf{Z})$, $SL_2(\mathbf{Z})$ agit sur $\Gamma(N)\backslash\mathcal{H}$: si $\gamma \in SL_2(\mathbf{Z})$ et $\gamma' \in \Gamma(N)$, alors $\gamma.(\gamma'z) = (\gamma\gamma'\gamma^{-1}).\gamma z$.

On obtient ainsi des automorphismes de $X(N)$, en nombre $\mu(N) = |PSL_2(\mathbf{Z}/N\mathbf{Z})|$ et puisque $g = 1 + \frac{N-6}{12N}\mu(N)$, on en déduit

$$|\operatorname{Aut}(X(N))| \geq \frac{12N}{N - 6}(g - 1).$$

En particulier pour $N = 7$ on obtient $|\operatorname{Aut}(X(7))| = 84(g - 1)$: la borne du théorème est atteinte (ici $g = 3$ et $|\operatorname{Aut}(X(7))| = 168$).

Remarque - $\boxed{1}$ Indiquons brièvement comment la géométrie hyperbolique permet aussi de prouver le théorème de Hurwitz (voir [Si] vol.2, et [Ma]). On a vu (chap. IV) que X est isomorphe au quotient de D par $\Gamma = \text{Aut}_X D$. L'identification de Γ à $\pi_1(X)$ permet (chap. II) de voir qu'un domaine fondamental $\mathcal{F}$ pour l'action de Γ sur D est un polygone (hyperbolique) à $4g$ côtés, d'angles $2\pi/4g$ puisque les sommets sont identifiés sur X (nous n'avons traité que le point de vue topologique au chap. II, mais le théorème 2.3 a aussi un sens analytique). Or l'aire hyperbolique d'un k-gone est $(k-2)\pi - \sum angles$, soit ici $4\pi(g-1)$. La représentation $X = D/\Gamma$ montre que $\text{Aut}\, X = N(\Gamma)/\Gamma$ où $N(\Gamma)$ est le normalisateur de Γ dans $\text{Aut}\, D$. Donc $|\text{Aut}\, X| = Aire(D/\Gamma)/Aire(D/N(\Gamma))$. Par ailleurs, $N(\Gamma)$ admet pour domaine fondamental $\mathcal{F}'$ la réunion d'un polygone et de son symétrique, polygone d'angles π/k_i $(k_i \in \mathbf{N}^*)$; son aire $Aire(\mathcal{F}') = 2\Big((n-2)\pi - \sum \frac{\pi}{k_i}\Big)$ est donc $\geq \frac{\pi}{21}$ (même calcul qu'au 3ème pas plus haut), et donc $|\text{Aut}\, X| \leq 84(g-1)$. L'égalité se produit si et seulement si le polygone est un triangle d'angles $\pi/2, \pi/3, \pi/7$.

Figure 1

La figure 1 montre un tel domaine fondamental constitué d'un triangle blanc et un noir, et ses 168 translatés qui forment un domaine fondamental pour un Γ de genre 3 (il est bien d'aire $8\pi = 4\pi(g-1)$, mais ce n'est pas le $4g$-gone $\mathcal{F}$ décrit plus haut). Le quotient $N(\Gamma)/\Gamma$ est le groupe $PSL_2(\mathbf{Z}/7\mathbf{Z})$. Comme on l'a vu, c'est encore le quotient de $SL_2(\mathbf{Z})$ par $\Gamma(7)$. Un domaine fondamental associé à $\Gamma(7)$, partagé en 168 translatés du domaine fondamental associé à $SL_2(\mathbf{Z})$, est représenté sur la figure 2.

Figure 2

Remarque - $\boxed{2}$ On peut expliciter tous les groupes $\mathrm{Aut}\,X$ pour X de genre 3, et montrer qu'il y a une seule surface de Riemann X telle que $g = 3$ et $|\mathrm{Aut}\,X| = 168$ (c'est donc $X(7)$). Voici une esquisse de la preuve (voir Kuribayaski-Komiya, LN 732) :

Soit H un sous-groupe cyclique maximal dans $G = \mathrm{Aut}\,X$, et $m = |H|$. En appliquant Riemann-Hurwitz à la projection $X \to X/H$ (de genres g et $\tilde{g}$) on trouve $m \leq 20$ si $g = 3$, et $\tilde{g} = 0$ dans presque tous les cas. Oublions les cas $\tilde{g} > 0$, et supposons donc qu'on a un revêtement cyclique $X \to \mathbf{P}^1$ de degré m, d'où une équation de la forme $y^m = (x - a_1)^{n_1} \ldots (x - a_r)^{n_r}$ ($1 \leq n_i < m$, et r est borné car le genre $g = 3$ est fixé). D'où un nombre fini d'équations. Pour $m = 7$, on en trouve quatre, avec

$$(n_1, n_2, n_3) = (1,1,5),\ (1,2,4),\ (1,3,3),\ (2,2,3)$$

Etudions en particulier le deuxième cas $(1,2,4)$. On peut mettre l'équation sous la forme $y^7 = x^2(x - 1)$. On montre alors que les différentielles $\frac{dx}{y^3}$, $-\frac{x\,dx}{y^5}$, $-\frac{x\,dx}{y^6}$ forment une base de $\Omega(X)$. On obtient donc le plongement canonique de X : $\left(1, \frac{-x}{y^2}, \frac{-x}{y^3}\right) \in \mathbf{P}^2(\mathbf{C})$. On pose $U = \frac{-x}{y^2}$, $V = \frac{-x}{y^3}$ d'où $x = -U^3/V^2$, $y = U/V$ et l'équation $y^7 = x^2(x-1)$ devient $U + V^3 + U^3 V = 0$, d'où une équation projective du plongement canonique :

$$(1) \qquad\qquad UW^3 + V^3 W + U^3 V = 0.$$

Les équations précédentes font déjà apparaître naturellement des automorphismes :

$$(x,y) \longmapsto (x, e^{2i\pi/7}y) \qquad \text{d'ordre 7}$$
$$(U,V,W) \longmapsto (V,W,U) \qquad \text{d'ordre 3.}$$

Comment obtenir tous les automorphismes ? on remarque que dans le plongement canonique, tout automorphisme de X est induit par un automorphisme de $\mathbf{P}^{g-1} = \mathbf{P}^2$, c'est-à-dire une matrice $(a_{ij}) \in \mathbf{M}_3(\mathbf{C})$. On peut alors écrire les conditions sur (a_{ij}) pour qu'elle conserve l'équation canonique (1). Dans le cas de quelques courbes $y^m = (x - a_1)^{n_1} \ldots (x - a_r)^{n_r}$ cela est suffisant pour trouver toutes les solutions (a_{ij}). Dans le cas qui nous intéresse, on utilise aussi les contraintes venant du fait que (a_{ij}) doit permuter les points de Weierstrass. Ces points sont les points d'inflexion du modèle canonique, et on trouve ici les 24 points :

$$A_1 = (0,0,1), \quad A_2 = (0,1,0), \quad A_3 = (1,0,0) \quad \text{et} \quad P_{ij} = (x_{ij}, y_{ij}, 1)$$

où

$$x_{ij} = \zeta_7^{j-1}\omega_i, \quad y_{ij} = \zeta_7^{3j-3}\frac{-\omega_i}{\omega_i + 1}$$

avec $\zeta_7 = e^{2i\pi/7}$ et les ω_i sont les racines réelles de

$$(\omega^7)^3 + 289(\omega^7)^2 - 57\omega^7 - 1 = 0.$$

Par suite : a) si $\sigma \in \operatorname{Aut} X$ fixe le A_i, alors

$$\sigma = \begin{pmatrix} \zeta_7 & 0 & 0 \\ 0 & \zeta_7^3 & 0 \\ 0 & 0 & 1 \end{pmatrix}$$

et pour chaque i, σ permute circulairement les P_{ij}, d'où un groupe cyclique $H = \langle \sigma \rangle$ d'ordre 7.

b) Si $\tau \in \operatorname{Aut} X$ permute circulairement les A_i, alors

$$\tau = \begin{pmatrix} 0 & 1 & 0 \\ 0 & 0 & 1 \\ 1 & 0 & 0 \end{pmatrix}$$

donc les P_{ij} sont fixes et $|\langle \tau \rangle| = 3$.

c) Si $\lambda \in \operatorname{Aut} X$ envoie A_3 sur P_{11}, alors

$$\lambda = \begin{pmatrix} \omega_1 & y_{11} & 1 \\ y_{11} & 1 & \omega_1 \\ 1 & \omega_1 & y_{11} \end{pmatrix}$$

est une involution.

On voit facilement que

$$G = H + H\tau + H\tau^2 + \sum_{\substack{i \leq 3 \\ j \leq 7}} H\lambda_{ij}$$

où λ_{ij} envoie A_3 sur P_{ij}, donc

$$|G| = 7.(3 + 21) = 168.$$

Remarque - $\boxed{3}$ On verra (chap. XII) que toute surface de Riemann compacte X de genre ≥ 1 se plonge dans une variété analytique $J(X)$ (sa jacobienne) qui a une structure de groupe. La multiplication par n sur $J(X)$ induit un revêtement étale de degré n^{2g} de X. Puisqu'il n'y a pas de ramification, la formule de Riemann-Hurwitz entraîne

$$g(X_n) - 1 = n^{2g}(g - 1).$$

$$\begin{array}{ccc} X_n & \hookrightarrow & J(X) \\[1ex] \downarrow & & \downarrow {\scriptstyle \times n} \\[1ex] X & \hookrightarrow & J(X) \end{array}$$

De plus les automorphismes de X et les translations dans $J(X)$ par un point d'ordre n de $J(X)$ fournissent des automorphismes de X_n. Il y a n^{2g} tels points d'ordre n, d'où

$$|\operatorname{Aut}(X_n)| \geq n^{2g} |\operatorname{Aut}(X)|.$$

En particulier, si $|\operatorname{Aut} X| = 84(g - 1)$, alors

$$|\operatorname{Aut}(X_n)| \geq 84 n^{2g}(g - 1) = 84\big(g(X_n) - 1\big)$$

donc la borne pour le nombre d'automorphismes est atteinte pour une infinité de valeurs de g (par exemple pour $g = 2n^6 + 1$ où $n \in \mathbf{N}^*$).

Remarque - $\boxed{4}$ A l'inverse, on peut pontrer que $|\operatorname{Aut} X| \leq 8(g + 1)$ pour une infinité de valeurs de g. Par ailleurs, pour tout genre $g \geq 3$, presque toute surface de Riemann de genre g (au sens de l'espace des modules) n'a aucun automorphisme différent de l'identité.

Chapitre XII

Jacobienne d'une courbe algébrique

§1 Théorème d'Abel-Jacobi

De même que pour les courbes elliptiques, une surface de Riemann compacte permet de définir un groupe de deux manières : soit à partir des diviseurs, soit par intégration de formes différentielles. Le théorème d'Abel-Jacobi montre qu'il y a isomorphisme entre ces groupes définis l'un algébriquement et l'autre par voie transcendante.

On fixe une surface de Riemann compacte X de genre g. Rappelons que X s'obtient topologiquement en recollant les côtés d'un polygone $\mathcal{P}$ (voir chap. II).

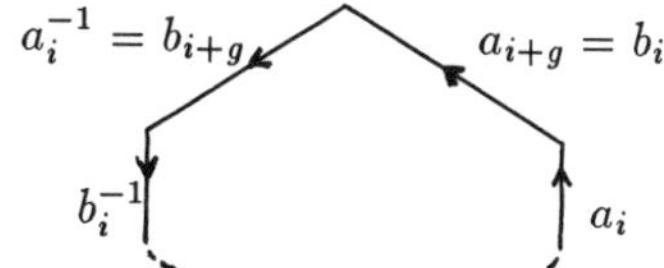

Proposition 12.1 - *Soit ω une différentielle méromorphe sur X, et $\mathcal{P}$ une représentation polygonale de X dont le bord évite les pôles. Soit $O \in \overset{\circ}{\mathcal{P}}$ (intérieur de $\mathcal{P}$). Pour $\phi \in \Omega(X)$, soit $f(P) = \int_O^P \phi$ (bien défini et holomorphe dans $\overset{\circ}{\mathcal{P}}$ qui est simplement connexe). Alors*

$$2i\pi \sum_{P \in X} \operatorname{res}_P(f\omega) = -\sum_{i=1}^{2g} w_i \beta_i \qquad \text{où} \qquad w_i = \int_{a_i} \omega \quad , \quad \beta_i = \int_{b_i} \phi.$$

Preuve – On prend un polygone $\mathcal{P}'$ proche de $\mathcal{P}$ (voir figure), contenant les pôles de ω, de côtés $a_i', a_{i+g}', c_i', d_i'$. Pour $i = 1, \ldots, 2g$, soit U_i un voisinage simplement connexe de $a_i \setminus \{P_0\} \approx\,]0, 1[$ dans X, et soient $O_1, O_2 \in U_i$ de part et d'autre du côté a_i.

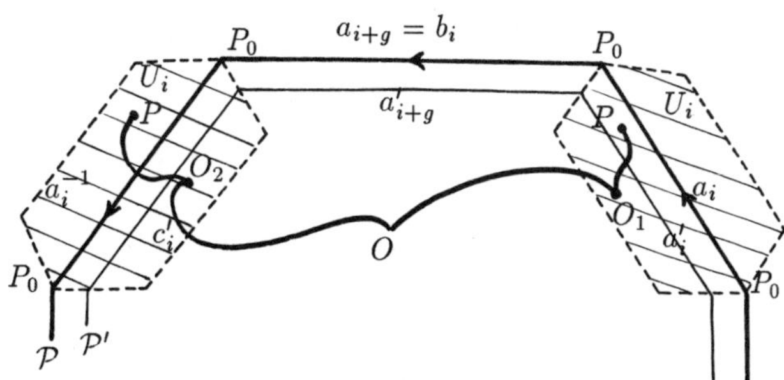

Pour $P \in U_i$, soit $f_{i,1}(P) = \int_O^{O_1} \phi + \int_{O_1}^P \phi$ (les chemins sont pris dans $\overset{\circ}{\mathcal{P}}$ et U_i respectivement, donc c'est bien défini), et de même $f_{i,2}(P)$ en utilisant O_2.

Alors

$$f_{i,1}(P) - f_{i,2}(P) = \int_{PO_1OO_2P} \phi = \int_{b_i} \phi = \beta_i$$

(chemins homologues). Par ailleurs,

$$2i\pi \sum \mathrm{res}(f\omega) = \int_{\partial \mathcal{P}'} f\omega$$

(car en triangulant on se ramène dans $\mathbf{C}$ où c'est une propriété classique). On fait tendre $\mathcal{P}'$ vers $\mathcal{P}$:

$$2i\pi \sum \mathrm{res}(f\omega) = \lim \sum_{i=1}^{2g} \int_{a_i'} f\omega + \int_{c_i'} f\omega$$

$$= \sum_{i=1}^{2g} \int_{a_i} (f_{i,1} - f_{i,2})\omega = -\sum_1^{2g} \beta_i w_i$$

∎

Remarque - On appliquera ce résultat à toute une base $\phi_1, \ldots, \phi_g$ de $\Omega(X)$; il est commode d'introduire une notation vectorielle :

$$\Phi = (\phi_1, \ldots, \phi_g) \quad , \quad F = \int_O^P \Phi = \left(\int_O^P \phi_k\right)_k$$

$$A_i = \int_{a_i} \Phi \in \mathbf{C}^g \quad , \quad B_i = \int_{b_i} \Phi \in \mathbf{C}^g.$$

(les A_i et B_i, pour $i = 1, \ldots, 2g$, sont les mêmes à permutation et au signe près), et la proposition dit alors

$$2i\pi \sum_X \mathrm{res}\, F\omega = -\sum_1^{2g} w_i B_i \in \mathbf{C}^g.$$

Définition - *On note*

$$\mathrm{Pic}_0(X) = \{\text{diviseurs de degré } 0\}/\{\text{diviseurs de fonctions}\}.$$

*C'est un groupe abélien. La base $\phi_1, \ldots, \phi_g$ de $\Omega(X)$ étant fixée, on note Λ le groupe de leurs **périodes** :*

$$\Lambda = \left\{ (\int_\gamma \phi_1, \ldots, \int_\gamma \phi_g) \; ; \; \gamma \in H_1(X, \mathbf{Z}) \right\} \subset \mathbf{C}^g \; ;$$

*il est engendré par les A_i, $i = 1, \ldots, 2g$, et de même par les B_i. Le groupe quotient $J(X) = \mathbf{C}^g/\Lambda$ s'appelle la **jacobienne** de X.*

Remarque - La définition précédente dépend du choix d'une base $\phi_1, \ldots, \phi_g$. On peut aussi définir $J(X)$ intrinsèquement comme $\Omega^*(X)/H_1(X, \mathbf{Z})$ où on considère $\Omega \subset H^1_{DR}(X)$ et $\left\{ \begin{array}{l} H_1(X,\mathbf{Z}) \longrightarrow H^1_{DR}(X) \\ \gamma \longmapsto (\omega \mapsto \int_\gamma \omega) \end{array} \right.$.

Le résultat suivant permet d'identifier $\mathrm{Pic}_0(X)$ (objet algébrique) à $J(X)$ (défini par intégration).

Théorème 12.1 (Abel-Jacobi) - *L'application*

$$u : D = \sum n_P(P) \longmapsto \sum n_P F(P) = \left(\sum n_P \int_O^P \phi_k \right)_{k=1,\dots,g}$$

induit un isomorphisme $u : \mathrm{Pic}_0(X) \xrightarrow{\sim} J(X)$, *indépendant du choix de* $O \in X$. *De plus,* Λ *est un réseau de* $\mathbf{C}^g$ *donc* $J(X)$ *est isomorphe au tore* $\mathbf{T}^g \approx (S^1)^{2g}$.

Preuve – $\boxed{1}$ $\boxed{u \text{ est bien définie, indépendante de } O}$:

Si $D = \sum n_P(P) = (f)$ est principal, soit $\omega = \frac{df}{f}$. D'après la prop. 12.1, on a

$$\sum n_P F(P) = \sum \mathrm{res}\, F\omega = -\frac{1}{2i\pi} \sum_1^{2g} B_i \int_{a_i} \frac{df}{f} \in \sum B_i \mathbf{Z} = \Lambda$$

(en effet $\int_{a_i} \frac{df}{f} \in 2i\pi \mathbf{Z}$ car $\log f$ est bien définie mod $2i\pi$, et localement $\int_P^Q \frac{df}{f} = \log f(Q) - \log f(P)$). Donc u est bien définie. Si on change O en O', cela revient à ajouter $(\sum n_P) \int_O^{O'} \phi_k$ à la k-ième composante de $u(D)$. Puisque $\sum n_P = 0$, u est indépendante de O.

$\boxed{2}$ $\boxed{A_1, \dots, A_{2g} \text{ engendrent } \mathbf{C}^g \text{ sur } \mathbf{C} \text{ (de même pour } B_1, \dots, B_{2g})}$:

Si $\mathcal{X} = (x_k) \in \mathbf{C}^g$, posons $\omega = \mathcal{X}.\Phi = \sum x_k \phi_k \in \Omega(X)$. Alors si $\mathcal{X}.A_i = 0\ \forall i$, on a $0 = \sum x_k \int_{a_i} \phi_k$ donc ω n'a pas de période ; par suite, $\int_O^P \omega$ est une fonction holomorphe sur X, donc constante et $\omega = 0$, soit $\mathcal{X} = 0$ (car les ϕ_k sont linéairement indépendantes).

$\boxed{3}$ $\boxed{\text{Si } (x_i) \in \mathbf{C}^{2g}, \text{ alors } \sum_1^{2g} x_i B_i = 0 \iff \exists B \in \mathbf{C}^g \text{ avec } x_i = B.A_i\ \forall i}$:

$\Longleftarrow$ Si $x_i = B.A_i$ où $B = (b_1, \dots, b_g)$, alors $\omega = \sum b_k \phi_k$ est holomorphe donc (prop. 12.1) $\sum w_i B_i = 0$ où $w_i = \int_{a_i} \omega = B.A_i = x_i$.

$\Longrightarrow$ L'application

$$\begin{array}{ccc} \mathbf{C}^{2g} & \longrightarrow & \mathbf{C}^g \\ (x_i) & \longmapsto & \sum x_i B_i \end{array}$$

est surjective par $\boxed{2}$; son noyau contient les vecteurs de la forme $(B.A_i)$ (d'après $\Longleftarrow$) qui forment un $\mathbf{C}$-espace vectoriel de dimension g (car la preuve de $\boxed{2}$ montre que $\mathbf{C}^g \underset{B}{\overset{}{\longrightarrow}} \underset{(B.A_i)}{\mathbf{C}^{2g}}$ est injective). Donc le noyau est exactement cet espace.

$\boxed{4}$ $\boxed{\text{Injectivité de } u \text{ (théorème d'Abel)}}$:

Soit $D = \sum n_P(P) \in \mathrm{Div}_0(X)$ tel que $u(D) = 0$. On cherche à montrer que $D = (f)$ pour une fonction f. Soit ω une différentielle méromorphe n'ayant que des pôles simples, et de résidu n_P en P (voir prop. 9.3). Si $\int_{a_j} \omega \in 2i\pi \mathbf{Z}$ pour tout j, alors $f(P) = \exp \int_O^P \omega$ est bien définie, holomorphe hors des pôles de ω, à croissance polynomiale près des pôles donc est méromorphe sur X, et l'ordre en P est le résidu de ω soit n_P. Il reste donc à se ramener au cas où $\int_{a_j} \omega \in 2i\pi\mathbf{Z}$. D'après la prop.12.1, on a

$$\frac{-1}{2i\pi} \sum w_j B_j = \sum \operatorname{res} F\omega = \sum n_P F(P) = u(D) \in \Lambda$$

donc on peut l'écrire $\sum m_j B_j$ où $m_j \in \mathbf{Z}$. Par suite $w_j + 2i\pi m_j = B.A_j$ pour un $B \in \mathbf{C}^g$ d'après $\boxed{3}$. Alors $\psi = \omega - B.\Phi$ a les mêmes pôles et résidus que ω, et $\int_{a_j} \psi = w_j - B.A_j \in 2i\pi\mathbf{Z}$.

$\boxed{5}$ $\boxed{\text{Surjectivité de } u \text{ (théorème de Jacobi)}}$:

Le problème est local : si $\mathcal{X} \in \mathbf{C}^g$, il suffit de montrer que $\frac{1}{n}\mathcal{X}$ est dans l'image de u pour n assez grand (car u est un morphisme de groupes). Fixons alors (provisoirement) $M_1, \ldots, M_g \in X$. Si P_i est dans un voisinage V_i de M_i, on peut considérer $u(D)$ où $D = \sum_1^g (P_i) - (M_i)$: on voit ainsi que u définit une application

$$u : \begin{array}{ccc} \prod_i V_i & \longrightarrow & \mathbf{C}^g \\ (P_i) & \longmapsto & u(D) = (\sum_i \int_{M_i}^{P_i} \phi_k)_{k=1,\ldots,g} \end{array}$$

Si on écrit localement $\phi_k = f_{ik}(t_i)dt_i$ où t_i est une carte en M_i, le jacobien de cette application u est $\mathcal{D} = \det(f_{ik}(0))$. Par le théorème des fonctions implicites, il suffit donc de voir que $\mathcal{D} \neq 0$ pour voir que u est (localement) surjective. Il s'agit donc de montrer que l'application

$$\mathcal{L} : \begin{array}{ccc} \Omega & \longrightarrow & \mathbf{C}^g \\ \phi = f_i\,dt_i & \longmapsto & \big(f_1(0),\ldots,f_g(0)\big) \end{array}$$

est un isomorphisme (injective suffit par dimension). Le noyau est

$$\ker \mathcal{L} = \{\phi \in \Omega \; ; \; \phi \text{ nulle en } M_1,\ldots,M_g\}\,.$$

On a encore le choix des M_i, et je prétends qu'on peut les choisir de sorte que $\ker \mathcal{L} = 0$. En effet soit $\omega_1 \in \Omega$ et M_1 non zéro de ω_1, puis ω_2 nulle en M_1 (si elle n'existe pas, on prend $M_2, \ldots, M_g$ quelconques) et M_2 non zéro de ω_2, etc... Alors les ω_i sont linéairement indépendantes donc forment une base, et si $\phi = \sum \lambda_i \omega_i$ s'annule en M_1 alors $\lambda_1 = 0$; et si elle s'annule encore en M_2 alors $\lambda_2 = 0$, ... d'où $\ker \mathcal{L} = 0$.

$\boxed{6}$ $\boxed{A_1,\ldots,A_{2g} \text{ sont } \mathbf{R}\text{-lin. indép., donc } \Lambda \text{ est un réseau de } \mathbf{C}^g}$:

Sinon on aurait $\Lambda \subset$ hyperplan réel $\approx \mathbf{R}^{2g-1}$, donc $\mathbf{C}^g/\Lambda \approx \mathbf{R} \times (\mathbf{R}^{2g-1}/\Lambda)$ ne serait pas compact. Or, u induit une application

$$v : \begin{array}{ccccc} X^g & \longrightarrow & \operatorname{Pic}_0(X) & \xrightarrow{u} & \mathbf{C}^g/\Lambda \\ (P_i) & \longmapsto & \sum\{(P_i) - (O)\} & \longmapsto & \sum_1^g \int_O^{P_i} \Phi \end{array}$$

qui est continue donc d'image compacte. Or, u est surjective et l'application $X^g \to \operatorname{Pic}_0(X)$ aussi car si $\Delta \in \operatorname{Div}_0(X)$, alors par Riemann-Roch $\ell(g\,(O) + \Delta) \geq g+1-g = 1$ donc il y a une fonction f telle que $(f) = \sum(P_i) - g\,(O) - \Delta$, i.e. $\Delta = \sum\{(P_i) - (O)\}$ dans $\operatorname{Pic}_0(X)$. Ainsi v est surjective donc $\mathbf{C}^g/\Lambda$ est compact.

∎

Corollaire - *Pour $O \in X$ fixé, u définit une injection $P \longmapsto u((P) - (O))$ de X dans sa jacobienne si $g \geq 1$.*

> **Preuve** – Si $u((P_1) - (O)) = u((P_2) - (O))$, alors $u((P_1) - (P_2)) = 0$, donc il existe une fonction f telle que $(f) = (P_1) - (P_2)$: f est donc un revêtement de degré 1 de $\mathbf{P}^1$ si $P_1 \neq P_2$ ce qui est absurde lorsque $g \geq 1$. ∎

Remarques - $\boxed{1}$ *Le choix d'un point $O \in X$ permet de ramener tout diviseur à un diviseur de degré 0, par $D = \sum n_P(P) \longmapsto D - (\deg D)(O) = \sum n_P\{(P) - (O)\}$ donc u définit une application $\mathrm{Div}(X) \to J(X)$ qu'on notera encore u ainsi que ses restrictions à des parties de $\mathrm{Div}(X)$.*

$\boxed{2}$ *En particulier, on remarquera qu'on a prouvé au pas $\boxed{6}$ du théorème que l'application u restreinte aux diviseurs effectifs de degré g est encore surjective, ce dont on se servira dans la suite encore sous le nom de* **théorème de Jacobi**.

Discussion de l'analyticité de u.

Puisque Λ est un réseau, la jacobienne $J(X)$ a une structure naturelle de variété analytique. L'application $u : P \longmapsto (\int_0^P \phi_k)_{k=1,\ldots,g} \in \mathbf{C}^g$ (<u>localement</u> bien définie) est analytique ainsi que la projection $\mathbf{C}^g \to \mathbf{C}^g/\Lambda$. Par suite l'injection $u : X \hookrightarrow J(X)$ est analytique. C'est même un plongement (i.e. l'application linéaire tangente u_* est partout non nulle). En effet les ϕ_k n'ont pas de zéro commun (voir lemme, chap. IX, §4d) donc $u_*(P) = (\phi_1(P), \ldots, \phi_g(P)) \neq 0$ (où $(\phi_i(P))_i$ envoie la dérivation $\frac{d}{dz}$ sur $\left(\frac{\phi_i}{dz}(P)\right)_{i=1,\ldots,g}$ pour une carte z en P).

On retrouve ainsi l'application canonique ϕ_K comme composée du plongement de X dans sa jacobienne par l'application de Gauss γ_u associée :

$$X \overset{u}{\hookrightarrow} J(X) \overset{\gamma_u}{\longrightarrow} \mathbf{P}^{g-1}$$

(voir [G-H] p.360 pour la définition de l'application de Gauss associée à un plongement $M \hookrightarrow N$).

Corollaire - *Si $g = 1$, u est un isomorphisme $X \simeq J(X)$ (c'est clair).*

Pour donner un sens à l'analyticité de $u : \mathrm{Pic}_0(X) \to J(X)$, on remarque que $\mathrm{Div}(X)$ a presque une structure de variété analytique ; on se restreint aux diviseurs effectifs de degré donné :

Définition - *Si $d \geq 1$, on note $X^{(d)}$ la d-ième puissance symétrique de X :*

$$X^{(d)} = X^d/S_d = \{(P_1) + \cdots + (P_d) \; ; \; P_i \in X\}$$
$$= \{\text{diviseurs effectifs de degré } d\}.$$

On peut alors remarquer que la projection $X^d \to X^{(d)}$ induit une structure analytique naturelle sur $X^{(d)}$: en dehors de la "diagonale" Δ (où deux des P_i sont égaux) on a un revêtement étale de degré $d!$: si z_i est une carte sur X en P_i, on prendra $\sum(Q_i) \longmapsto (z_1(Q_1),\ldots,z_d(Q_d))$ comme carte sur $X^{(d)}$ au voisinage de $D = \sum(P_i) \in X^{(d)} \setminus \Delta$.

Si $D = 2(P) \in \Delta$ (on suppose $d = 2$ pour simplifier) et z est une carte sur X en P, alors on prend

$$(Q_1) + (Q_2) \longmapsto \big(z(Q_1) + z(Q_2), z(Q_1)z(Q_2)\big)$$

comme carte sur $X^{(2)}$ au voisinage de D. Enfin dans le cas général $D = \sum n_i(P_i)$, on utilise les paquets de n_i fonctions symétriques élémentaires de la même façon. On obtient ainsi une structure de variété analytique sur $X^{(d)}$. Avec cette structure, on a

Proposition 12.2 - *L'application $u : \mathrm{Div}_0(X) \to J(X)$ est holomorphe au sens suivant : pour tout $d \geq 1$, la composée*

$$\begin{array}{ccccc} X^{(d)} & \longrightarrow & \mathrm{Div}_0(X) & \xrightarrow{\;u\;} & J(X) \\ \sum(P_i) & \longmapsto & \sum(P_i) - (O) & & \end{array}$$

est analytique.

Ou encore, si l'on veut éviter le point de référence O, la composée

$$\begin{array}{ccccc} X^{(d)} \times X^{(d)} & \longrightarrow & \mathrm{Div}_0(X) & \longrightarrow & J(X) \\ (D_1, D_2) & \longmapsto & D_1 - D_2 & & \end{array}$$

est analytique.

> **Preuve** – On suppose $d = 2$ pour simplifier l'écriture. L'image de $(Q_1) + (Q_2)$ a pour composantes $\int_O^{Q_1} \phi_k + \int_O^{Q_2} \phi_k$ ($\phi_k \in$ base de Ω). Or si $P \in X$, alors $\int_O^Q \phi_k$ est holomorphe dans un voisinage simplement connexe de P donc s'écrit $z^e(Q)$ pour une carte z en P. Donc au voisinage de $(P_1) + (P_2)$, $\int_O^{Q_1} \phi_k + \int_O^{Q_2} \phi_k = z_1^{e_1}(Q_1) + z_2^{e_2}(Q_2)$: c'est analytique en $z_1(Q_1)$ et $z_2(Q_2)$ donc notre application est bien analytique au voisinage de $(P_1) + (P_2) \notin \Delta$, car $\big(z_1(Q_1), z_2(Q_2)\big)$ est une carte.
>
> Au voisinage de $2(P)$, on obtient $z^e(Q_1) + z^e(Q_2)$ qui est encore analytique en $z(Q_1) + z(Q_2)$ et $z(Q_1)z(Q_2)$. ∎

Quelques précisions sur l'application $u : X^{(d)} \to J(X)$.

Etudions la fibre $u^{-1}\big(u(D)\big)$ pour $D \in X^{(d)}$. D'après le théorème d'Abel, cette fibre est

$$u^{-1}\big(u(D)\big) = \{D' \text{ effectif linéairement équivalent à } D\}$$

$$= \{D + (f) \quad \text{où} \quad f \in \mathcal{L}(D) \simeq \mathbf{P}(\mathcal{L}(D))\}$$

(car f est déterminée à $\mathbf{C}^*$ près par son diviseur). Chaque fibre est donc un espace projectif.

Par exemple si $d = g$, on a vu (Jacobi) que $u : X^{(g)} \to J(X)$ est surjectif. Par des considérations de dimension topologique, on peut en déduire que les fibres générales sont finies (l'application a un degré $< \infty$). Comme ce sont des espaces projectifs, on voit que ces fibres sont réduites à un point. Ainsi $u : X^{(g)} \to J(X)$ est surjective et génériquement injective (mais il peut y avoir des fibres plus grosses).

Exemple - Le cas $d = g = 2$. Ici, X est une courbe hyperelliptique à 6 points de ramification de $f : X \to \mathbf{P}^1$. Calculons la fibre en $D = (P_1) + (P_2)$. C'est un espace projectif dont la dimension est dimension $\ell((P_1) + (P_2)) - 1$. On sait que dans tous les cas, $1 \leq \ell((P_1) + (P_2)) \leq 2$. Dire que ça vaut 2 revient à dire qu'il existe une fonction g (non constante) ayant P_1 et P_2 pour seuls pôles (simples) : c'est donc un

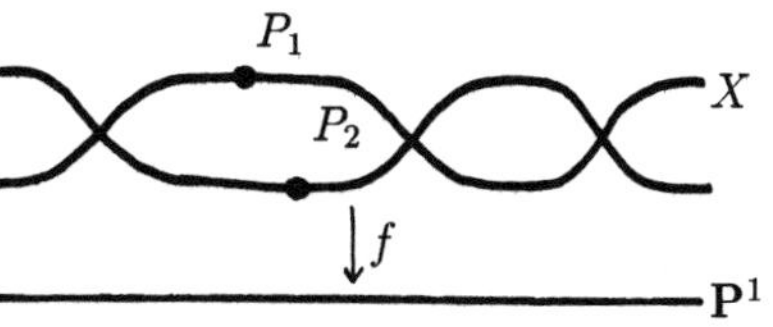

autre revêtement $X \to \mathbf{P}^1$ de degré 2. Par unicité (voir chap. X et XI) f est fonction homographique de g, donc $f(P_1) = f(P_2)$. Réciproquement si $f(P_1) = f(P_2)$, alors $\frac{1}{f - f(P_1)} \in \mathcal{L}((P_1) + (P_2))$. Par suite la fibre $u^{-1}(u(D))$ est

$$\begin{cases} \text{un point} = \{D\} & \text{si} \quad f(P_1) \neq f(P_2) \\ \simeq \mathbf{P}^1 & \text{si} \quad f(P_1) = f(P_2) \end{cases}$$

Autrement dit, tous les diviseurs "verticaux" (image réciproque par f d'un diviseur de $\mathbf{P}^1$) forment une fibre, et u est injective ailleurs.

L'application tangente u_* à $u : X^{(d)} \to J(X)$ est donnée (comme dans le cas $d = 1$) par la matrice $u_*(D) = \left(\frac{\phi_i}{dz}(P_j) \right)_{\substack{i=1,\ldots,g \\ j=1,\ldots,d}}$ si $D = \sum(P_j)$.

En particulier,

$$\operatorname{rg} u_*(D) = 1 + \dim \left\{ \phi_K(P_j) \quad , \quad j = 1,\ldots,g \quad , \quad \text{dans } \mathbf{P}^{g-1} \right\}.$$

Comme on sait que la courbe canonique $\phi_K(X)$ est non dégénérée (i.e. non contenue dans un $\mathbf{P}^{g-2}$), on peut montrer que pour un diviseur $D = \sum(P_j)$ générique sur $X^{(d)}$, les points $\phi_K(P_j)$ engendrent un espace de dimension aussi grosse que possible ($= d - 1$) dans $\mathbf{P}^{g-1}$ (si $d \leq g$), donc $u_*(D)$ est de rang égal à d en un tel point.

Ainsi l'image $W_d = u(X^{(d)}) \subset J(X)$ est de dimension d si $1 \leq d \leq g$. Par exemple, $W_g = J(X)$ (par Jacobi), et W_{g-1} est de codimension 1 : c'est un diviseur sur $J(X)$. Il jouera un rôle important au paragraphe 3.

§2 Relations bilinéaires de périodes

On montre ici que les éléments du réseau Λ qui définit la jacobienne $J(X) = \mathbf{C}^g / \Lambda$ vérifient certaines relations (on peut montrer que ces relations assurent que le tore $J(X) = \mathbf{C}^g / \Lambda$ admet un plongement projectif c'est-à-dire est une **variété abélienne**).

Théorème 12.2 - *Soient ϕ, ϕ' deux différentielles holomorphes sur X, avec $\phi \not\equiv 0$, et $\alpha_j = \int_{a_j} \phi$, $\beta_j = \int_{b_j} \phi$ $(j = 1,\ldots,g)$ les périodes de ϕ, et α'_j, β'_j celles de ϕ'. Alors*

$$\boxed{1} \qquad \sum_{j=1}^{g} (\alpha_j \beta'_j - \alpha'_j \beta_j) = 0.$$

$$\boxed{2} \qquad i \sum_{j=1}^{g} (\alpha_j \overline{\beta}_j - \overline{\alpha}_j \beta_j) > 0.$$

Preuve – $\boxed{1}$ On applique la prop. 12.1 avec $\omega = \phi'$ qui est holomorphe : il n'y a donc pas de résidus, d'où $0 = - \sum_{j=1}^{2g} \alpha'_j \beta_j$; il reste à remarquer que $a_j = b_{j-g}$ et $b_j = a_{j-g}^{-1}$ si $g+1 \leq j \leq 2g$.

$\boxed{2}$ On applique la preuve de la prop. 12.1 avec $\omega = \overline{\phi}$: tout reste valable sauf la formule des résidus ($\overline{\phi}$ n'est pas méromorphe), et on a donc

$$i \sum_{j=1}^{g} (\alpha_j \overline{\beta}_j - \overline{\alpha}_j \beta_j) = -i \sum_{j=1}^{2g} \overline{\alpha}_j \beta_j = i \int_{\partial \mathcal{P}} f \overline{\phi}$$

avec $f = \int_O^P \phi$ (où $\int_{\partial \mathcal{P}}$ est en fait $\lim_{\mathcal{P}' \to \mathcal{P}} \int_{\partial \mathcal{P}'}$). D'après Stokes, c'est encore égal à $i \int_{\mathcal{P}} d(f \overline{\phi})$. Or,

$$d(f \overline{\phi}) = \phi \overline{\phi} + f\, d\overline{\phi} = \phi \overline{\phi}$$

car ϕ est holomorphe. Si $\phi = g(z) dz$, on a donc

$$i \int d(f \overline{\phi}) = i \int |g(z)|^2 dz\, d\overline{z} = 2 \int |g(z)|^2 dx\, dy > 0.$$

■

Corollaire - *On peut choisir les A-périodes α_i ($i = 1, \ldots, g$) de $\phi \in \Omega(X)$, qui est alors bien déterminée. De même pour les parties imaginaires $\Im m\, \alpha_i$ et $\Im m\, \beta_i$ ($i = 1, \ldots, g$) de toutes les périodes.*

Preuve – Dans le $\boxed{2}$ du théorème, la somme est nulle dès que les α_i sont nuls (resp. les α_i et β_i réels). Par suite l'application $\begin{smallmatrix} \Omega \\ \phi \end{smallmatrix} \begin{smallmatrix} \longrightarrow \\ \longmapsto \end{smallmatrix} \begin{smallmatrix} \mathbf{C}^g \\ (\alpha_i)_{i=1,\ldots,g} \end{smallmatrix}$ (resp. $\begin{smallmatrix} \Omega \\ \phi \end{smallmatrix} \begin{smallmatrix} \longrightarrow \\ \longmapsto \end{smallmatrix} \begin{smallmatrix} \mathbf{R}^{2g} \\ (\Im m\, \alpha_i, \Im m\, \beta_i)_{i \leq g} \end{smallmatrix}$) est injective et donc surjective car $\dim_{\mathbf{C}} \Omega = g$.

■

Ecriture matricielle.

On fixe le choix du polygone $\mathcal{P}$, c'est-à-dire d'une base $(a_i, b_i)_{i=1,\ldots,g}$ de $H_1(X, \mathbf{Z})$ avec matrice d'intersection

$$\begin{pmatrix} 0 & Id_g \\ -Id_g & 0 \end{pmatrix}.$$

Si $(\phi_1, \ldots, \phi_g)$ est une base de $\Omega(X)$, il lui correspond donc une **matrice de périodes** $M = (A|B)$ où $A = (\alpha_i(\phi_j))$ et $B = (\beta_i(\phi_j))$. En particulier, le corollaire précédent entraîne qu'il existe une unique base $(\phi_1, \ldots, \phi_g)$ des différentielles holomorphes telle que la matrice des périodes soit de la forme $M = (Id_g|Z)$ où $Z \in \mathbf{M}_g(\mathbf{C})$.

Les relations du th. 12.2 peuvent s'écrire matriciellement en fonction des matrices A et B des périodes d'une base $\phi_1, \ldots, \phi_g$: en appliquant $\boxed{1}$ à $\phi = \phi_j$ et $\phi' = \phi_k$, on obtient

$$\sum_{i=1}^{g} \alpha_i(\phi_j)\beta_i(\phi_k) - \alpha_i(\phi_k)\beta_i(\phi_j) = 0,$$

c'est-à-dire

$$\boxed{1'} \qquad\qquad A\,{}^t B - B\,{}^t A = 0.$$

De même, en appliquant $\boxed{2}$ à $\phi = \sum_{i=1}^{g} t_i\phi_i$ ($t_i \in \mathbf{C}$, non tous nuls) :

$$0 < i\sum_{k=1}^{g} \alpha_k(\phi)\overline{\beta_k(\phi)} - \overline{\alpha_k(\phi)}\beta_k(\phi) = \sum_{i,j} P_{ij}t_i\overline{t_j},$$

où

$$P_{ij} = i\sum_{k} \left(\alpha_k(\phi_i)\beta_k(\overline{\phi_j}) - \overline{\alpha_k(\phi_i)}\beta_k(\phi_j) \right),$$

c'est-à-dire

$$\boxed{2'} \qquad \text{La matrice hermitienne} \quad P = i(A\,{}^t\overline{B} - B\,{}^t\overline{A}) \quad \text{est définie positive.}$$

En particulier, pour la base (ϕ_k) telle que $M = (Id_g, Z)$, ces relations entraînent que ${}^t Z = Z$ et $P = 2\,\Im m\, Z > 0$. D'où une application

$$\left\{ \begin{array}{l} \text{surfaces de Riemann de genre } g \\ \text{+base symplectique de } H_1(X, \mathbf{Z}) \end{array} \right\} \to \mathcal{H}_g = \left\{ Z \in \mathbf{M}_g(\mathbf{C}) \ ; \ \begin{array}{l} Z \text{ symétrique et} \\ \Im m\, Z \text{ définie} > 0 \end{array} \right\}$$

L'ensemble $\mathcal{H}_g$ est parfois appelé le **demi-espace de Siegel** (de dimension g). Le théorème de Torelli (voir paragraphe 3) dit que cette application est injective.

Remarque - Soit Λ un réseau de $V = \mathbf{C}^g$. On montre (cf. [L], ou Swinnerton-Dyer : analytic theory of abelian varieties) qu'une condition nécessaire et suffisante pour que le tore complexe $\mathbf{C}^g/\Lambda$ admette un plongement projectif (donc une structure algébrique de variété abélienne) est qu'il existe une forme alternée $E : V \times V \to \mathbf{R}$, à valeurs entières sur $\Lambda \times \Lambda$, telle que $(x, y) \longmapsto E(ix, y)$ soit symétrique définie positive : une telle forme E permet en effet de construire des "fonctions theta" sur $\mathbf{C}^g$, qui sont presque des fonctions méromorphes sur $\mathbf{C}^g/\Lambda$ (voir paragraphe 3). Une telle fonction a un diviseur D sur $\mathbf{C}^g/\Lambda$, et on montre que l'espace $\mathcal{L}(3D)$ (défini comme dans le cas des surfaces de Riemann) contient beaucoup de fonctions theta, donc suffisamment de fonctions méromorphes sur $\mathbf{C}^g/\Lambda$ pour induire un plongement projectif.

Le théorème 12.2 entraîne donc que la jacobienne d'une courbe algébrique, c'est-à-dire d'une surface de Riemann compacte, est une variété abélienne.

§3 Aperçu sur Riemann et Torelli

On fixe le polygone $\mathcal{P}$ (c'est-à-dire les a_i et b_i) et la base (ϕ_k) de $\Omega(X)$ telle que la matrice des périodes soit $M = (Id_g | Z)$ où $Z = (z_{ij}) \in \mathcal{H}_g$. On note $e_1, \ldots, e_g, z_1, \ldots, z_g$ les colonnes de M. Les g premières forment la base canonique de $\mathbf{C}^g$ et $e_1, \ldots, z_g$ forment une $\mathbf{Z}$-base de Λ.

Problème (Torelli) - *Retrouver X à partir de la matrice Z.*

Ce problème sera résolu ainsi : Z détermine une fonction theta (sur $\mathbf{C}^g$), dont le diviseur induit un diviseur Θ sur $\mathbf{C}^g/\Lambda = J(X)$. Le théorème de Riemann dira que Θ n'est autre, (à translation près dans $J(X)$) que l'image W_{g-1} de $X^{(g-1)}$ par l'application u (voir paragraphe 1). Enfin le théorème de Torelli assure qu'on peut retrouver la courbe X connaissant W_{g-1} (par exemple si $g = 3$, les paires de points sur X déterminent X).

Définition - *A la matrice Z, on associe la* **fonction theta** *suivante, sur $\mathbf{C}^g$:*

$$\theta(u) = \sum_{n \in \mathbf{Z}^g} e^{i\pi(2\langle n, u \rangle + \langle n, Zn \rangle)}.$$

Proposition 12.3 - $\boxed{1}$ *La série converge uniformément sur tout compact, donc θ est entière dans $\mathbf{C}^g$.*

$\boxed{2}$ *θ est paire.*

$\boxed{3}$ *$\theta(u + e_j) = \theta(u)$*   *$(j = 1, \ldots, g)$: ainsi θ est périodique par rapport à $\mathbf{Z}^g$, c'est-à-dire la "moitié" du réseau Λ.*

$\boxed{4}$ *$\theta(u + z_j) = e^{-i\pi(2u_j + z_{jj})}\theta(u)$*   *$(j = 1, \ldots, g)$ si $u = (u_1, \ldots, u_g)$. Ainsi, θ est quasi-périodique par rapport à l'autre "moitié" de Λ.*

Preuve – $\boxed{1}$ La série est dominée par $\sum e^{-c_1 \|n\|^2 + c_2 \|n\|}$ sur un compact, où $c_1 > 0$ (car $\mathfrak{Im}\, Z$ est définie positive), d'où le résultat.

$\boxed{2}$ et $\boxed{3}$ sont évidents.

$\boxed{4}$ La formule

$$\theta(u + z_j) = \sum \exp\left\{i\pi(2\langle n, u \rangle + 2\langle n, z_j \rangle + \langle n, Zn \rangle)\right\}$$

$$= \sum \exp\left\{2\langle n + e_j, u \rangle + \langle n + e_j, Z(n + e_j)\rangle\right.$$

$$\left. - \underbrace{2\langle e_j, u \rangle}_{=u_j} + \underbrace{2\langle n, z_j \rangle - \langle n, Ze_j \rangle - \langle e_j, Zn \rangle}_{=0} - \underbrace{\langle e_j, Ze_j \rangle}_{=z_{jj}}\right\}$$

donne le résultat en indexant par $n + e_j \in \mathbf{Z}^g$.   ∎

Puisque l'exponentielle ne s'annule pas, on voit que les zéros de θ sont invariants par Λ d'après $\boxed{3}$ et $\boxed{4}$, d'où un "diviseur" sur $\mathbf{C}^g/\Lambda$:

Définition - *Soit M une variété analytique (ici $M = J(X)$). Un* **diviseur effectif** *sur M est la donnée de couples (U_α, f_α), où les U_α forment un recouvrement ouvert de M, f_α est holomorphe sur U_α, et $f_\alpha/f_\beta \in \mathcal{O}^*(U_\alpha \bigcap U_\beta)$ (i.e. f_α et f_β ont les mêmes zéros sur $U_\alpha \bigcap U_\beta$).*

Ainsi la fonction θ définit un diviseur Θ (pair) sur $J(X) = \mathbf{C}^g/\Lambda$.

Notation - Pour $v \in J(X)$, on note $\Theta_v = \Theta + v$ le translaté de Θ par v : c'est encore le diviseur défini par $u \longmapsto \theta(u - v)$.

Proposition 12.4 - *On fixe $O \in X$, d'où un plongement $u : X \hookrightarrow J(X)$ (on identifiera X avec son image). Si $X \not\subset \Theta_v$, soit $X.\Theta_v = u^*(\Theta_v)$ la trace de Θ_v sur X (i.e. la donnée des $\left(u^{-1}(U_\alpha), f_\alpha \circ u\right)$ si les (U_α, f_α) déterminent Θ_v) ; on peut encore l'écrire $\sum_X n_P \cdot (P)$ où $n_P = \operatorname{ord}_P \theta(u(P) - v)$. Alors*

$$\deg X.\Theta_v = g.$$

Preuve – Ce degré est le nombre de zéros de $\theta\left(u(P) - v\right)$ dans le polygone $\mathcal{P}$ associé à X, ou encore la somme des résidus de $d \log \theta\left(u(P) - v\right)$ c'est-à-dire $\frac{1}{2i\pi} \int_{\partial\mathcal{P}} d \log \theta\left(u(P) - v\right)$. On va intégrer en regoupant les paires de côtés correspondants : $\int_{\partial\mathcal{P}} = \sum_{i=1}^{g}(\int_{a_i} + \int_{a_i^{-1}}) + (\int_{b_i} + \int_{b_i^{-1}})$.

$P_1 = P_2$ sur X, d'où
$$u(P_2) = u(P_1) + \int_{b_i} \Phi = u(P_1) + z_i$$

et de même

$P_1' = P_2'$ sur X, d'où
$$u(P_2') = u(P_1') - e_i.$$

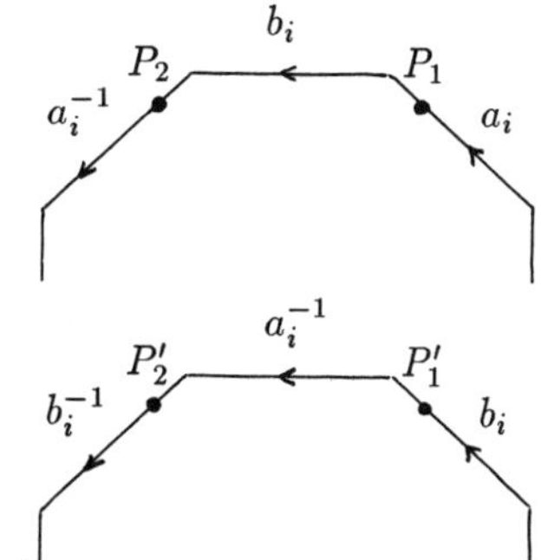

Mais d'après l'équation fonctionnelle de θ, on a

$$\begin{cases} d \log \theta(u + e_j) - d \log \theta(u) = 0 \\ d \log \theta(u + z_j) - d \log \theta(u) = -2i\pi\,du_j = -2i\pi\,\phi_j \end{cases}$$

Par suite, $\int_{b_i} + \int_{b_i^{-1}} = 0$ et $\frac{1}{2i\pi}(\int_{a_i} + \int_{a_i^{-1}}) = \int_{a_i} \phi_i = 1$ (car la base ϕ_k a une matrice de périodes normalisée). Donc $\frac{1}{2i\pi} \int_{\partial\mathcal{P}} = g$. ∎

On note $J_0(X) = \{v \in J(X) \,;\, X \not\subset \Theta_v\}$. On peut montrer que c'est un ouvert dense de $J(X)$. On a ainsi une application

$$i : \begin{array}{ccc} J_0(X) & \longrightarrow & X^{(g)} \\ v & \longmapsto & X.\Theta_v \end{array}$$

Proposition 12.5 - *La composée $u \circ i : J_0(X) \xrightarrow{\ i\ } X^{(g)} \xrightarrow{\ u\ } J(X)$ est une translation $v \longmapsto v - \kappa$ où $\kappa \in J(X)$.*

Preuve – Ecrivons $X.\Theta_v = \sum_{\lambda=1}^{g} (P_\lambda(v))$ où $P_\lambda(v) \in X$, de sorte que $u(X.\Theta_v) = \left(\sum_{\lambda=1}^{g} u_j(P_\lambda(v))\right)_{j=1,\ldots,g}$ où $u_j(P) = \int_0^P \phi_j$.

Par définition, les points $P_\lambda(v)$ sont les zéros de $\theta(u(P) - v)$, donc la j-ième composante de $u(X.\Theta_v)$ vaut encore

$$\sum_{P \in \mathcal{P}} \operatorname{res}_P \Big(u_j(Q)\, d \log \theta(u(Q) - v) \Big) = \frac{1}{2i\pi} \int_{\partial\mathcal{P}} u_j(P) d \log \theta(u(P) - v).$$

On calcule cette intégrale comme à la proposition précédente, ce qui donne :

$$\int_{a_i} u_j(P_1)\, d \log \theta\big(u(P_1) - v\big) + \int_{a_i^{-1}} u_j(P_2)\, d \log \theta\big(u(P_2) - v\big)$$

$$= \int_{a_i^{-1}} z_{ij}\, d \log \theta\big(u(P_2) - v\big) - 2i\pi \int_{a_i^{-1}} u_j(P_2)\phi_j \quad .$$

Le deuxième terme est indépendant de v, et le premier est dans $2i\pi z_{ij}\mathbf{Z}$ car le long de a_i^{-1}, $u(P_2)$ passe d'une valeur u_0 à $u_0 + \int_{a_i^{-1}} \Phi = u_0 - e_i$, donc $\theta(u - v)$ prend les mêmes valeurs aux bouts, et $\log \theta$ varie de $2i\pi$ fois un entier. Puisque la somme de ces deux intégales doit être analytique en v, elle est constante.

De même,

$$\int_{b_i} + \int_{b_i^{-1}} = \int_{b_i} u_j(P_1)\, d \log \theta\big(u(P_1) - v\big)$$

$$+ \int_{b_i^{-1}} \big(u_j(P_2) - \delta_{ij}\big)\, d \log \theta\big(u(P_2) - v\big)$$

$$= \delta_{ij} \int_{b_i} d \log \theta\big(u(P_2) - v\big).$$

On note $v = (v_1, \ldots, v_g)$. Le long de b_i, $u(P_2)$ passe de $u(P_0)$ à $u(P_0)+z_i$, donc θ est multipliée par $\exp\left\{ -2i\pi\big(u_i(P_0) - v_i\big) - i\pi z_{ii} \right\}$, donc $\log \theta$ augmente de $2i\pi v_i +$ constante $+ 2i\pi \times$ entier, et comme c'est analytique en v, l'entier est constant, d'où

$$\int_{b_i} + \int_{b_i^{-1}} = 2i\pi \delta_{ij} v_i + \text{constante},$$

et finalement

$$\int_{\partial\mathcal{P}} = 2i\pi v_j + \text{constante},$$

donc $u(X.\Theta_v) = v + $ constante.   ∎

On peut maintenant montrer le théorème de Riemann qui permet de retrouver le diviseur $W_{g-1} = u(X^{(g-1)}) \subset J(X)$ si l'on connait Θ (qui est défini par Z).

Théorème 12.3 (Riemann) - $W_{g-1} = \Theta_{-\kappa}$ où $\kappa \in J(X)$ *est une constante (celle de la prop. 12.5).*

Preuve (esquissée) – $\boxed{1}$ $W_{g-1} \subset \Theta_{-\kappa}$

Soit $D = \sum_1^g (P_i)$ un point générique de $X^{(g)}$ (de sorte que u est "injective au point D", voir les remarques suivant la prop. 12.2) et $D' = \sum_1^{g-1}(P_i)$ (qu'on supposera encore générique sur $X^{(g-1)}$). On note

$$v = u(D) + \kappa = \sum_1^g u(P_i) + \kappa.$$

Alors $u(X.\Theta_v) = v - \kappa = u(D)$ (d'après prop. 12.5), donc $X.\Theta_v = D$ (car u est injective en D). Par suite $\theta(u - v)$ s'annule en $u = u(P_1), \ldots, u(P_g)$. En particulier, $0 = \theta\big(u(P_g) - v\big) = \theta\big(u(D') + \kappa\big)$ par parité de θ, donc $\theta(u + \kappa)$ s'annule presque partout sur W_{g-1} (car $u(D')$ y est générique) donc partout.

$\boxed{2}$ $W_{g-1} \supset \Theta_{-\kappa}$: il faut voir que W_{g-1} est assez gros.

a) On regarde son intersection avec X (identifié à $u(X)$) : pour définir l'intersection, on choisit $v \in J(X)$ tel que $W_{g-1} - v$ ne contienne pas $-X$ (symétrique de X dans $J(X)$). On écrit v sous la forme $u(P_1 + \cdots + P_g)$ par Jacobi. A cause des dimensions, l'intersection de $W_{g-1} - v$ et $-X$ est finie ; elle contient les g points

$$-u(P_j) = u\Big(\sum_{i \neq j}(P_i)\Big) - v \qquad (j = 1, \ldots, g),$$

donc $\deg\big(-X.(W_{g-1} - v)\big) \geq g$.

Or la translation $u \longmapsto u - v$ et la symétrie $u \longmapsto -u$ ne changent pas l'homologie des cycles, donc $\deg(X.W_{g-1}) \geq g$.

b) Puisque $\deg X.\Theta_{-\kappa} = g$ (prop. 12.4), on déduit donc de $\boxed{1}$ et $\boxed{2}$ a) que $\Theta_{-\kappa} = W_{g-1} + \Theta'$, où Θ' est un diviseur effectif tel que $X.\Theta' = 0$. Cette dernière égalité reste vraie si on translate Θ' (car une translation ne change pas les degrés d'intersection), donc,

$$(*) \qquad \text{si } v \in J(X), \quad \text{ou bien} \quad X \subset \Theta'_v, \quad \text{ou bien} \quad X \cap \Theta'_v = \emptyset.$$

Supposons par l'absurde que Θ' soit non nul. Soit alors $P \in \Theta' \subset J(X)$. D'après Jacobi, on peut écrire $P = \sum_1^g u(P_i)$, $P_i \in X$. Alors $\Theta'_{-u(P_1)-\cdots-u(P_{g-1})}$ contient $u(P_g)$ donc contient $u(X)$ entier d'après $(*)$, c'est-à-dire Θ' contient $u(P_1) + \cdots + u(P_{g-1}) + u(P_g^*)$ $\forall P_g^* \in X$. En faisant alors de même par récurrence avec les autres P_i, on voit que Θ' contient $u(P_1^*) + \cdots + u(P_g^*)$ $\forall P_1^*, \ldots, P_g^* \in X$, donc Θ' contient $u(X^{(g)}) = J(X)$ ce qui est absurde ; donc $\Theta' = 0$, et $\Theta_{-\kappa} = W_{g-1}$. ■

Application à Torelli

Théorème 12.4 (Torelli) - *La surface de Riemann compacte X, avec base (a_i, b_i) symplectique de l'homologie, est déterminée à isomorphisme près par la matrice Z de ses B-périodes (i.e. par la jacobienne $J(X) = \mathbf{C}^g / \langle \mathbf{Z}^g; Z\mathbf{Z}^g \rangle$) et la forme hermitienne sur $\mathbf{C}^g$ induite par Z, encore appelée **polarisation** de J).*

Discussion de la démonstration –

$\boxed{1}$ Si $g = 1$, c'est trivial car $X \simeq J(X)$.

$\boxed{2}$ Si $g = 2$, $X \simeq u(X) = W_1$ est déterminé par Z d'après le théorème précédent.

$\boxed{3}$ Si $g = 3$, d'après Riemann, Z détermine $\Theta_{-\kappa} = W_2$ qui s'identifie à $X + X = \{P + Q \in J(X) \ ; \ P, Q \in X\}$ (car $u : X^{(g-1)} \to J(X)$ est injective si $g = 3$; c'est vrai seulement génériquement si $g > 3$). L'application de Gauss $\gamma : X^{(2)} \to \left(\mathbf{P}^2\right)^*$ attachée à u associe à $P + Q$ l'espace tangent $T_{P+Q}(\Theta)$ à Θ au point $u(P + Q)$, ramené par translation en $0 \in J(X)$ (c'est un hyperplan de $\mathbf{C}^3$ donc une droite de $\mathbf{P}^2$).

Dans $\mathbf{C}^3$, $T_{P+Q}(\Theta)$ est engendré par les droites $T_P(X)$ et $T_Q(X)$. Si X n'est pas hyperelliptique, le lieu de ramification de γ est donc l'ensemble des droites de $\mathbf{P}^2$ qui sont tangentes à la courbe canonique $C = \phi_K(X)$ (car une droite générique coupe X en 4 points qui déterminent donc 6 paires de points, alors qu'une tangente ne coupe plus qu'en 3 points, d'où 3 paires de points).   Donc W_2

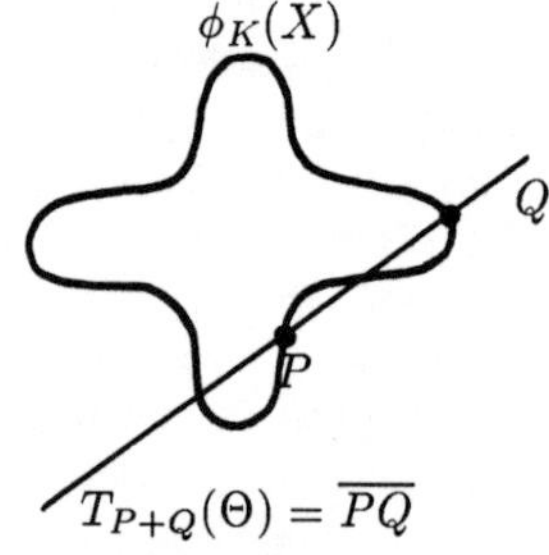

détermine la duale C^*. Par bidualité ($C^{**} \simeq C$), W_2 détermine C qui est isomorphe à X par le plongement canonique.

Si X n'est pas hyperelliptique, le lieu de ramification de γ est formé à la fois des tangentes à C et des points de ramification de l'application canoniqueϕ : $X \to C$. Or, (th. 10.1) les points de ramification d'une courbe hyperelliptique suffisent à la déterminer.

$\boxed{4}$ Si g est quelconque, le principe est le même. Cependant le diviseur Θ n'est plus lisse (donc $T_{P_1 + \cdots + P_{g-1}}(\Theta)$ n'a de sens que génériquement) et $u : X^{(g-1)} \to W_{g-1}$ n'est plus partout injective (précisément aux points singuliers de Θ). Mais on montre encore que, dans le cas non hyperelliptique, le lieu de ramification de l'application de Gauss $\Theta \to \left(\mathbf{P}^{g-1}\right)^*$ associée à u (donc déterminée par Z) est l'ensemble C^* des hyperplans tangents à C, qui déterminent encore C (on se ramène à une courbe plane par projection générique) et donc aussi X. Enfin dans le cas hyperelliptique, on ajoute encore les points de ramification de l'application canonique, qui déterminent X. ∎

Chapitre XIII

Les surfaces de Riemann ouvertes

La particularité essentielle des surfaces de Riemann ouvertes (c'est-à-dire non compactes) est d'avoir beaucoup de fonctions méromorphes. En particulier, on peut prescrire, de même que dans $\mathbf{C}$, les parties principales d'une fonction méromorphe (théorème de Mittag-Leffler), ou bien son diviseur (théorème de Weierstrass). Cela revient à dire que toute surface de Riemann ouverte est une variété de Stein (voir plus loin).

L'obstruction à résoudre les problèmes de Mittag-Leffler et Weierstrass est concentrée dans le groupe $H^1(X, \mathcal{O})$. Le principal résultat de ce chapitre consiste donc à montrer que ce groupe est nul, en utilisant le théorème de Dolbeault, le théorème de finitude, et le théorème d'approximation de Runge. C'est l'objet du paragraphe 1 ; nous utilisons sans preuve les théorèmes de Banach et Hahn-Banach, ainsi que le lemme de Weyl assurant qu'une distribution holomorphe est une fonction holomorphe. Au paragraphe 2, nous déduisons les théorèmes de Mittag-Leffler et Weierstrass de la nullité du H^1.

§1 Nullité de $H^1(X, \mathcal{O})$.

A cause de la suite exacte

$$0 \to \mathcal{O} \to \mathcal{E} \xrightarrow{\overline{\partial}} \mathcal{E}^{0,1} \to 0,$$

dire que $H^1(X, \mathcal{O})$ est nul revient à dire que toute forme différentielle $\omega \in \mathcal{E}^{0,1}(X)$ est de la forme $\overline{\partial} f$ où $f \in \mathcal{E}(X)$. Dans le cas où X est le disque unité D, c'est le corollaire du théorème 8.1. Rappelons les étapes de la preuve :

a) ω est de la forme $\overline{\partial} f$ sur tout disque plus petit (théorème de Dolbeault).

b) On peut écrire D comme réunion croissante de disques plus petits D_n, d'où $\omega = \overline{\partial} f_n$ sur D_n.

c) On peut supposer que les f_n convergent, car les fonctions holomorphes sur D, qui ne changent pas le $\overline{\partial}$, sont denses dans les fonctions holomorphes sur D_n (même les polynômes suffisent).

C'est ce schéma qu'on reprend en général, chaque étape étant non triviale : le pas a) correspond au théorème 13.1 ; il montre que $\omega = \overline{\partial} f$ a une solution sur tout ouvert Y relativement compact dans X (par le théorème de Dolbeault et celui de finitude). Le pas c) correspond au théorème d'approximation de Runge 13.3 : dans le cas d'un "ouvert de Runge" Y, les fonctions holomorphes sur X sont denses parmi celles sur Y. Enfin le pas b) correspond au théorème 13.2 qui assure l'existence d'une suite croissante d'ouverts de Runge recouvrant X. Ces résultats ne sont pas indépendants : on utilisera les théorèmes 1 et 2 pour montrer le théorème 3.

Théorème 13.1 - *Soit X une surface de Riemann ouverte, Y un ouvert relativement compact dans X. Alors toute différentielle $\omega \in \mathcal{E}^{0,1}(X)$ est de la forme $\overline{\partial} f$ sur Y, où $f \in \mathcal{E}(Y)$.*

> **Preuve** – C'est vrai localement grâce au théorème de Dolbeault (th. 8.1) : il y a un recouvrement ouvert $X = \bigcup \mathcal{U}_i$ et des $f_i \in \mathcal{E}(\mathcal{U}_i)$ avec $\omega = \overline{\partial} f_i$ sur $\mathcal{U}_i$. Donc $\zeta = (f_i - f_j)$ est un cocycle de $Z^1(\mathcal{U}, \mathcal{O})$. Soit $x \in X \backslash Y$ et f une fonction méromorphe sur un ouvert connexe Y_1 de X contenant x et Y, telle que f ait un unique pôle en x (elle existe : voir la remarque suivant le théorème de finitude). La multiplication par f induit un endomorphisme de l'image E de la restriction $H^1(X, \mathcal{O}) \to H^1(Y, \mathcal{O})$; son polynôme caractéristique P est donc tel que $F = P(f)$ annule E. Puisque F n'est pas constante (à cause du pôle x), ses zéros sont isolés, donc quitte à raffiner le recouvrement, on peut supposer F inversible sur les $\mathcal{U}_i \cap \mathcal{U}_j$. Donc $(f_i - f_j)/F$ est un cocycle représentant un $\xi \in H^1(X, \mathcal{O})$ tel que $\zeta = F\dot{\xi}$. Par suite ζ est nul dans E (on a même montré que $E = 0$) et donc ζ est un cobord sur Y, soit $f_i - f_j = g_i - g_j$ où g_i est holomorphe sur Y. Alors $f_i - g_i$ définit une fonction f qui convient.
>
> ∎

Les fonctions holomorphes sur X permettent d'approcher les fonctions holomorphes sur certains ouverts que nous étudions maintenant.

Définition - *Pour toute partie Y de X, on note $\hat{Y}$ la réunion de Y et des composantes connexes de $X \setminus Y$ qui sont relativement compactes. On dit que Y est de Runge s'il n'y a pas de telle composante, c'est-à-dire si $\hat{Y} = Y$.*

Lemme - $\boxed{1}$ *$\hat{\hat{Y}} = \hat{Y}$ et $Y \longmapsto \hat{Y}$ est croissante.*

$\boxed{2}$ *$Y \longmapsto \hat{Y}$ conserve la fermeture et la compacité.*

> **Preuve** – $\boxed{1}$ est immédiat. $\boxed{2}$ Si Y est fermée, toute composante connexe de $X \setminus Y$ est ouverte donc $X \setminus \hat{Y}$ est ouverte et $\hat{Y}$ est fermée. Si Y est compacte, soit $\mathcal{U}$ un ouvert relativement compact contenant Y. Une composante connexe C de $X \setminus Y$ n'est jamais fermée (par connexité) donc $\overline{C}$ rencontre Y et C rencontre $\overline{\mathcal{U}}$. Ainsi $\hat{Y}$ est dans la réunion de $\mathcal{U}$ et des composantes de $X \setminus Y$ rencontrant $\partial \mathcal{U}$ (en nombre fini), donc est fermé dans un ouvert relativement compact et par suite est compact. ∎

Définition - *Une suite (E_n) de parties de X est **exhaustive** (dans X) si pour tout n, $E_{n-1} \subset \overset{\circ}{E}_n$ et si $X = \bigcup E_n$.*

Théorème 13.2 - *Toute surface de Riemann ouverte X a une suite exhaustive d'ouverts de Runge relativement compacts : $Y_0 \subset\subset Y_1 \subset\subset \ldots$*

> **Preuve** – Par dénombrabilité de la topologie, il y a une suite $H_0 \subset H_1 \subset \ldots$ de compacts recouvrant X Notons $K_0 = \hat{H}_0$ et par récurrence $K_{n+1} = \hat{K}$ où K est un compact tel que $K_n \cup H_n \subset \overset{\circ}{K}$. Ainsi (K_n) est une suite exhaustive de compacts de Runge. Il suffit donc de trouver pour chaque n un ouvert

de Runge Y_n tel que $K_n \subset Y_n \subset\subset X$. Soit P un compact tel que $K_n \subset \overset{\circ}{P}$. En enlevant à $\hat{P}$ un nombre fini de petits disques recouvrant ∂P, on obtient un ouvert Y_n tel que $K_n \subset Y_n \subset \hat{P}$. Enfin chaque composante connexe de $X \setminus Y_n$ contient une composante de $X \setminus \hat{P}$ donc est non compacte ; ainsi Y est de Runge.   ∎

L'intérêt des ouverts de Runge vient du résultat suivant :

Théorème 13.3 - *Soit Y un ouvert de Runge sur une surface de Riemann ouverte X. On munit les fonctions holomorphes de la topologie de la convergence uniforme sur tout compact. Alors*

$\boxed{1}$ *Si Y' est un ouvert tel que $Y \subset Y' \subset\subset X, quad$ $\mathcal{O}(Y')$ est dense dans $\mathcal{O}(Y)$.*

$\boxed{2}$ *$\mathcal{O}(X)$ est dense dans $\mathcal{O}(Y)$: toute fonction holomorphe sur Y est limite uniforme sur tout compact de fonctions holomorphes sur X.*

Preuve – D'après la topologie, on peut supposer Y relativement compact. Montrons d'abord $\boxed{1} \Rightarrow \boxed{2}$. Soit f une fonction dans $\mathcal{O}(Y)$; on fixe un compact $K \subset Y$ et un réel $\varepsilon > 0$. Soit $K \subset Y = Y_0 \subset\subset Y_1 \ldots$ une suite exhaustive (dans X) d'ouverts de Runge (th. 13.2). Notons $f_0 = f$. D'après $\boxed{1}$, il y a sur Y_n une fonction f_n holomorphe telle que $|f_n - f_{n-1}|_{\overline{Y}_{n-2}} < \varepsilon/2^n$, donc la suite $(f_n)_{n \geq m+2}$ converge uniformément sur Y_m. La limite g est donc holomorphe sur $\overline{X}$, et approche f à ε près.

Il reste à montrer $\boxed{1}$. On recouvre X par une suite (K_n) de compacts inclus dans des disques conformes ; toute fonction $f \in \mathcal{E}(X)$ admet localement des dérivées, et leur maximum sur K_n définissent sur $\mathcal{E}(X)$ une suite de semi-normes qui en font un espace de Fréchet (et de même pour chaque $\mathcal{E}^{p,q}(X)$). La topologie induite sur $\mathcal{O}(X)$ est celle de la convergence uniforme sur tout compact. On fait de même avec tout ouvert Y de X.

Pour montrer que $\mathcal{O}(Y')$ est dense dans $\mathcal{O}(Y)$ il suffit (Hahn-Banach) de voir que toute forme linéaire continue $T : \mathcal{E}(Y) \to \mathbf{C}$ nulle sur $\mathcal{O}(Y')$ est nulle sur $\mathcal{O}(Y)$. Soit T une telle forme. On définit une fonctionnelle S sur $\mathcal{E}^{0,1}(X)$ par $S(\omega) = T(g)$ où g est une solution de $\omega|_{Y'} = \overline{\partial}g$, $g \in \mathcal{E}(Y')$ (elle existe par le théorème 13.1). S est bien définie car T est nulle sur $\mathcal{O}(Y')$. De plus S est continue : en effet, si V est le sous-espace de $\mathcal{E}^{0,1}(X) \times \mathcal{E}(Y')$ formé des couples (ω, g) vérifiant $\omega|_{Y'} = \overline{\partial}g$, on a le diagramme

$$
\begin{array}{ccc}
V & \overset{pr_2}{\longrightarrow} & \mathcal{E}(Y) \\
{\scriptstyle pr_1}\downarrow & & \downarrow{\scriptstyle T} \\
\mathcal{E}^{0,1}(X) & \overset{S}{\longrightarrow} & \mathbf{C}
\end{array}
$$

La projection pr_1, étant continue et surjective, est ouverte (théorème de Banach), donc s est continue. Puisque $T^{-1}(\{|z| < 1\})$ est un ouvert de $\mathcal{E}(Y)$, il y a par définition de la topologie de $\mathcal{E}(Y)$ un nombre fini des compacts K_n de Y tels que si g est nulle sur leur réunion K, alors $|T(g)| < 1$. Par linéairité, on a aussi $|\lambda T(g)| = |T(\lambda g)| < 1$ pour tout $\lambda \in \mathbf{R}$, donc $T(g) = 0$. Il y a de même un compact L de X tel que si $\omega \in \mathcal{E}^{0,1}(X)$ est nulle sur L, alors $S(\omega) = 0$.

Montrons qu'on peut même supposer $L = \hat{K}$. En effet, si $g \in \mathcal{E}(X)$ est à support relativement compact dans $Z = X \setminus K$, alors $S(\overline{\partial}g) = T(g) = 0$; ainsi, S est une distribution holomorphe sur Z, donc (lemme de Weyl) est l'intégration contre une fonction holomorphe $\sigma \in \Omega(Z)$: pour ω à support dans Z, $S(\omega) = \int_Z \sigma \wedge \omega$. Par définition de L, σ est nulle sur $Z \setminus L$, donc aussi sur $X \setminus \hat{K}$ par prolongement analytique (une composante de $X \setminus \hat{K}$ doit rencontrer $Z \setminus L$ puisqu'elle n'est pas relativement compacte). Cela prouve que $L = \hat{K}$ convient encore.

Si f est alors une fonction holomorphe sur Y, soit $h \in \mathcal{E}(X)$ égale à f sur $\hat{K}$ et nulle hors de Y. Alors $T(h - f) = 0$ donc $T(f) = T(h) = S(\overline{\partial}h)$. Puisque $\overline{\partial}h = \overline{\partial}f = 0$ sur $\hat{K}$, on a $S(\overline{\partial}h) = 0$, et finalement $T(f) = 0$ et T est nulle sur $\mathcal{O}(Y)$. ∎

On arrive ainsi au résultat principal de ce chapitre :

Théorème 13.4 - *Si X est une surface de Riemann ouverte, toute forme ω dans $\mathcal{E}^{0,1}(X)$ est de la forme $\overline{\partial}f$ où $f \in \mathcal{E}(X)$. Autrement dit, $H^1(X, \mathcal{O}) = 0$.*

Preuve – L'équivalence des énoncés vient de la suite exacte de Dolbeault

$$0 \to \mathcal{O}_X \to \mathcal{E}_X \xrightarrow{\overline{\partial}} \mathcal{E}_X^{0,1} \to 0$$

(théorème 8.1). Soit $Y_0 \subset\subset Y_1 \subset\subset \ldots$ une suite exhaustive dans X d'ouverts de Runge relativement compacts. D'après le théorème 1, ω est de la forme $\overline{\partial}f_n$ sur Y_n, donc $f_{n+1} - f_n$ est holomorphe sur Y_n et peut ainsi être approchée par une fonction g_n holomorphe sur X :

$$\|f_{n+1} - f_n - g_n\|_{\overline{Y}_{n-1}} < \varepsilon/2^n.$$

Donc quitte à remplacer f_{n+1} par $f_{n+1} - g_n$, qui a le même $\overline{\partial}$, on peut supposer $\|f_{n+1} - f_n\|_{\overline{Y}_{n-1}} < \varepsilon/2^n$; la suite (f_n) converge alors vers une solution $f \in \mathcal{E}(X)$ de $\overline{\partial}f = \omega$. ∎

§2 Fonctions méromorphes

La nullité de $H^1(X, \mathcal{O})$ permet aussitôt d'obtenir la solution du problème de Mittag-Leffler (1er problème de Cousin en une variable) :

Théorème 13.5 - *Sur une surface de Riemann ouverte X, on peut imposer les parties principales d'une fonction méromorphe : pour tout famille de fonctions méromorphes f_i sur des ouverts $\mathcal{U}_i$ de X, vérifiant $f_i - f_j \in \mathcal{O}(\mathcal{U}_i \cap \mathcal{U}_j)$, il existe une fonction f méromorphe sur X telle que $f - f_i$ soit holomorphe sur $\mathcal{U}_i$.*

Preuve – Les $f_i - f_j$ forment un cocycle $\in Z^1(\mathcal{U}, \mathcal{O})$, qui est donc un cobord $(g_i - g_j)$ où $g_i \in \mathcal{O}(\mathcal{U}_i)$. Ainsi les $f_i - g_i$ se recollent en une une fonction f qui convient. ∎

La deuxième application est la solution du problème de Weierstrass (2ème problème de Cousin en une variable). Un **diviseur** sur une surface de Riemann ouverte est une somme formelle $\sum_{P \in X} n_P(P)$ à support discret.

Théorème 13.6 - *Tout diviseur D d'une surface de Riemann ouverte X est le diviseur d'une fonction méromorphe.*

> **Preuve** – Localement c'est évident : il y a des ouverts $\mathcal{U}_i$ recouvrant X et des fonctions $f_i \in \mathcal{M}(\mathcal{U}_i)$ avec $(f_i) = D|_{\mathcal{U}_i}$. Pour prouver le théorème, montrons d'abord qu'il suffit de trouver $f \in \mathcal{E}(X)$ de "diviseur D" au sens suivant : si z est une carte en $x \in X$, on a $f = \phi z^n$ au voisinage de x, où ϕ est $\mathcal{C}^\infty$ sans zéro et n est la multiplicité de D en x. En effet on aura alors $f = e^{\phi_i} f_i$ sur $\mathcal{U}_i$, où ϕ_i est $\mathcal{C}^\infty$, avec $e^{\phi_i - \phi_j}$ holomorphe inversible sur $\mathcal{U}_i \cap \mathcal{U}_j$; donc $\phi_i - \phi_j$ est un cocycle holomorphe, donc un cobord $g_i - g_j$ où $g_i \in \mathcal{O}(\mathcal{U}_i)$. Les $e^{g_i} f_i$ se recollent en une fonction qui convient.
>
> Il reste à trouver f. Soit (K_n) une suite exhautive dans X de compacts de Runge, et $D_n = D|_{K_{n+1} \setminus K_n}$. Il suffit de trouver une fonction ψ_n de "diviseur D_n" sur $K_{n+1} \setminus K_n$, égale à 1 sur K, puis de prendre le produit de ces ψ_n. On peut supposer que D_n est réduit à un point $x \in K_{n+1} \setminus K_n$. La composante connexe $\mathcal{U}$ de $X \setminus K_n$ contenant x n'est pas relativement compacte donc sort de K_{n+1} : il y a un chemin c dans $\mathcal{U}$ de x à un point $x_1 \notin K_{n+1}$. Si ϕ est une fonction $\mathcal{C}^\infty$ sur $\mathbf{C}$, nulle sur $|z| \geq 3$ et égale à 1 sur $|z| < 2$, la fonction $z \longmapsto |\frac{z-1}{z}|^{\phi(z)}$ est $\mathcal{C}^\infty$ sur $\mathbf{C}^*$, égale à 1 sur $|z| \geq 3$, et de "diviseur" $(1) - (0)$. Quitte à découper c en morceaux et à utiliser des cartes, on obtient de même une fonction $g_{n,1} \in \mathcal{E}(X \setminus \{x_1\})$ de diviseur $(x) - (x_1)$, égale à 1 sur K_n. On trouve de même un point $x_2 \notin K_{n+2}$ et une fonction $g_{n,2} \in \mathcal{E}(X \setminus \{x_2\})$ de diviseur $(x_1) - (x_2)$, égale à 1 sur K_{n+1}, et ainsi de suite. Le produit $\prod_i g_{n,i}$ converge vers une fonction ψ_n de diviseur (x), égale à 1 sur K_n qui est la fonction cherchée. ∎

Corollaire - *Toute fonction méromorphe f sur une surface de Riemann ouverte est quotient de fonctions holomorphes.*

> **Preuve** – Il y a une fonction méromorphe h dont le diviseur est le diviseur $(f)_\infty$ des pôles de f. Ce diviseur est positif donc h est holomorphe, et $g = hf$ a pour diviseur $(f) + (f)_\infty = (f)_0$ qui est encore positif, donc g est holomorphe. ∎

Ces "théorèmes de Mittag-Leffler et de Weierstrass" sont les propriétés principales des variétés de Stein :

Définition - *Une variété analytique X est **de Stein** si $\mathcal{O}(X)$ sépare les points et si pour toute suite discrète (x_i) sur X, il y a une fonction holomorphe sur X non bornée sur (x_i).*

Théorème 13.7 - *Toute surface de Riemann ouverte X est une variété de Stein. Plus précisément, si (x_i) est une suite discrète sur X et (c_i) une suite de complexes, il existe une fonction f holomorphe sur X telle que pour chaque i, $f(x_i) = c_i$.*

Preuve – D'après le théorème de Weierstrass, il y a une fonction h holomorphe, de diviseur $\sum(x_i)$. La fonction $g_i = c_i/h$ a sur $\mathcal{U}_i = X \setminus \bigcup_{n \neq i} x_n$ un unique pôle en x_i, donc $g_i - g_j$ est holomorphe sur $\mathcal{U}_i \cap \mathcal{U}_j$. Le théorème de Mittag-Leffler fournit une fonction méromorphe g telle que $g - g_i$ soit holomorphe sur $\mathcal{U}_i$, donc g est holomorphe hors des x_i, et $f = hg = c_i + (g - g_i)h$ convient.

∎

Remarque - On définit parfois une variété de Stein en terme de convexité holomorphe : si M est une partie d'une variété X, **l'enveloppe convexe holomorphe** de M est l'ensemble

$$h(M) = \left\{ x \in X \quad ; \quad |f(x)| \leq \sup_{M} |f| \quad \text{pour toute} \quad f \in \mathcal{O}(X) \right\}.$$

On dit que X est holomorphiquement convexe si l'enveloppe convexe holomorphe de toute partie relativement compacte M est compacte. Alors X est une variété de Stein si et seulement si X est holomorphiquement convexe et qu'en chaque point existe une coordonnée locale holomorphe sur X entière. (Réf. [Ra]).

Problème d'examen

Ce texte reproduit le texte du sujet d'examen qui suivait le cours semestriel dont ce livre est issu.

Première partie (30mn)

Justifier très brièvement vos réponses aux questions suivantes :

$\boxed{1}$ La surface de Riemann associée à la fonction multiforme $f(z) = \exp(z/\log z)$ est-elle compacte ?

$\boxed{2}$ Existe-t-il une courbe algébrique dans $\mathbf{P}^2(\mathbf{C})$ de degré 5 et genre 8 ?

$\boxed{3}$ Quels est le revêtement universel des surfaces de Riemann suivantes :
a) $X_1 = \mathbf{C} \setminus \{5 \text{ points }\}$
b) $X_2 = $ la surface de Riemann de la fonction $f(z) = \log z$?

$\boxed{4}$ Existe-t-il une fonction harmonique non constante sur la sphère $\mathbf{P}^1(\mathbf{C})$ privée des deux disques $|z| \leq 1$ et $|z - 3| \leq 1$?

$\boxed{5}$ Soient P_1 et P_2 deux points distincts d'une surface de Riemann compacte X ; soient f_1 et f_2 deux fonctions méromorphes sur X. On suppose que f_1 a un unique zéro, triple, en P_1, et que f_2 a un pôle simple en P_1, un pôle triple en P_2 et est holomorphe ailleurs. Calculer le degré $[\mathcal{M}(X) : \mathbf{C}(f_1, f_2)]$.

$\boxed{6}$ Quels sont les genres possibles d'une cubique de $\mathbf{P}^2(\mathbf{C})$? Donner un exemple pour chaque cas.

$\boxed{7}$ Quel est le genre de la surface de Riemann ci-contre ? (**N.D.L.R.** *Le cours (en particulier les figures du chap.II) n'a été rédigé qu'après l'examen*).

$\boxed{8}$ Soient P_1, P_2 deux points distincts d'une surface de Riemann X compacte de genre 3. Existe-t-il une fonction méromorphe f sur X telle que

$$\operatorname{ord}_{P_1} f = 5 \qquad \text{et} \qquad \operatorname{ord}_{P_2} f = -1 \qquad ?$$

$\boxed{9}$ Le groupe fondamental d'une surface de Riemann compacte de genre 4 est-il abélien ?

$\boxed{10}$ Soient P_1, P_2, P_3 trois points distincts d'une surface de Riemann compacte X, ω une différentielle méromorphe sur X. On suppose qu'il existe des cartes z_1, z_2, z_3 en P_1, P_2, P_3 telles que $\omega = \frac{dz_1}{z_1}$ au voisinage de P_1, $\omega = \frac{dz_2}{z_2^2}$ au voisinage de P_2, $\omega = \left(z_3 + \frac{1}{z_3}\right) dz_3$ au voisinage de P_3. Est-il possible que ω ait exactement
$$\text{a) 3 pôles ?} \quad \text{b) 4 pôles ?} \quad \text{c) 5 pôles ?}$$

Deuxième partie (2h30)

I/ On considère la courbe algébrique projective F_n d'équation $X^n + Y^n + Z^n = 0$ dans $\mathbf{P}^2(\mathbf{C})$ (pour $n \geq 3$). On définit les fonctions méromorphes sur F_n suivantes :

$$x : (X, Y, Z) \longmapsto X/Z \qquad \text{et} \qquad y : (X, Y, Z) \longmapsto Y/Z.$$

$\boxed{1}$ Calculer, en fonction du point $P = (X_0, Y_0, Z_0)$ sur F_n, le nombre de points de la fibre $x^{-1}\big(x(P)\big)$ en P. En déduire le genre de F_n.

$\boxed{2}$ On rappelle que l'espace $\Omega(X)$ des différentielles holomorphes sur une courbe non singulière C de $\mathbf{P}^2(\mathbf{C})$ d'équation $P(X, Y, Z) = 0$ (P polynôme homogène de degré n) admet pour base les différentielles

$$\frac{x^r y^s\, dx}{P'_Y(x, y, 1)} \quad (0 \leq r, s\ ;\ r + s \leq n - 3) \quad \text{où} \quad x = X/Z,\ y = Y/Z.$$

Retrouver ainsi le genre de F_n. Montrer que les différentielles

$$\omega_{a,b} = x^a \big(y - e^{i\pi/n}\big)^b \frac{dx}{y^{n-1}} \qquad (0 \leq a, b\ ;\ a + b \leq n - 3)$$

forment une base de $\Omega(F_n)$.

Pour $k = 1, \ldots, n$ on note $P_k = \big(0, e^{(2k-1)i\pi/n}, 1\big)$. Quel est l'ordre de $\omega_{a,b}$ au point P_1 ? au point P_k $(k = 2, \ldots, n)$?

Quel est le diviseur de $\omega_{a,b}$ et le degré de ce diviseur ?

$\boxed{3}$ On note Γ le semi-groupe de $\mathbf{N}$, associé au point P_1 sur F_n, défini par

$$\Gamma = \left\{ m \in \mathbf{N}^*\ ;\ \ \exists f \in \mathcal{L}\big(m(P_1)\big) \setminus \mathcal{L}\big((m-1)(P_1)\big) \right\}.$$

Rappeler comment on peut peut définir Γ en terme de zéros de différentielles holomorphes. En déduire que P_1 est un point de Weierstrass, de poids

$$w(P_1) = \frac{(n-1)(n-2)(n-3)(n+4)}{24}.$$

$\boxed{4}$ On notera $P_1, \ldots, P_{3n}$ les points de Weierstrass de F_n obtenus par permutation des coordonnées de $P_1, \ldots, P_n$. Montrer que si $n = 4$, ces points sont les seuls points de Weierstrass sur F_n, mais qu'il y en a d'autres dès que $n \geq 5$.

II/ Soit X une surface de Riemann compacte de genre $g \geq 2$. Soient h un automorphisme de X d'ordre premier p (c'est-à-dire $h^p = id$), et Q un point fixe de h. On note t le nombre total de points fixes de h.

$\boxed{1}$ Soit $\tilde{X} = X/\langle h \rangle$ la surface de Riemann quotient de X par le groupe cyclique engendré par h, $\tilde{g}$ le genre de $\tilde{X}$, et $\pi : X \to \tilde{X}$ la projection naturelle. Quels sont les points de ramification de π ? les degrés de ramification ? En déduire $\tilde{g}$ en fonction de t, p, g.

$\boxed{2}$ Montrer qu'il existe une carte z en Q telle que $z \circ h = \varepsilon z$ où ε est une racine primitive p-ième de l'unité ($\varepsilon^p = 1, \varepsilon \neq 1$).

Ainsi h induit un endomorphisme $H : \begin{array}{ccc} \Omega(X) & \longrightarrow & \Omega(X) \\ f(z)\,dz & \longmapsto & f(\varepsilon z)\,\varepsilon\,dz \end{array}$ sur les différentielles.

$\boxed{3}$ On suppose que Q n'est pas un point de Weierstrass. Montrer qu'il existe une base $(\omega_i)_{i=0,\dots,g-1}$ de $\Omega(X)$ telle que $\omega_i = \left(z + z^g f_i(z)\right)dz$ au voisinage de Q, où f_i est holomorphe au voisinage de 0. En déduire que les valeurs propres de H sont ε, $\varepsilon^2,\dots$, ε^g et trouver le nombre de différentielles holomorphes sur $\tilde{X}$ (c'est-à-dire de différentielles sur X invariantes par H) en fonction de g et p.

$\boxed{4}$ En comparant $\boxed{1}$ et $\boxed{3}$, conclure que si un automorphisme de X différent de l'identité a au moins 5 points fixes, alors tous ses points fixes sont des points de Weierstrass.

$\boxed{6}$ Appiquer ce résultat aux courbes F_n du I et aux automorphismes

$$(X,Y,Z) \longmapsto \begin{cases} (X,Y,Z) \\ (Z,Y,X) \\ (Y,X,Z) \end{cases} .$$

Exhiber ainsi $3n^2$ nouveaux points de Weierstrass $Q_1,\dots,Q_{3n^2}$. Montrer que pour $n = 5$, les points $P_1,\dots,P_{3n},Q_1,\dots,Q_{3n^2}$ sont les seuls points de Weiestrass sur F_n.

Références

Théorie générale

[Co] **Conway** - Functions of one complex variable ; *Springer GTM 11 (1978)*.
Théorie de base des fonctions complexes.

[F-K] **Farkas-Kra** - Riemann surfaces ; *Springer Verlag GTM 71 (1980)*.
Moderne, assez complet surtout sur le cas compact, étude détaillée des automorphismes.

[Fo] **Forster** - Lectures on Riemann surfaces ; *Springer Verlag GTM 81 (1981)*.
Concis et clair. Des détails sur les revêtements et les faisceaux. Couvre à la fois les cas compact et ouvert.

[Go] **Godbillon** - Eléments de topologie algébrique ; *Hermann (1971)*.
Elémentaire et clair, mais non axé sur la topologie des surfaces de Riemann.

[Gra] **Gramain** - Topologie des surfaces ; *PUF (1971)*.
Surfaces orientables ou non.

[G] **Gunning** - Lectures on Riemann surfaces ; *Princeton Univ. Press (1966)*.
Presque uniquement le cas compact. Utilisation systématique des faisceaux et fibrés qui sont définis. Assez complet.

[Ra] **Range** - Holomorphic functions ; *Springer GTM 108 (1986)*.
Théorie de base.

[Si] **Siegel** - Topics on complex function theory ; *Wiley interscience (1971)*.
Beaucoup de détails sur les fondements de la theorie et les constructions.

[Sp] **Springer** - Introduction to Riemann surfaces ; *Addison Wesley (1957)*.
Très détaillé mais peu complet. Motivations physiques intéressantes, jolis dessins. Peu clair sur l'existence de triangulation.

Les surfaces de Riemann ouvertes

[A-S] **Ahlfors-Sario** - Riemann surfaces ; *Princeton Univ. Press (1960)*.
Détails sur la triangulation. Classification des surfaces de Riemann par l'étude des fonctions harmoniques.

[G-N] **Guenot-Narashiman** - Introduction à la théorie des surfaces de Riemann ; *L'enseignement Math. 23 (1976)*.
Moderne, concis, assez complet. Suppose quelques connaissances des fibrés.

Point de vue algébrique

[C] **Chevalley** - Introduction to the theory of algebraic functions of one variable ; *Math. Surveys, AMS (1951)*.
Systématiquement algébrique, assez d/'eveloppé.

[L] **Lang** - Introduction to abelian and algebraic functions ; *Springer Verlag GTM 89 (1983)*.
Début très algébrique, puis étude classique. Détails sur la courbe de Fermat.

Géométrie algébrique

[ACGH] **Arbarello-Cornalba-Griffiths-Harris** - Geometry of algebraic curves, vol 1 ; *Springer Grundlehren 267 (1985)*.
Livre avancé très complet sur la théorie des courbes. Démarre au niveau Riemann-Roch.

[Fu] **Fulton** - Algebraic curves ; *Benjamin (1969)*.
Théorie élémentaire des courbes. Assez concis. Bezout, éclatements et Riemann-Roch à la main.

[G-H] **Griffiths-Harris** - Principles of algebraic geometry ; *Wiley (1978)*.
Seul le chapitre 2 traite des surfaces de Riemann, uniquement compactes. Très concis, clair, intuitif et très complet, mais utilise beaucoup de matériel surtout analytique.

[H] **Hartshorne** - Algebraic geometry ; *Springer Verlag GTM 52*.
Chapitre 4 uniquement. Assez complet sur la théorie algébrique. Utilise un peu la théorie des schémas développée dans les premiers chapitres.

[M] **Mumford** - Curves and their Jacobians ; *Univ. of Michigan Press (1975)*.
Quelques exposés de présentation accessible de sujets difficiles.

[Sha] **Shafarevich** - Basic algebraic geometry ; *Springer Grundlehren 213 (1974)*.
Assez élémentaire mais dans la direction de la géométrie algébrique moderne.

[W] **Walker** - Algebraic curves ; *Springer Verlag (1978)*.
Très classique. Beaucoup (trop ?) de détails sur les fondements : résultants, séries formelles,....

Références plus spécialisées

[Ma] **Magnus** - Noneuclidean tesselations and their groups ; *Acad. Press, Pure and applied math 59*.
Point de vue des domaines fondamentaux des surfaces de Riemann de genre ≥ 2.

[Sh] **Shimura** - Introduction to the theory of automorphic functions ; *Princeton Univ. Press (1971)*.
Etude détaillée des courbes modulaires, aussi bien sur $\mathbf{C}$ que du point de vue arithmétique.

[Maz] **Mazur** - Arithmetic on curves ; *Bulletin AMS 14 (1986)*.
Panorama des résultats récents sur les problèmes diophantiens sur les courbes.

[Oe] **Oesterlé** - Nombre de classes de corps quadratiques imaginaires ; *Séminaire Bourbaki 631 (1984)*.
Applications des courbes elliptiques et modulaires.

Index

Progress in Mathematics

Edited by:

J. Oesterlé
Departement des Mathematiques
Université de Paris VI
4, Place Jussieu
75230 Paris Cedex 05
France

A. Weinstein
Department of Mathematics
University of California
Berkeley, CA 94720
U.S.A.

Progress in Mathematics is a series of books intended for professional mathematicians and scientists, encompassing all areas of pure mathematics. This distinguished series, which began in 1979, includes authored monographs and edited collections of papers on important research developments as well as expositions of particular subject areas.

All books in the series are ''camera-ready'', that is they are photographically reproduced and printed directly from a final-edited manuscript that has been prepared by the author. Manuscripts should be no less than 100 and preferably no more than 500 pages.

Proposals should be sent directly to the editors or to: Birkhäuser Boston, 675 Massachusetts Avenue, Suite 601, Cambridge, MA 02139, U.S.A.